项目1 GNSS系统组成与定位系统 ······ 1

任务1.1 GNSS系统组成与工作原理 ······ 1

任务1.2 GNSS坐标系统与数据处理软件 ······ 23

任务1.3 GNSS接收机与数据处理软件 ······ 48

项目2 GNSS静态控制测量与数据解算 ······ 72

任务2.1 静态绝对定位与相对定位原理 ······ 72

任务2.2 GNSS控制网设计 ······ 85

任务2.3 GNSS野外数据采集 ······ 101

任务2.4 GNSS内业数据处理 ······ 117

项目3 GNSS-RTK数字化地形图测绘 ······ 163

任务3.1 动态相对定位和差分定位原理 ······ 163

任务3.2 GNSS-RTK野外数据采集与数字化成图 ······ 183

项目4 GNSS-RTK放样 ······ 197

任务4.1 GNSS-RTK放样软件操作方法与放样流程 ······ 199

任务4.2 利用千寻CORS完成指定坐标放样 ······ 209

参考文献 ······ 217

项目1 GNSS系统组成与定位系统

任务 1.1 GNSS 系统组成与工作原理

📖 学习目标

1. 掌握 GNSS 全球定位系统的组成部分。
2. 理解 GNSS 测量的基本原理。
3. 理解北斗卫星测量的基本原理。
4. 理解 GNSS 测量的特点与存在的问题。
5. 了解其他全球定位系统。

📖 任务描述

1. 阅读 GNSS 系统组成以及工作原理相关资料，掌握 GNSS 系统组成，重点理解 GNSS 工作原理，通过对比分析方法理解不同卫星系统工作原理的异同。
2. 填写完成四大卫星系统工作原理对比表。

📖 实施步骤

1. 通过阅读资讯资料，掌握 GNSS 系统组成与工作原理，完成学习笔记记录。
2. 对比分析四大卫星定位系统工作原理差异，完成卫星定位系统工作原理对比表填写。
3. 理解 GNSS 系统的特点和存在问题。
4. 完成工作任务单。

学习笔记

班级：　　　　　　　　　姓名：

<table>
<tr><td>主题</td><td colspan="2"></td></tr>
<tr><td colspan="2">内容</td><td>问题与重点</td></tr>
<tr><td colspan="3">总结</td></tr>
</table>

四大卫星定位系统对比图

系统名称	卫星平均高度 /km	卫星运行周期 /min	轨道面倾角 /(°)	轨道数	定位精度	用户容量
GPS						
北斗						
Galileo						
GLONASS						

工作任务单

1. GNSS 由哪些部分组成？各部分起何作用？

2. GNSS 测量是怎样确定点位的？

3. 与经典测量方法相比较,GNSS 测量有什么特点？存在哪些问题？

4. 标准定位服务和精密定位服务各有哪些服务内容？

5. 简述 SA 政策和 A-S 措施。

6. 近年来 GNSS 测量技术的应用有哪些重大发展?

7. GNSS 有哪些重要的应用领域?

子任务1.1.1 GPS系统建立过程与系统组成

知识点1:了解GPS的建立过程

1)子午卫星导航系统简介

航海早先的导航是利用罗盘、灯塔等仪表或设施,结合天文现象进行的。20世纪20年代,无线电信标问世,开创了陆基无线电导航的新纪元。但是,这种陆基无线电导航系统覆盖区域小,定位精度低(3.7~7.4 km),难以适应现代航海的导航定位需要。

1957年10月4日,苏联成功地发射了世界上第一颗人造地球卫星,使人类的活动范围延伸到了地球大气层外。这颗卫星入轨运行后不久,美国霍普金斯大学应用物理实验室的维芬巴赫(G. C. Weiffenbach)等学者,在地面已知坐标点位上,用自行研制的测量设备,捕获和跟踪到了苏联卫星发送的无线电信号,并测得它的多普勒频移,进而解算出卫星轨道参数。依据这项实验成果,该实验室的麦克雷(F. T. Meclure)等学者设想,若已知卫星轨道参数并测得卫星发送信号的多普勒频移,则可解算出地面点的坐标。这就是第一代卫星导航系统的基本工作原理。

1958年12月,美国海军为了满足军用舰艇导航的需要,与霍普金斯大学应用物理实验室合作,开始研制卫星导航系统。因这些卫星沿地球子午线运行,故称子午卫星导航系统(TRANSIT)。1959年9月开始发射试验性子午卫星,1963年12月开始发射子午工作卫星并逐步形成由6颗工作卫星组成的子午卫星星座。从此揭开了星基无线电导航的历史新篇章。1967年7月29日,美国政府宣布解密子午卫星所发送的导航电文的部分内容供民用。从此,大地测量由天文测量和三角测量时代进入卫星大地测量时代。

利用卫星多普勒导航定位技术进行大地测量,与传统的三角测量相比较,具有"全球性"的特点。"千岛之国"的印度尼西亚,用常规的大地测量技术无法建立全国统一的大地测量控制网。但是,利用卫星多普勒定位技术在"千岛"之上共测设了200多个大地测量控制点,建成了全国统一的大地测量控制网。我国利用卫星多普勒定位技术进行了西沙群岛、南极长城站与大陆的联测。

子午卫星导航系统虽将导航和定位技术推向了一个新的发展时代,但还有明显不足。

①卫星少,不能连续导航定位。子午卫星导航系统一般有5~6颗工作卫星,在低纬度地区,地面上一点所见到的两次子午卫星通过的时间间隔约为1.5 h,而子午卫星通过用户上空的持续时间为10~18 min,故不能连续定位。对于大地测量而言,测站点上的观测时间长达

1 ~2 d,才能达到 0.5 m 的定位精度。

②轨道低,难以精密定轨。子午卫星平均飞行高度仅 1 070 km,地球引力场模型误差及空气阻力等因素影响导致卫星定轨误差较大,而卫星多普勒定位是以卫星作为动态已知点进行的,致使定位精度局限在米级水平。

③载波频率低,难以补偿电离层的影响。

为了突破子午卫星导航系统的应用局限性,满足美国军事部门对连续、实时、精密、三维导航及武器制导的需要,第二代卫星导航系统——GPS 全球定位系统便应运而生。

2)GPS 全球定位系统的建立

1973 年,美国国防部组织海陆空三军联合研究建立新一代卫星导航系统,称为全球定位系统(Global Positioning System,GPS)。其建立过程主要经历了以下 4 个阶段:

(1)1973—1979 年为概念构思分析测试阶段

这一阶段提出了 GPS 构成方案并验证其可行性。在此期间,美国发射了两颗概念验证卫星用于验证 GPS 原理可行性。另外,还发射了一颗组网试验卫星,研制了 3 种类型的 GPS 接收机,建立了一处卫星地面控制设施,并完成了大量的测试项目。

(2)1980—1989 年为系统建设阶段

这一阶段完成的主要工作是发射了 11 颗组网试验卫星 Block Ⅱ(其中一颗发射失败)和 1 颗工作卫星 BlockⅡA,进一步完善了地面监控系统,发展了 GPS 接收机。1984 年测量领域成为第一个 GPS 商用用户领域。

(3)1990—1999 年为系统建成并进入完全运作能力阶段

此间发射了多颗 Block Ⅱ和 Block ⅡA 卫星,1993 年实现 24 颗在轨卫星满星座运行,满足民用的标准定位服务(100 m)的要求,1995 年实现了精密定位服务(10 m)。

(4)2000 年至今为现代化更新阶段

2000 年,美国国防部启动了 GPS 现代化改造计划,旨在提高系统的性能和可靠性。这一阶段包括增加新的导航信号(如 L2C 和 L5 信号),以满足军事和民用的更高需求。2000 年 5 月 1 日,美国取消了选择性可用性(SA)政策,进一步提升了民用 GPS 的精度。

知识点 2: GPS 组成概况

GPS 由空间卫星星座、地面监控系统和用户设备 3 部分组成。

1)GPS 空间卫星星座

如图 1.1 所示为 GPS 空间卫星星座。

GPS 空间卫星星座在建成时由 24 颗卫星组成,目前有约 30 颗工作卫星。这些卫星分布在 6 个轨道面上,这样分布的目的是保证在地球的任何地方可同时见到 4 ~12 颗卫星,从而使地球表面任何地点、任何时刻均能实现三维定位、测速和测时。GPS 空间卫星星座的主要特征见表1.1。

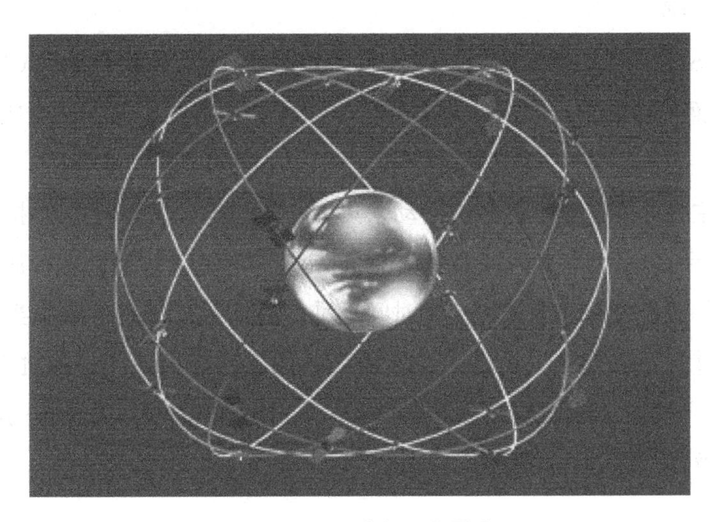

图1.1　GPS空间卫星星座

表1.1　GPS空间卫星星座的主要特征

载波频率/GHz	1.227 60,1.575 42
卫星平均高度/km	20 200
卫星运行周期/min	718
轨道面倾角/(°)	55
轨道数	6

GPS卫星外观如图1.2所示。每颗卫星装有4台高精度原子钟,是卫星的核心设备。

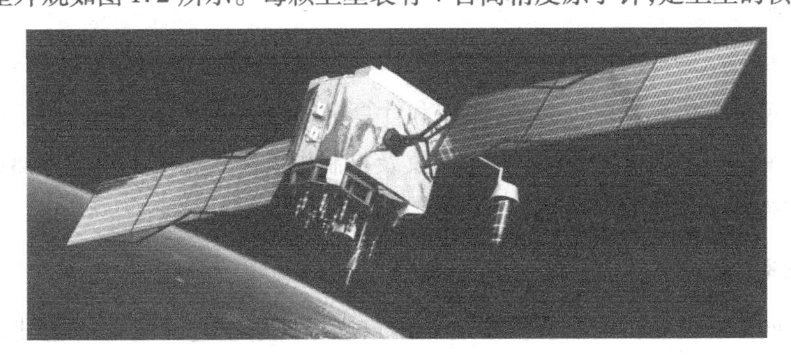

图1.2　GPS卫星外观

GPS卫星的功能:

①接收和存储由地面监控站发来的导航信息,接收并执行监控站的控制指令。

②进行部分必要的数据处理。

③提供精密的时间标准。

④向用户发送定位信息。

2)地面监控系统

为了监测 GPS 卫星的工作状态和测定 GPS 卫星运行轨道,为用户提供 GPS 卫星星历,必须建立 GPS 的地面监控系统。它由 5 个监测站、1 个主控站和 3 个注入站组成。

(1)监测站

监测站是在主控站的控制下的数据自动采集中心。站内设有双频 GPS 接收机、高精度原子钟、计算机各 1 台,以及若干台环境数据传感器。接收机对 GPS 卫星进行连续观测,以采集数据和监测卫星的工作状况。原子钟提供时间标准。环境数据传感器收集当地的气象数据。所有观测数据由计算机进行初步处理后送到主控站,用以确定 GPS 卫星的轨道参数。

5 个监测站分别位于太平洋的夏威夷、美国本土的科罗拉多州、大西洋的阿森松岛、印度洋的迪戈加西亚及太平洋的夸贾林兰等。

(2)主控站

主控站位于美国本土的科罗拉多州,拥有以大型电子计算机为主体的数据收集、计算、传输及诊断等设备。其主要任务是:

①根据本站和其他监测站的所有观测资料,推算编制各卫星的星历、卫星钟差和大气层的修正参数等,并把这些数据传送到注入站。

②提供 GNSS 时间基准。各监测站和 GPS 卫星的原子钟均应与主控站的原子钟同步,或测出其钟差,并把这些钟差信息编入导航电文,送到注入站。

③调整偏离轨道的卫星,使之沿预定的轨道运行。

④启用备用卫星以代替失效的工作卫星。

(3)注入站

3 个注入站分别设在印度洋的迪戈加西亚、大西洋的阿森松岛和太平洋的夸贾林。注入站的主要设备包括 C 波段发射机、发射天线和计算机。其主要任务是在主控站的控制下,将主控站推算和编制的卫星星历、钟差、导航电文及控制指令注入相应卫星的存储系统,并监测注入信息的正确性。

3)用户设备

GPS 的空间卫星星座和地面监控系统是用户应用该系统进行定位的基础,用户要使用 GPS 全球定位系统进行导航或定位,必须使用 GPS 接收机接收 GPS 卫星发射的无线电信号,获得必要的定位信息和观测数据,并经过数据处理而完成定位工作。

用户设备主要包括 GPS 接收机、数据传输设备、数据处理软件及计算机。

知识点 3：GPS 定位的基本原理

定位是指测定点的空间位置。GPS 定位是将 GPS 卫星作为动态已知点。根据 GPS 卫星星历求得 GPS 卫星的已知坐标,由接收机测得卫星发射的无线电信号到达接收机的传播时间

Δt,即

$$\Delta t = t_2 - t_1 \tag{1.1}$$

式中　t_1——卫星发射定位信号时刻;

t_2——接收机接收到卫星定位信号的时刻。

卫星到接收机的观测距离为

$$\rho' = c \cdot \Delta t \tag{1.2}$$

式中　c——电磁波传播速度。

如用 X,Y,Z 表示卫星坐标,用 x,y,z 表示接收机坐标,则星站间真实距离为

$$\rho = \sqrt{(X-x)^2 + (Y-y)^2 + (Z-z)^2} \tag{1.3}$$

并考虑接收机钟的误差 δt ,则可得观测值方程为

$$\rho' = \sqrt{(X-x)^2 + (Y-y)^2 + (Z-z)^2} + c \cdot \delta t \tag{1.4}$$

式中　ρ'——观测量;

X,Y,Z——已知量;

$x,y,z,\delta t$——未知数。

可知,只要观测4颗以上卫星,即可列出4个以上如式(1.4)这样的方程式,便能解出4个未知数 $x,y,z,\delta t$,从而确定接收机坐标 x,y,z。这就是GPS定位的基本原理。

知识点4:GPS 定位的特点与问题

1)GPS 定位的特点

由上述可知,GPS定位是以绕地球运行的GPS卫星作为动态已知点,以根据电磁波传播时间求得的星站距离作为观测量,进而求得接收机的坐标。因此,GPS定位与传统的测量方法相比较,具有以下特点:

(1)定位精度高

随着GPS接收机和数据处理软件性能的不断提高,GPS定位的精度远远超过了传统测量方法的精度。例如,用载波相位观测量进行静态相对定位,在小于50 km的基线上精度可达 1×10^{-6};在100~500 km的基线上精度为 0.1×10^{-6};在大于1 000 km的基线上精度可达 0.01×10^{-6}。

(2)观测时间短

目前,采用静态相对定位,观测20 km以内基线仅需15~20 min。采用RTK定位,每站只需几秒钟的时间。

(3)测站间无须通视

用传统的测量方法测定点位,要求测站间必须通视,迫使测量人员将点位选在能满足通视

要求而在工程建设中使用价值不大的制高点上。GPS 定位是由星站距离确定点位的，只需测量点与空间的卫星通视即可。这样，测量人员就可将测量点位选在工程建设最需要的位置。

(4)仪器操作简便

目前，用于静态相对定位的 GPS 接收机，开机后就能自动观测。观测时，测量人员的工作是将接收机在点位上进行对中整平，量取天线高，观察接收机的工作状态即可，操作十分简便。

(5)全天候作业

除打雷闪电不宜作业外，其他天气均可进行野外测量工作。

(6)提供三维坐标

传统测量方法是将平面测量与高程测量分开进行的，而 GPS 测量可同时测得点的三维坐标。

(7)可全球布网

只要在地面上两点能同时观测到相同的 4 颗以上卫星，便可求得两点在同一坐标系中的坐标增量。因此，在世界范围内，各大洲及岛屿均可联网。

(8)应用广泛

GPS 导航定位技术的应用领域十分广泛，主要应用于以下各领域：

①陆海空运动目标导航。

②测绘：

a. 大地测量及控制测量。

b. 地形地籍测量。

c. 工程施工测量。

d. 海洋测绘。

e. 航空摄影测量。

③交通管理。

④卫星发射及其运行轨道监测。

⑤地震监测与地壳变形监测。

⑥城市规划。

⑦气象预报。

⑧农业、林业。

⑨旅游业。

⑩资源调查。

⑪工程施工。

GPS 存在的问题如下：

①军用的国家安全及保密要求与民用精度要求相互冲突。

②对民用用户无安全承诺。

③三维测量精度不一致。

大量实践表明，用 GPS 测量所得点位坐标，其三维精度不一致。其中，高程误差最大，x 坐标误差次之，y 坐标误差最小。

知识点 5：GPS 的政策调整与技术改进

1）政策调整

GPS 的最初设计目的是美国军事用途的各种飞行器和运载器的实时导航，但为了经济利益，美国也对民用的 GNSS 标准定位服务进行了初步规划设计。在研制过程中逐步发现了民用与军用的相互冲突，主要是精码被解密、民用精度过高以及精码必须借助粗码来捕获等问题。因此，美国于 1986 年前后就考虑 A-S 和 SA 技术，1990 年开始采用该项技术来限制民用。1995 年以后，由于美国国内就业压力和国际竞争的原因，美国政府又着手 GPS 现代化的研究，以彻底解决军用与民用的相互冲突问题并提高民用精度。1999 年 1 月美国副总统戈尔发布了“GPS 现代化”通告，2000 年 5 月 1 日取消 SA 政策。2004 年 GPS 工作卫星数达到 30 颗。这些政策使得目前民用 GPS 定位精度大幅度提高。

2）技术改进及 GPS 现代化

（1）增加卫星数

GPS 的设计工作卫星数为 21 颗，基本上能保证地球表面 98% 的地区能同时观测到 4 颗以上 GPS 卫星，但在定位时往往因卫星在空间的分布不合理而导致定位精度较低，而且有少数死角不能观测到 4 颗以上卫星。为此，美国将工作卫星数增加到 30 颗，以确保全球覆盖的连续实时定位。

（2）卫星钟稳定度的提高

20 世纪 80 年代发射的 GNSS 工作卫星，主要采用的卫星钟为铷钟，其稳定度约为 10^{-12} 量级。未来 GPS 工作卫星将采用氢钟，其稳定度可达 10^{-15} 量级。此外，卫星的设计使用寿命也从 7.5 年延长到 15 年。

（3）GPS 现代化

GPS 现代化的内容如下：

①在 2005 年发射的 Block Ⅱ R-M 卫星的 L_2 载波上增加 C/A 码，使 GPS 民用用户实现实时的电离层折射改正。在 L_1，L_2 载波上增加军用 M 码。此外，该卫星还能进行 GPS 卫星间的距离测量和星间在轨数据通信，实现不依赖于地面注入站的星历数据及星钟改正数据的自主更新。

②在 2006 年发射的 Block Ⅱ F 卫星上增加民用的 L_5 载波，使测地用户能实现伪距和载波相位测量的无电离层折射影响的组合解算。使动态定位的用户获得厘米级的实时点位精度。该卫星还可增强军用信号强度，以提高抗干扰能力。

③在 2012 年以后发射的 GPSⅢ卫星上增加其他特殊功能。

3）其他卫星定位系统

苏联于 1965 年开始建立全球卫星定位系统。第一代全球卫星定位系统即子午卫星导航系统称为 CICADA，与美国的 TRANSIT 类似。自 1982 年 10 月开始，苏联总结了 CICADA 的优劣，吸取了美国 GPS 的成功经验，着手建立自己的第二代卫星全球定位系统，称为 Global Orbiting Navigation Satellite System，简称 GLONASS。于 1995 年建成由 24 颗卫星组成的 GLONASS 工作卫星星座（卫星数 24+3），主要特征见表 1.2。

表 1.2　GLONASS 卫星星座的主要特征

卫星平均高度/km	19 100
卫星运行周期/min	676
轨道面倾角/(°)	64.8
轨道数	3

GLONASS 与 GPS 相比较，一个重要的差别是每颗 GLONASS 卫星采用不同的载波频率。此外，GLONASS 卫星的作业寿命比较短，仅为 22 个月。

2002 年 3 月 26 日，欧盟交通部长理事会正式批准了建设 Galileo 卫星导航定位系统的实施计划。该系统计划由 30 颗卫星组成，于 2005 年 12 月 28 日发射了第一颗试验卫星，于 2008 年年底建成并投入运行。Galileo 卫星星座的主要特点见表 1.3。

表 1.3　Galileo 卫星星座的主要特征

卫星平均高度/km	23 616
卫星运行周期/min	844
轨道面倾角/(°)	56
轨道数	3

Galileo 卫星导航定位系统是民用导航定位系统，不存在军用与民用冲突的问题。同时，也必须对用户安全负责。此外，其卫星运行高度高于 GPS 卫星，因而覆盖率较高，导航定位精度优于 GPS 全球定位系统。

知识点 6：GNSS 应用技术的重大发展

在 20 多年的 GNSS 民用期间，广大民用用户经过潜心研究和奋力开拓，使 GNSS 应用技术

取得了长足进展。主要有以下6个方面:

①建立了全球GNSS大地网,使各国对本国以往的大地网得以检验,并获得本国坐标系与美国WGS-84坐标系之间进行坐标转换的精确参数。

②各个国家、城市、部门以及GNSS用户接收机开发商纷纷建立地面监测站,获得了高精度的GNSS后处理星历。

③GNSS民用用户通过对GNSS卫星广播的卫星钟差改正进行内插等方法,使GNSS实时单点定位的精度达到了0.1 m。

④各城市及地区纷纷建立区域(似)大地水准面模型,精确求得了大地水准面与参考椭球面间的差距(亚分米级),使GNSS测高可代替水准测量。

⑤抗强电磁干扰、抗遮挡的GNSS接收机已普及,使GNSS的应用条件限制大大放宽。

⑥GPS/GLONASS兼容机广泛应用,使用户可在天空被大面积遮挡的情况下获取足够数量的观测数据。

子任务1.1.2 北斗卫星导航系统组成与工作原理

北斗卫星导航系统由我国自主建立,以“先区域,后全球”的建设思想分为北斗一代(Beidou Ⅰ)和北斗二代(COMPASS或Beidou Ⅱ)两个阶段。Beidou Ⅰ卫星导航系统是具备通信功能、区域性有源定位双星导航系统,能实现中国和东南亚地区的导航、通信、授时服务。Beidou Ⅰ于2003年正式投入使用以来,工作状态稳定可靠,并逐步向COMPASS全球卫星导航系统过渡。

知识点1:Beidou Ⅰ系统构成

Beidou Ⅰ卫星导航系统由空间段、地面段和用户段3个部分组成,如图1.3所示。与全球卫星导航系统不同的是,Beidou Ⅰ只有两颗工作卫星,属于区域卫星导航系统。

1)空间段

Beidou Ⅰ卫星导航系统采用双星定位技术。空间卫星指的是地球同步轨道上距离地面36 000 km的两颗工作卫星,分别位于赤经80°E和140°E,升交点赤经相差60°,能覆盖地球70°E～140°E、5°N～55°N的区域。Beidou Ⅰ系统建成后又发射了两颗备用卫星,分别位于赤经110.5°E和86°E。Beidou Ⅰ卫星的发射情况见表1.4(表中包括两颗COMPASS实验卫星)。

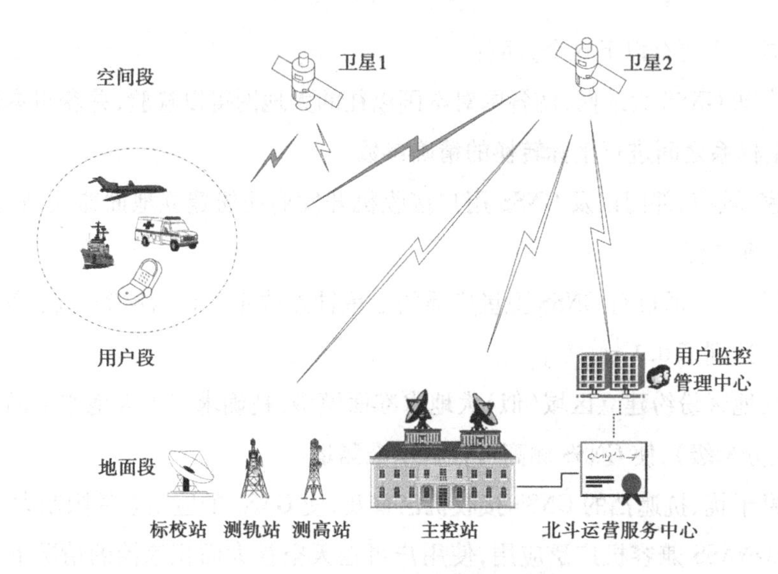

图 1.3 Beidou Ⅰ卫星导航系统组成

表 1.4 卫星发射时间表

日 期	火 箭	卫 星	轨 道
2000 年 10 月 31 日	长征三号甲	北斗-1A	140°E
2000 年 12 月 21 日	长征三号甲	北斗-1B	80°E
2003 年 05 月 25 日	长征三号甲	北斗-1C	110.5°E
2007 年 02 月 03 日	长征三号甲	北斗-1D	86°E
2007 年 04 月 14 日	长征三号甲	北斗-2A	中地球轨道
2009 年 04 月 15 日	长征三号丙	北斗-2B	地球同步轨道

Beidou Ⅰ导航卫星选用东方红三号卫星平台，总重约 2 300 kg，卫星设计使用寿命 8 年。采用三轴稳定方式，由转发器、天线、电源、测控、姿态及轨道控制等分系统组成。卫星形状为 2 000 mm×1 720 mm×2 200 mm 的立方体箱形结构，分为服务舱、推进舱和载荷舱。卫星上的遥测系统能接收来自地面主控站发出的命令，根据主控站的指令进行工作状态调整。Beidou Ⅰ导航卫星的主要任务是转发主控站和接收机间的信号。卫星与主控站使用 C 波段实现通信，从主控站发出的信号采用 6.3 GHz 线极化波，进入主控站的信号采用 5.1 GHz 线极化波。卫星与接收机的通信则采用 L 波段和 S 波段，接收机向卫星发射的信号为 1.6 GHz 右旋圆极化波，而卫星向接收机发射的信号为 2.5 GHz 左旋圆极化波。

2）地面段

Beidou Ⅰ地面段由主控站、测轨站、测高站及标校站等组成。它是导航系统的控制、计算、处理和管理中心。测轨站、测高站、标校站均为无人值守的自动数据测量与收集中心，在主控站的监测与控制下工作。

3)主控站

主控站除监控整个系统工作外,还负责用户的注册和运营、监控卫星工作、实现与卫星之间的通信、监控地面上其他子系统的工作、对 Beidou Ⅰ接收机发送的业务请求进行应答处理以及将处理结果通过卫星发送给接收机。与其他卫星导航系统采用被动定位不同的是,Beidou Ⅰ接收机的定位解算过程由主控站执行:主控站利用电波在主控站、卫星、用户间往返的传播时间以及气压高度数据、误差校正数据和卫星星历数据,结合存储在主控站的系统覆盖区数字高程地图对用户进行定位。

4)测轨站

在卫星导航定位中,卫星在轨位置对定位解算至关重要,卫星轨道坐标的测量误差将直接引起定位误差。为精确解算接收机的坐标,在 Beidou Ⅰ卫星导航系统中建立了多个坐标已知的测轨站,各测轨站将卫星轨道的测量结果发送至主控站,主控站根据收到的观测信息精确计算卫星在轨位置。

5)测高站

在 Beidou Ⅰ卫星导航系统覆盖区内设立了若干测高站,用气压高度计测量测高站所在地区的海拔高度。通常一个测站测得的数据粗略地代表了其周围 100 ~ 200 km 地区的海拔高度。海拔高度和该地区大地水准面高度之和就是该地区实际地形离基准椭球面的高度,测高站将测量结果发送给主控站,以便主控站解算接收机坐标时调用。

6)标校站

由于信号传播、接收机高程等信息受各种误差影响较大,为提高定位精度,在系统覆盖区域内设立了若干坐标已知的标校站,实施差分测量。接收机距离标校站越近、覆盖区域中标校站数量越多,则定位误差越小。

7)用户段

用户段主要是指 Beidou Ⅰ接收机。该接收机同时具备定位、通信和授时功能。北斗卫星导航系统运营服务商和系统集成商根据用户的需求为用户构建适合的应用系统并配置北斗用户机,北斗运营服务中心将授权用户一个与手持机号码类似的 ID 识别号,用户按照 ID 号注册登记后,北斗运营服务中心为用户开通服务,用户机正式投入使用。北斗用户机根据应用环境和功能的不同,可分为以下 5 种类型:

(1)普通型

该型用户机只能进行定位和点对点的通信,适合于一般车辆、船舶及便携用户的定位导航应用,可接收和发送定位及通信信息,与主控站及其他用户终端双向通信。

(2)通信型

该型用户机适合于野外作业、水文测报、环境监测等数据采集和数据传输,可接收和发送短报文信息,与主控站和其他用户终端进行双向或单向通信。

(3)授时型

该型用户机适合于授时、校时、时间同步等,可提供数十纳秒级的时间同步精度。

(4)指挥型

指挥型用户机供拥有一定用户数量的上级集团管理部门所使用,除具有普通型用户机所有功能外,还能播发通信信息和接收主控站发给所属用户的定位通信信息。指挥型用户机适合于指挥中心指挥调度、监控管理等应用,具有鉴别、指挥下属其他北斗用户机的功能,同时还可与下属北斗用户机及中心站进行通信,接收下属用户的报文,并向下属用户发播指令。

(5)多模型

多模型用户机既能接收北斗卫星定位和通信信息,又可利用 GPS 系统或 GPS 增强系统进行导航定位,适合对位置信息要求比较高的用户。

知识点 2: Beidou Ⅰ卫星信号

Beidou Ⅰ卫星导航系统主控站通过卫星向用户转发的信号包含同向(I)和正交(Q)两个通道,两个通道分别对信息进行卷积编码和扩频,然后采用 QPSK 方式调制到高频载波上。其中,I 通道采用 Kasami 码进行扩频,调制定位、通信、授时或其他服务信息;Q 通道采用 Gold 码进行扩频,调制定位和通信信息。Beidou Ⅰ信号编码、扩频、调制过程如图 1.4 所示。其中,f_c 表示载波频率。

Beidou Ⅰ的导航信息在时间上采用帧结构方式,每秒传送 32 帧,每一帧包含 250 bit,传送时间为 31.25 ms,信息格式见表 1.5。

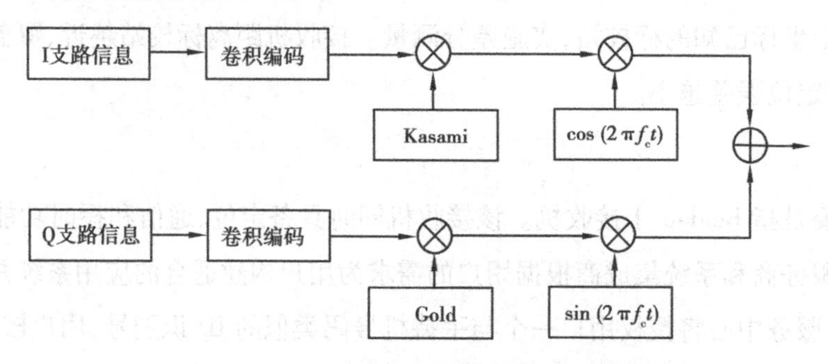

图 1.4 Beidou Ⅰ导航系统主控站信号调制方式

表1.5 Beidou Ⅰ 导航信息

类别	授时信息															空帧	重播	其他
出站帧号	1～5帧	6～7帧	8～12帧	13帧	14～34帧			35～46帧			47～53帧	54～117帧				118～128帧	129～245帧	246～1 920帧
数据	时刻	闰秒	时差	卫星号	卫星位置			卫星速度			大气时延	电磁波传播修正模型参数 $A_0 \cdots A_{15}$				暂无	重播1～117	内容待定
					X	Y	Z	X	Y	Z		A_0	A_1	…	A_{15}			
	20 bit	8 bit	4 bit	4 bit	28 bit	28 bit	28 bit	16 bit	16 bit	16 bit	28 bit	16 bit	16 bit	16 bit	16 bit			

表1.5中各参数说明如下：

时刻——第一帧开始时对应的时刻，单位为min。

闰秒——Beidou Ⅰ系统时间与协调世界时之间相差的整秒数，单位为s。

时差——Beidou Ⅰ系统时间与协调世界时之间的时间差，单位为ns。

卫星号——转发本次出站的授时数据对应的卫星号。

卫星位置——卫星在北京坐标系P54中的位置，单位为m。

卫星速度——卫星在北京坐标系P54中的速度，单位为m/s。

大气延时——从主控站到卫星的对流层/电离层延时，单位为ns。

电磁波传播修正模型参数——用于对电磁波传播延时进行模型修正，与系统选用的模型有关。

知识点3：Beidou Ⅰ工作原理

如图1.5所示，Beidou Ⅰ系统工作时首先由主控站向卫星1和卫星2同时发送询问信号，经卫星上的转发器向服务区内的用户广播，用户响应其中一颗卫星的询问信号，同时向第二颗卫星发送响应信号（用户的申请服务内容包含在内），经卫星转发器向主控站转发，主控站接收解调用户发送的信号，测量出用户所在点至两卫星的距离和，然后根据用户的申请服务内容进行相应的数据处理。

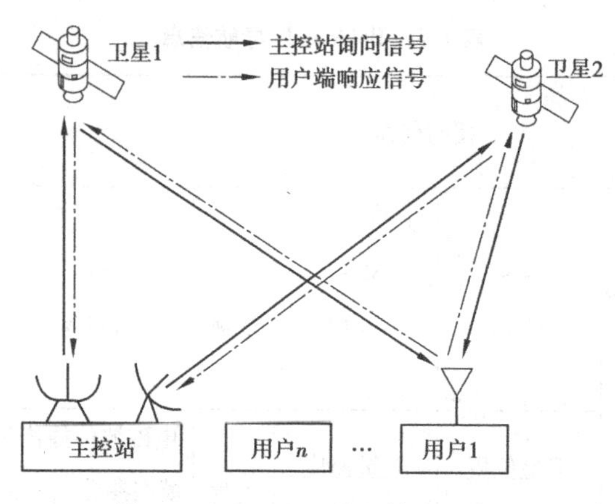

图 1.5　Beidou Ⅰ 信号转发示意图

在用户端,Beidou Ⅰ接收机除具备信号接收通道外,还包括发射通道,用于发送用户请求信号。当用户接收机需要进行定位、通信或授时服务时,基带信号处理模块完成相应请求信号的编码、扩频、调制,形成发射信号,并通过卫星向主控站转发,主控站处理完成后再通过卫星将处理结果发送给接收机,完成用户所需的定位、通信或授时服务。由于在定位时接收机需要向卫星发送信号,根据信号传播的时间计算接收机坐标。因此,Beidou Ⅰ卫星导航系统是一种有源定位系统。

由于采用主动式定位,在某一时刻,主控站需要响应所有用户的定位请求。因此,系统容量有一定的限制,Beidou Ⅰ的平均用户容量约为 30 万个。

知识点 4: 通信原理

在 Beidou Ⅰ导航系统中,接收机与接收机之间、接收机与主控站之间均可实现双工通信。每个接收机采用不同的加密码,所有的通信内容和指令均通过主控站进行转发。主控站可与系统中任何接收机利用时分多址方式进行通信,即主控站分不同时段向不同接收机发送信号,实现和不同接收机的通信。每次通信可传送 210 个字节,即 105 个汉字。

当接收机需要和主控站通信时,通信内容存储在询问信号和回答信号的信息段中,由主控站对通信内容解调,获得原始信息,经卷积编码、扩频和调制后发送至卫星,并由卫星向接收用户转发。如果系统中某一用户接收机收到主控站发来的第一帧信号,该接收机以此时刻为基准,延迟预定时间 T_0 并截取一段足够长的信号,以免丢失数据造成无法解调,在对接收信号的询问信号段的信息进行解扩、解调和解码后,即可得到主控站的通信内容。信号接收完成后可向卫星发射应答信号,实现接收机对主控站的回复。

在上述通信过程中,主控站利用接收机的 ID 识别不同的用户。当 i 接收机需要与 j 接收机通信时,将 j 接收机的 ID 和通信内容置入其应答信号的通信信息段中,通过卫星转发给主控站,主控站将 i 接收机要发送的通信内容转存在询问信号中,j 接收机接收到卫星转发的询问信号后,识别自己的地址码并获得 i 接收机发送的通信内容和 i 接收机的 ID 码,如果 j 接收

机需要对 i 接收机进行回复,重复上述过程即可。

知识点5: 授时原理

授时是指接收机通过接收卫星发送的时间信号获得本地时间与北斗标准时间的钟差,然后调整接收机本地时钟与北斗标准时间同步的过程。在 Beidou Ⅰ卫星导航系统中,接收机根据卫星发射的信号核准自身时钟,可得到很高的时钟精度。Beidou Ⅰ可为用户提供两种授时方式:单向授时和双向授时。

1)单向授时

接收机从卫星发送的信号中提取出时间信息,由接收机自主计算出钟差并修正本地时间,使本地时间和北斗标准时间同步,这种授时即为单向授时,精度优于30 ns。

卫星广播信息中的第一帧数据发送标准北斗天、时、分时间信号,时间修正数据,以及卫星坐标信息,这些信息通过一种特殊的方式调制在广播信号中,每一帧信号的时间基准与原子钟产生的时标用同一频率原子钟来实现。接收机获得上述数据后,接收机解调出各种时间码,然后测出本地时钟和主控站时钟的钟差,调整本地时钟使之与主控站时钟一致,实现单向授时。

2)双向授时

接收机只接收信号,不进行时间解算,所有信息处理都在主控站进行,接收机只需把接收的时标信号通过卫星回复给主控站,这种方式称为双向授时,精度优于10 ns。如主控站在 T_0 时刻发送时标信号 S_{T_0},该时标信号到达卫星后,由卫星向接收机转发,接收机对接收到信号进行简单处理,再经过卫星将信号回复给主控站。也就是说,表示时间 T_0 的时标信号 S_{T_0} 经过一定的时延,最终在 T_1 时刻回到了主控站。主控站将接收时标信号的时间与发射时间相减,得到信号的双向传播时延 T_1-T_0,进而可得到单向传播时延。主控站将单向传播时延发送给接收机,接收机根据接收到的时标信号及单向传播时延计算出本地时间与主控站时间的差值修正本地时间,使之与主控站的时间同步,实现双向授时。

知识点6: 定位原理

1)基本原理

由于参与定位的卫星数量有限,Beidou Ⅰ借助大地高程信息通过两颗卫星实现用户的三维定位,即主控站根据两颗卫星的位置坐标、卫星至接收机的伪距以及接收机的大地高程组成观测方程计算接收机的位置坐标。

系统定位原理如图1.6所示。分别以两颗卫星为球心,以卫星至接收机的伪距 ρ_1 和 ρ_2 为半径可分别得到两个球面,由于两颗卫星直线距离(约为42 000 km)小于卫星至接收机的距离之和(36 000 km×2=72 000 km)。因此,两球面必然相交且形成一个穿过赤道的交线圆弧,由此可确定接收机在该圆弧上,此时还需要利用额外的信息才可以确定接收机位于此交线圆具体位置。Beidou Ⅰ的主控站配有电子高程地图,由它可获得一个以地心为球心、以球心至地球表面高度为半径的非均匀椭球面,卫星的交线圆与该椭球面同样存在交点,接收机的位置可唯一确定。

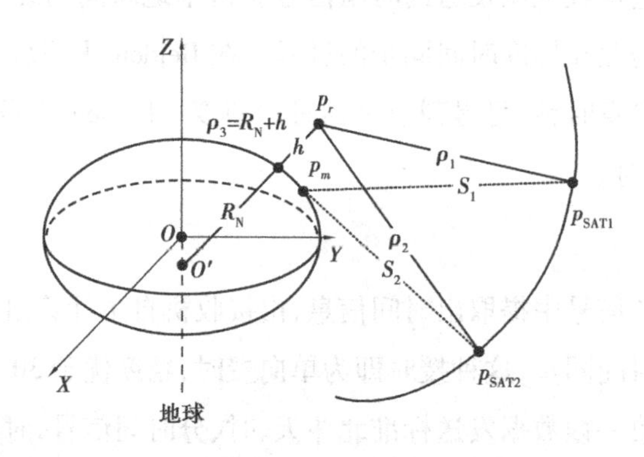

图 1.6 系统定位原理图

设 $p_{SATi}(x_{SATi},y_{SATi},z_{SATi})$,$i=1,2$ 为卫星坐标,$p_m(x_m,y_m,z_m)$ 为主控站坐标,$p_r(x,y,z)$ 为接收机坐标,$p'_O(x'_O=0,y'_O=0,z'_O=-R_N e^2\sin\varphi)$ 为接收机处椭球法线与短轴的交点坐标,R_N 为接收机卯酉圈曲率半径,e 为参考椭球偏心率,φ 为测站点纬度。接收机至卫星 1 和卫星 2 至的距离分别为 ρ_1 和 ρ_2,接收机至 p'_O 的距离为 ρ_3,卫星 1 和卫星 2 至主控站的距离分别为 S_1 和 S_2。接收机坐标包含 3 个未知数 (x,y,z),若要解出 3 个未知数,必须建立 3 个方程。通过卫星位置信息可得到方程组(1.5)中的前两个方程,利用主控站的数字化地形图、接收机携带的测高仪可得到接收机大地高,从而得到第三个方程。联立式(1.5)所示的 3 个方程,可解算出接收机的坐标为

$$\begin{cases}\rho_1=f(p_{SAT1},p_r)\\ \rho_2=f(p_{SAT2},p_r)\\ \rho_3=f(h,p_r)\end{cases}\tag{1.5}$$

2)定位方程求解

主控站在接收到应答信号后进行接收机坐标计算,具体解算时可不利用校准信息进行单点定位,也可利用校准信息实现差分定位。单点定位解算的典型计算方法有多种,如代入法、相似椭圆法、三点交会法及近似椭球法等。几种方法的解算精度相差不大,而三点交会法的计算量要小于其他几种方法。下面以三点交会法为例说明接收机坐标解算过程。

卫星与主控站和接收机的距离可分别表示为

$$
\begin{cases}
\rho_1 = f(p_{\mathrm{SAT1}}, p_r) = \sqrt{(x_{\mathrm{SAT2}} - x)^2 + (y_{\mathrm{SAT2}} - y)^2 + (z_{\mathrm{SAT2}} - z)^2} \\
\rho_2 = f(p_{\mathrm{SAT2}}, p_r) = \sqrt{(x_{\mathrm{SAT2}} - x)^2 + (y_{\mathrm{SAT2}} - y)^2 + (z_{\mathrm{SAT2}} - z)^2} \\
\rho_3 = f(p_{O'}, p_r) = (x^2 + y^2 + (z + R_{\mathrm{N}} e^2 \sin\varphi)2)1/2 = R_{\mathrm{N}} + h \\
S_1 = f(p_{\mathrm{SAT1}}, p_m) = \sqrt{(x_{\mathrm{SAT1}} - x_m)^2 + (y_{\mathrm{SAT1}} - y_m)^2 + (z_{\mathrm{SAT1}} - z_m)^2} \\
S_2 = f(p_{\mathrm{SAT2}}, p_m) = \sqrt{(x_{\mathrm{SAT2}} - x_m)^2 + (y_{\mathrm{SAT2}} - y_m)^2 + (z_{\mathrm{SAT2}} - z_m)^2}
\end{cases}
\tag{1.6}
$$

式中　h——接收机大地高。

主控站定位的观测量是信号在主控站、卫星、接收机之间往返传播的时间，相应的距离为 D_1 和 D_2，D_1 为主控站与接收机间信号经其中一颗卫星转发所对应的距离，D_2 为经两颗卫星转发所对应的距离，相应的方程为

$$
\begin{cases}
D_1 = 2(S_1 + \rho_1) = 2[f(p_{\mathrm{SAT1}}, p_m) + f(p_{\mathrm{SAT1}}, p_{x,y,z})] \\
D_2 = S_1 + \rho_1 + S_2 + \rho_2 = f(p_{\mathrm{SAT1}}, p_m) + f(p_{\mathrm{SAT1}}, p_{x,y,z}) + f(p_{\mathrm{SAT1}}, p_m) + f(p_{\mathrm{SAT1}}, p_{x,y,z}) \\
D_3 = \rho_3 = f(p'_O, p_{x,y,z}) = R_{\mathrm{N}} + h
\end{cases}
\tag{1.7}
$$

式中，除接收机3个位置参数 (x,y,z) 外，其他均为已知量，故方程可解。

由于 $\sin\varphi$ 和 R_{N} 均为近似值，因此解算出一次接收机坐标 (x,y,z) 后，可根据计算式进行多次迭代找到最优解，即

$$
\begin{cases}
\varphi_{(k+1)} = \arctan\left[\dfrac{z}{(x^2 + y^2)^{\frac{1}{2}}}\left(1 - \dfrac{e^2 R_{\mathrm{N}(k)}}{R_{\mathrm{N}(k)} + h}\right)^{-1}\right] \\
R_{\mathrm{N}(k+1)} = a(^1 - e^2 \sin\varphi_{(k)})^{-\frac{1}{2}}
\end{cases}
\tag{1.8}
$$

式中　a——椭球长半轴。

当式(1.8)中的 $\varphi_{(k+1)}$ 和 $\varphi_{(k)}$ 的差值小于设定门限时迭代结束。

为提高 Beidou Ⅰ的定位精度，可利用若干坐标已知的标校站接收卫星信号并对其所在位置坐标进行解算，将解算坐标与已知的实际坐标进行比较，可得星历、信号传播、地球自转、相对论效应等引起的误差，将这些误差作为差分修正信息通过主控站发送至标校站以外的接收机。这些接收机利用在同一时刻获得的测距信息进行差分处理，为获得更高的定位精度，接收机应选择距离较近的标校站发送的差分修正信息。为保证各标校站自身的完好性，标校站之间也能互相收发差分信息。

除上述利用双星定位的方法外，因 Beidou Ⅰ备份卫星已经发射，故可考虑利用备份卫星实现三星定位。同时，增加了一颗可观测卫星，此时系统性能将会得到一定的改善。

与其他卫星导航系统类似，Beidou Ⅰ的定位误差主要来自定时误差、距离测量误差和几何精度因子，其中的距离测量误差可利用差分的方法进行抑制。值得一提的是，Beidou Ⅰ在解算坐标时需要知道接收机所在位置的高程，它可通过测高仪提供，测高仪在测量时产生的误差对定位精度也会产生影响，而且在低纬度比在高纬度要大。当测距误差为 10 m、高程误差为 10 m 时，系统覆盖区域内接收机的单点定位精度在 100 m 以内，差分定位精度在 30 m 以内。

任务 1.2　GNSS 坐标系统与数据处理软件

📖 学习目标

1. 理解天球坐标系、地球坐标系、高程系统、大地测量基准等概念。
2. 掌握不同坐标系统中参数意义。
3. 重点掌握地球坐标系中的协议地球坐标系、高程系统和常用大地测量基准及其转换。

📖 任务描述

1. 充分理解 GNSS 天球坐标系、地球坐标系、高程系统等概念与 3 个系统之间的转换。
2. 利用软件完成不同坐标系统之间的转换。

📖 实施步骤

1. 通过阅读资讯资料，天球坐标系、地球坐标系、高程系统、大地测量基准概念，完成学习笔记记录。
2 掌握不同坐标系统中参数意义，完成分类列表填写。
3. 利用专业软件完成参数转换并验证准确性。
4. 完成工作任务单。

学习笔记

班级：　　　　　　　　　　　　姓名：

主题	
内容	问题与重点
总结	

工作任务单

1. 坐标系是如何进行分类的？如何描述点的位置？

2. 简述天球坐标系与地球坐标系的联系与区别。

3. 简述历元平天球坐标系与瞬时极真平天球坐标系的联系与区别。

4. 简述国家坐标系与独立坐标系的区别。

评价单

学生自评表

班级：	姓名：		学号：
任　务	坐标系统认知与相互转换		
评价项目	评价标准	分值	得分
坐标系统分类认知	1. 准确;2. 不准确	10	
系统参数分析	1. 完成;2. 未完成	20	
软件安装	1. 完成;2. 未完成	20	
坐标转换	1. 准确完成;2. 基本完成;3. 未完成	10	
工作态度	态度端正,无缺勤、迟到、早退现象	10	
工作质量	能按计划完成工作任务	10	
协调能力	与小组成员、同学之间能合作交流,协调工作	10	
职业素质	能做到细心、严谨	5	
创新意识	主动阅读标准、规范,数据处理准确无误	5	
合　计		100	

学生互评表

任　务	坐标系统认知与相互转换														
评价项目	分值	等　级								评价对象(组别)					
										1	2	3	4	5	6
计划合理	10	优	10	良	9	中	7	差	6						
团队合作	10	优	10	良	9	中	7	差	6						
组织有序	10	优	10	良	9	中	7	差	6						
工作质量	20	优	20	良	18	中	14	差	12						
工作效率	10	优	10	良	9	中	7	差	6						
工作完整	10	优	10	良	9	中	7	差	6						
工作规范	10	优	10	良	9	中	7	差	6						
成果展示	20	优	20	良	18	中	14	差	12						
合　计	100														

教师评价表

<table>
<tr><td colspan="2">班级：</td><td colspan="5">姓名：　　　　　　学号：</td></tr>
<tr><td colspan="2">任　务</td><td colspan="5">坐标系统认知与相互转换</td></tr>
<tr><td colspan="2">评价项目</td><td colspan="3">评价标准</td><td>分值</td><td>得分</td></tr>
<tr><td colspan="2">考勤(10%)</td><td colspan="3">无迟到、早退、旷课现象</td><td>10</td><td></td></tr>
<tr><td rowspan="8">工作
过程
(60%)</td><td>坐标系统分类认知</td><td colspan="3">1. 准确;2. 不准确</td><td>10</td><td></td></tr>
<tr><td>系统参数分析</td><td colspan="3">1. 完成;2. 未完成</td><td>10</td><td></td></tr>
<tr><td>软件安装</td><td colspan="3">1. 完成;2. 未完成</td><td>10</td><td></td></tr>
<tr><td>坐标转换</td><td colspan="3">1. 完成;2. 未完成</td><td>10</td><td></td></tr>
<tr><td>数据处理</td><td colspan="3">1. 准确完成;2. 基本完成;3. 未完成</td><td>5</td><td></td></tr>
<tr><td>工作态度</td><td colspan="3">态度端正,工作认真、主动</td><td>5</td><td></td></tr>
<tr><td>协调能力</td><td colspan="3">能按计划完成工作任务</td><td>5</td><td></td></tr>
<tr><td>职业素质</td><td colspan="3">与小组成员、同学之间能合作交流,协调工作</td><td>5</td><td></td></tr>
<tr><td rowspan="4">项目
成果
(30%)</td><td>工作完整</td><td colspan="3">能按时完成任务</td><td>5</td><td></td></tr>
<tr><td>操作规范</td><td colspan="3">能按规范要求操作接收机</td><td>5</td><td></td></tr>
<tr><td>数据处理结果</td><td colspan="3">能正确处理数据,结果准确</td><td>15</td><td></td></tr>
<tr><td>成果展示</td><td colspan="3">能准确表达、汇报工作成果</td><td>5</td><td></td></tr>
<tr><td colspan="5">合　计</td><td>100</td><td></td></tr>
<tr><td colspan="2" rowspan="2">综合评价</td><td>学生自评
(20%)</td><td>小组互评
(30%)</td><td>教师评价
(50%)</td><td colspan="2">综合得分</td></tr>
<tr><td></td><td></td><td></td><td colspan="2"></td></tr>
</table>

子任务　GNSS 坐标系统的类型

GNSS 定位是通过安置于地球表面的 GNSS 接收机同时接收 4 颗以上的 GNSS 卫星信号，从而测定地面点的位置。观测站固定在地球表面，其空间位置随地球自转而变动，而 GNSS 卫星围绕地球质心旋转且与地球自转无关。因此，在 GNSS 卫星定位中，需建立描述 GNSS 卫星运动的坐标系，并确定该坐标系与地面点所在的坐标系之间的关系，从而实现坐标系之间的转换。

GNSS 定位常采用空间直角坐标系，一般取地球质心为坐标系的原点。空间直角坐标系用位置矢量在 3 个坐标轴上的投影参数(X,Y,Z)表示空间点的位置。采用空间直角坐标系，可方便地通过平移和旋转从一个坐标系转换至另一个坐标系。完全定义一个空间直角坐标系，需要确定：坐标原点的位置；3 个坐标轴的指向；长度单位。

根据选择的参数不同，除空间直角坐标系外，还有其他形式的坐标系，如球面坐标系、大地坐标系等。它们在使用中是等价的，即不管采用哪一种坐标系，一组具体的坐标值只表示唯一的空间点位，一个空间点位也对应唯一的一组坐标值，不同坐标系之间存在着明确、唯一的转换关系。

根据坐标轴指向的不同，坐标系分为两大类，即天球坐标系和地球坐标系。

1）天球坐标系统

按牛顿力学的惯性坐标系特点，与地球自转无关、在空间固定的坐标系统，称为天球坐标（牛顿第二定律 $F=ma$）。它用于描述卫星的运行位置和状态。由于卫星是不随地球自转，因此它只是在地球引力作用下绕地球旋转。如果在地球坐标系内表示卫星的运动方程，将会使方程变得十分复杂，而且卫星的运动理论是根据牛顿万有引力定律在惯性坐标系统中建立起来的。因此，用天球坐标系描述卫星的运动位置和状态是很方便的。

2）地球坐标系

随着地球一起运动，与地球体相固连的坐标系统，称为地球坐标。它用于描述地面观测站的位置。

卫星在天球坐标系，接收机在地球坐标系。因此，要确定接收机的位置，需实现坐标系统之间的转换。如将卫星所在的天球坐标转换至地球坐标，首先需要了解各坐标系的定义。地球坐标系统又可进一步分为参心坐标系统和地心坐标系统。

在 GNSS 测量中，最常用的一类坐标系模型是协议地球坐标系。该坐标系随同地球一起旋转,讨论随地球一起自转的目标位置,用这类坐标系方便;另一类是协议天球坐标系,这个坐标系随同太阳系一同旋转,与地球自转无关,讨论卫星轨道运动时,用这类坐标系方便。

天球坐标系的定义是:原点是地球质心(O),Z轴指向地球自转轴(天极,向北为正),X轴指向春分点。根据春分点的定义可证明X轴与Z轴互相垂直,且X轴在赤道面上,同时为数学描述方便,引入与XOZ成右手旋转关系的Y轴。因为地球自转轴受其他天体影响(日、月)在空间产生进动,使得春分点变化(章动和岁差),导致用“瞬时天极”定义的坐标系不断旋转,而旋转的坐标系表现出非惯性的特性,不能直接应用牛顿定律。可用某一历元(时刻)的天极和春分点(协议天极和协议春分点)定义一个三轴指向不变的天球坐标系,称为固定极天球坐标系。

地球坐标系的定义是这样的,原点为地球质心(O),Z轴为地球自转轴,X轴指向地球上赤道的某一固定“刚性”点。所谓“刚性”,是指其自转速度与地球一致,同时也为数学描述方便,引入与XOZ成右手旋转关系的Y轴。地球不是一个严格刚性的球体,Z轴在地球上随时间而变,称为极移。与天球坐标系一样,需要指定一个固定极为Z轴,这样的地球坐标系称为固定极地球坐标系。可证明当观察地球上的物体时,该坐标系是惯性的。如果一个坐标系$OXYZ$,O不是地球质心,Z轴与地球自转轴平行,则这个坐标系具有与地球相同的自转角速度,也把此类坐标系称为地球坐标系。

3)协议坐标系统

理论上坐标系由定义的坐标原点和坐标轴指向来确定。坐标系一经定义,任意几何点都具有唯一的一组在该坐标系内的坐标值;反之,一组该坐标系内的坐标值就唯一定义了一个几何点。实际应用中,在已知若干参考点的坐标值后,通过观测又可反过来定义该坐标系。可将前一种方式称为坐标系的理论定义。而由一系列已知点所定义的坐标系称为协议坐标系,这些已知参考点构成所谓的坐标框架。在点位坐标值不存在误差的情况下,这两种方式对坐标系的定义是一致的。事实上,点位的坐标值通常是通过一定的测量手段得到,它们总是有误差的,由它们定义的协议坐标系与原来的理论定义的坐标系会有所不同,凡依据这些点测定的其他点位坐标值均属于这一协议坐标系而不属于理论定义的坐标系。由坐标框架定义的固定极天球坐标系和固定极地球坐标系,称为协议天球坐标系和协议地球坐标系。

知识点1:天球坐标系

对不随地球自转而运动的人造卫星和其他天体,使用天球坐标系表示它们的运行位置和状态。为确定天球上某一点的位置,在天球上建立的球面坐标系。有以下两个基本要素:

①基本平面。由天球上某一选定的大圆所确定。大圆称为基圈,基圈的两个几何极之一作为球面坐标系的极。

②主点,又称原点。由天球上某一选定的过坐标系极点的大圆与基圈的交点所确定。

天球上一点在此天球坐标系中的位置由以下两个球面坐标标定：

①第一坐标或称经向坐标。作过该点和坐标系极点的大圆，称为副圈，从主点到副圈与基圈交点的弧长为经向坐标。

②第二坐标或称纬向坐标。从基圈上起沿副圈到该点的大圆弧长为纬向坐标。

天球上任何一点的位置都可由这两个坐标唯一地确定。这样的球面坐标系是正交坐标系。对不同的基圈和主点，以及经向坐标所采用的不同量度方式，可引出不同的天球坐标系。常用的有地平坐标系、赤道坐标系、黄道坐标系及银道坐标系等。

1）天球的基本概念

天球的定义是指以地球质心 M 为中心、半径 r 为任意长度的一个假想的球体。以此天球为球面坐标系，用以研究各天体的位置及关系。

给出天球上的一些重要的点、线、面、圈的定义（以地球为中心）。

天球——是指以地球质心 M 为中心、半径 r 为任意长度的一个假想的球体。

天轴——地球自转的中心轴线，简称地轴，将其延伸就是天轴。

天极——天轴和天球的交点（P_n，P_s 分别为北天极、南天极）。

真天极——天极的瞬时位置。

平天极——真天极扣除章动后的位置。

天球赤道面与天球赤道——通过地球质心 M 与天轴垂直的平面；天球赤道面与天球相交的大圆为天球赤道。

天球子午面与天球子午圈——包含天轴并通过天球上任一点的平面，称为天球子午面；天球子午面与天球相交的大圆，称为天球子午圈。

时圈——通过天轴的平面与天球相交的半个大圈。

黄道——地球公转的轨道面与天球相交的大圆。

黄赤交角——黄道与赤道的夹角（$\varepsilon=23.5°$）。

黄极——通过天球中心垂直于黄道面的直线与天球的交点，称为黄极。北黄极、南黄极（以太阳为中心，自转轴为66.5°）。

春分点——太阳在黄道上从南半球向北半球运行，黄道与天球赤道的交点 r（见图1.7）。

在天文学和卫星大地测量学中，春分点和天球赤道面是建立坐标系的重要基准点和基准面。

2）天球坐标系的概念

天球坐标系包括天球空间直角坐标系和天球球面坐标系。

（1）天球空间直角坐标系

在天球空间直角坐标系中，任意空间点 S 的坐标为（x，y，z）。该坐标系的定义是：以地球

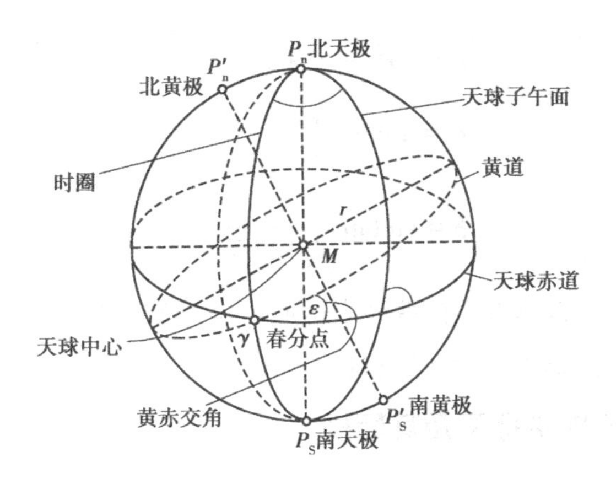

图1.7 天球的概念

质心 M 为坐标原点 O，其 z 轴指向北天极 P_n，x 轴指向春分点，y 轴垂直于 xOz 平面并构成右手坐标系（见图1.8）。

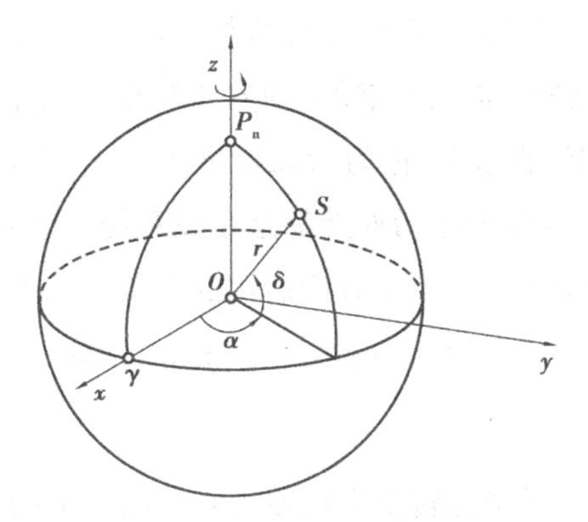

图1.8 天球空间直角坐标系与天球球面坐标系

(2)天球球面坐标系

在天球球面坐标系中，任意空间点 S 的坐标系为(α,δ,r)。该坐标系的定义是：以地球质心 M 为天球中心 O，赤经 α 为含天轴和春分点的天球子午面与过空间点 S 的天球子午面之间的夹角（自过春分点的天球子午面起算右旋为正），赤纬为原点 O 至空间点 S 的连线与天球赤道面之间的夹角，向径 r 为原点 O 至空间点 S 的距离。各坐标值以图1.8箭头所指方向为正。

以原点至天球的空间径向距离 r 作为第一参数，以 ZMX 子午面（包含春分点的面）与包含 S 点的子午面的夹角（赤径 α）为第二参数，径向距离 r 与赤道面之间的夹角（赤纬 δ）为第三参数。

对同一空间点，天球空间直角坐标系与其等效的天球球面坐标系参数间的转换关系为

$$\begin{bmatrix} x \\ y \\ z \end{bmatrix} = r\begin{bmatrix} \cos\delta\cos\alpha \\ \cos\delta\sin\alpha \\ \sin\delta \end{bmatrix} \tag{1.9}$$

$$r = \sqrt{x^2 + y^2 + z^2}$$

$$\alpha = \arctan \frac{y}{x} \tag{1.10}$$

$$\delta = \arctan \frac{z}{\sqrt{x^2 + y^2}}$$

在实践中,上述关于天球坐标系的两种表达形式应用都很普遍。由于它们与地球的自转无关。因此,对描述人造地球卫星的位置和状态尤为方便。

知识点2: 协议天球坐标系及其转换

1)协议天球坐标系

在岁差和章动的共同影响下,瞬时天球坐标系坐标轴的指向在不断变化。显然,在这种非惯性坐标系统中,不能直接根据牛顿力学定律来研究卫星的运动规律。为了建立一个与惯性坐标系统相接近的坐标系,选择某一时刻 t_0 作为标准历元,并将此刻地球的瞬时自转轴(指向北极)和地心至瞬时春分点的方向,经该瞬时的岁差和章动改正后,分别作为 x 轴和 z 轴的指向。由此所构成的空间固定坐标系,称为所取标准历元 t_0 的平天球坐标系或协议天球坐标系,也称协议惯性坐标系。卫星的星历通常都是在该系统中表示的。国际大地测量学协会和国际天文联合会决定,自 1984 年 1 月 1 日后启用的协议天球坐标系,其坐标的指向是以 2000 年 1 月 15 日 TDB(太阳质心力学时)为标准历元(标以 J2000.0)的赤道和春分点所定义的。

2)坐标转换

将协议天球坐标系的卫星坐标转换为观测历元 t 的瞬时天球坐标,通常可分两个步骤:首先将协议天球坐标系中的坐标换算到瞬时平天球坐标系统,然后将瞬时平天球坐标系的坐标转换到瞬时天球坐标系。

(1)协议天球坐标系至瞬时平天球坐标系的转换(岁差旋转)

由上述定义可知,协议天球坐标系与瞬时平天球坐标系的差别是由岁差引起的坐标轴指向不同。因此,为了进行协议天球坐标系至瞬时平天球坐标系的转换,需将协议天球坐标系和坐标轴加以旋转。取 $(x \quad y \quad z)^{\mathrm{T}}_{\mathrm{CIS}}$ 和 $(x \quad y \quad z)^{\mathrm{T}}_{\mathrm{TMS}}$ 分别表示协议天球坐标系和瞬时平天球坐标系的坐标,其间关系为

$$\begin{bmatrix} x \\ y \\ z \end{bmatrix}_{\mathrm{TMS}} = \boldsymbol{R}_z(-z)\boldsymbol{R}_y(\theta)\boldsymbol{R}_z(-\zeta)\begin{bmatrix} x \\ y \\ z \end{bmatrix}_{\mathrm{CIS}} = \boldsymbol{R}_{zyz}\begin{bmatrix} x \\ y \\ z \end{bmatrix}_{\mathrm{CIS}} \tag{1.11}$$

$$\boldsymbol{R}_{zyz} = \boldsymbol{R}_z(-z)\boldsymbol{R}_y(\theta)\boldsymbol{R}_z(-\zeta)$$

$$\boldsymbol{R}_z(-z) = \begin{bmatrix} \cos z & -\sin z & 0 \\ \sin z & \cos z & 0 \\ 0 & 0 & 1 \end{bmatrix}$$

$$\boldsymbol{R}_y(\theta)=\begin{bmatrix}\cos\theta & 0 & -\sin\theta\\ 0 & 1 & 0\\ -\sin\theta & 0 & \cos\theta\end{bmatrix}$$

$$\boldsymbol{R}_z(-\zeta)=\begin{bmatrix}\cos\zeta & -\sin\zeta & 0\\ \sin\zeta & \cos\zeta & 0\\ 0 & 0 & 1\end{bmatrix}$$

式中,与岁差有关的 3 个旋转角的表达式为

$$\begin{cases}z=0.640\,616\,1''T+0.000\,304\,1''T^2+0.000\,005\,1''T^3\\ \theta=0.640\,616\,1''T-0.000\,118\,5''T^2-0.000\,011\,6''T^3\\ \zeta=0.640\,616\,1''T+0.000\,083\,9''T^2+0.000\,005\,0''T^3\end{cases}\tag{1.12}$$

式中,$T=(t-t_0)$表示从标准历元 t_0 至观测历元 t 的儒略世纪数(儒略是公元前罗马皇帝儒略·恺撒推行的一种历法,称为儒略历。一个儒略世纪为 36 525 个儒略日。儒略日是从公元前 4713 年 1 月 1 日格林尼治平正午算起的连续天数。新标准历元 J2000.0 相应的儒略日为 2 451 545.0)。

(2)瞬时平天球坐标系至瞬时天球坐标系的转换(章动旋转)

瞬时平天球坐标系经章动旋转后可转换为瞬时天球坐标系。取 $(x\quad y\quad z)_{\mathrm{TS}}^{\mathrm{T}}$ 表示瞬时天球坐标系的坐标,则瞬时平天球坐标系至瞬时天球坐标系的转换公式为

$$\begin{bmatrix}x\\ y\\ z\end{bmatrix}_{\mathrm{TS}}=\boldsymbol{R}_x(-\varepsilon-\Delta\varepsilon)\boldsymbol{R}_z(-\Delta\varphi)\boldsymbol{R}_x(\varepsilon)\begin{bmatrix}x\\ y\\ z\end{bmatrix}_{\mathrm{TMS}}=\boldsymbol{R}_{xzx}\begin{bmatrix}x\\ y\\ z\end{bmatrix}_{\mathrm{TMS}}\tag{1.13}$$

$$\boldsymbol{R}_{xzx}=\boldsymbol{R}_x(-\varepsilon-\Delta\varepsilon)\boldsymbol{R}_z(-\Delta\varphi)\boldsymbol{R}_x(\varepsilon)$$

$$\boldsymbol{R}_z(-\Delta\varphi)=\begin{bmatrix}\cos\Delta\varphi & -\sin\Delta\varphi & 0\\ \sin\Delta\varphi & \cos\Delta\varphi & 0\\ 0 & 0 & 1\end{bmatrix}$$

$$\boldsymbol{R}_x(-\varepsilon-\Delta\varepsilon)=\begin{bmatrix}1 & 0 & 0\\ 0 & \cos(\varepsilon+\Delta\varphi) & -\sin(\varepsilon+\Delta\varphi)\\ 0 & \sin(\varepsilon+\Delta\varphi) & \cos(\varepsilon+\Delta\varphi)\end{bmatrix}$$

$$\boldsymbol{R}_x(\varepsilon)=\begin{bmatrix}1 & 0 & 0\\ 0 & \cos\varepsilon & \sin\varepsilon\\ 0 & -\sin\varepsilon & \cos\varepsilon\end{bmatrix}$$

式中　$\varepsilon,\Delta\varepsilon,\Delta\varphi$ ——黄赤交角、交角章动和黄经章动。

在地球自转周期的影响下,黄道与赤道的交角经常表示为

$$\varepsilon = 23°26'21.448'' - 46.815''T - 0.000\,59''T^2 + 0.001\,813''T^3 \tag{1.14}$$

对 $\Delta\varepsilon$ 和 $\Delta\varphi$，根据章动理论，其常用表达式是含有多达 106 项的复杂级数展开式。在天文年历史中载有这些展开式的系数值，根据 T 值便可精确计算 $\Delta\varepsilon$ 和 $\Delta\varphi$ 的值。

由式(2.3)和式(2.5)便可得出协议天球坐标系的坐标转换公式为

$$\begin{bmatrix} x \\ y \\ z \end{bmatrix}_{TS} = \boldsymbol{R}_{xzx}\boldsymbol{R}_{zyz}\begin{bmatrix} x \\ y \\ z \end{bmatrix}_{CIS} \tag{1.15}$$

在实际工作中，坐标系统的转换都借助于电子计算机及相应软件自动完成。对于 GNSS 应用者来说，有必要了解各种天球坐标系的定义及其转换的基本概念。

由于地球上的点均随地球自转一起运动。因此，用天球坐标表示地球上的点很不方便。

为了描述地面上的点，应建立与地球体相应的坐标系，即地球坐标系。地球坐标系有两种表达形式：空间直角坐标系和大地坐标系。

知识点 3：地心坐标系

1)地心空间直角坐标系

定义：原点 O 与地球质心 M 重合。

z 轴指向地球北极。

x 轴指向格林尼治平子午面与地球赤道的交点 E。

y 轴垂直于 XOZ 平面构成右手坐标系。

地面上的一点表示为 $P(x,y,z)$。

2)地心大地坐标系(椭球坐标系)

椭球的中心与地球质心 M 重合；椭球短轴与地球自转轴重合。

大地经度 L：过地面点的椭球子午面与格林尼治平子午面之间的夹角。

大地纬度 B：过地面点的椭球法线与椭球赤道面的夹角。

大地高 H：过地面点沿椭球法线至椭球面的距离。

地面上的一点表示为 $P(B,L,H)$。

两坐标系的转换关系如下：

(1)大地坐标转换为空间直角坐标

$$\begin{aligned} x &= (N+H)\cos B\cos L \\ y &= (N+H)\cos B\sin L \\ z &= [N(1-e^2)+H]\sin B \end{aligned} \tag{1.16}$$

式中　N——椭球面卯酉圈的曲率半径；

e——椭球的第一偏心率。

(2)空间直角坐标转换为大地坐标

$$
\begin{aligned}
& e=\frac{\sqrt{a^2+b^2}}{a} \\
& W=\sqrt{(1-e^2\sin^2 B)} \\
& N=\frac{a}{W} \\
& B=\arctan\left[\tan\Phi\left(1+\frac{ae^2}{z}\frac{\sin B}{W}\right)\right] \\
& L=\arctan\left(\frac{y}{x}\right) \\
& H=\frac{R\cos\Phi}{\cos B}-N \\
& R=[x^2+y^2+z^2]^{\frac{1}{2}} \\
& \Phi=\arctan\left[\frac{z}{(x^2+y^2)^{\frac{1}{2}}}\right]
\end{aligned}
\tag{1.17}
$$

式中　a,b——椭球的长短半径；

W——第一辅助系数。

知识点4：地极移动与协议地球坐标系

地球自转轴相对地球体的位置不固定，地极点在地球表面的位置是移动的，是随时间变化的。这种现象称为地极移动，简称极移。观测瞬间地球自转轴所处的位置称为瞬时地球自转轴，而相应的极点称为瞬时极。

为了描述地极移动的规律，取一平面直角坐标系，表达地极的瞬时位置，如图1.9所示。

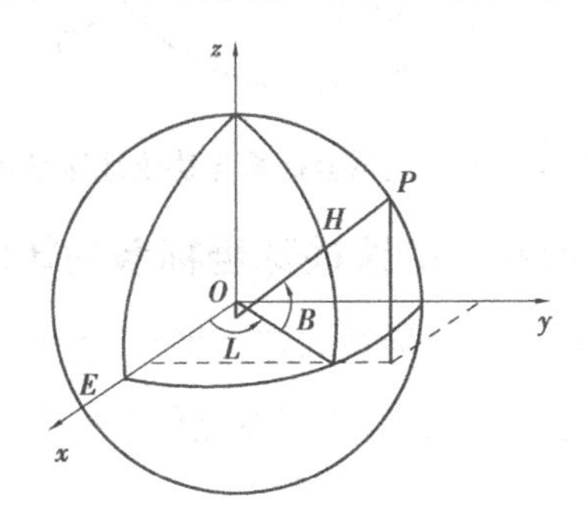

图1.9　协议地球坐标系

地极的移动，造成 z 轴指向改变，赤道面和起始子午面的位置改变，使坐标系发生变化。这对实际工作造成许多困难。

1967 年，各国建议建立国际协议原点 CIO 作为协议地极 CTP，以协议地极为基准点的地球坐标系称为协议地球坐标系 CTS。如果以 $(X \quad Y \quad Z)_{\mathrm{CTS}}$ 和 $(X \quad Y \quad Z)_t$ 分别表示协议地球空间直角坐标系和观测历元 t 的瞬时地球空间直角坐标系。它们的关系为

$$\begin{bmatrix} X \\ Y \\ Z \end{bmatrix}_{\mathrm{CTS}} = \boldsymbol{M} \begin{bmatrix} X \\ Y \\ Z \end{bmatrix}_t \tag{1.18}$$

考虑地极坐标为微小量，如果仅取至一次微小量，则

$$\boldsymbol{M} = \begin{pmatrix} 1 & 0 & x_{\mathrm{p}} \\ 0 & 1 & -y_{\mathrm{p}} \\ -x_{\mathrm{p}} & y_{\mathrm{p}} & 1 \end{pmatrix}$$

瞬时极的坐标系——瞬时地球坐标系：

瞬时地球坐标系与协议地球坐标系有一定的转换关系，可由一种坐标求另一种坐标；同时，协议地球坐标系与协议天球坐标系之间也可相互转换，如图 1.10 所示。

具体转换过程为：地协议 → 地瞬时 → 天瞬时 → 天协议（地协议 → 天协议）。

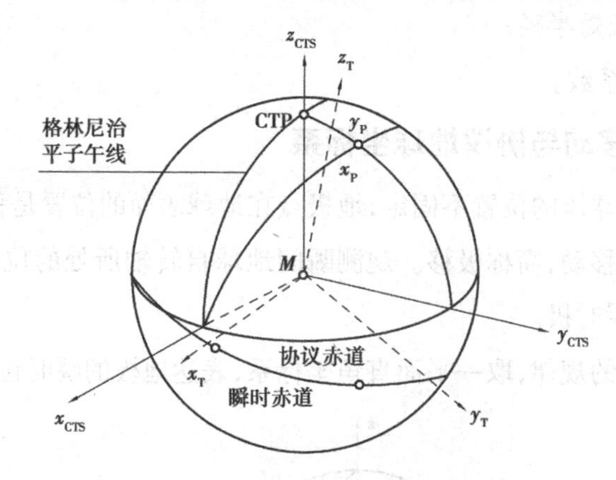

图 1.10　瞬时地球坐标系与协议地球坐标系

知识点 5：协议天球坐标系与协议地球坐标系的转换

根据协议天球坐标系和协议地球坐标系的定义可知，两坐标系存在以下联系与区别：

①两坐标系的原点均位于地球的质心，故其原点位置相同。

②两坐标系的 z 轴指向相同。

③两坐标系的 x 轴指向不同，其间夹角为春分点的格林尼治恒星时。

若以 $GAST$ 表示春分点的格林尼治恒星时，则两坐标系之间的转换关系可表示为

$$\begin{bmatrix} X \\ Y \\ Z \end{bmatrix}_t = \begin{bmatrix} \cos(GAST) & \sin(GAST) & 0 \\ -\sin(GAST) & \cos(GAST) & 0 \\ 0 & 0 & 1 \end{bmatrix} \cdot \begin{bmatrix} X \\ Y \\ Z \end{bmatrix}_{TS} = \boldsymbol{R}_z(GAST) \begin{bmatrix} X \\ Y \\ Z \end{bmatrix}_{TS} \tag{1.19}$$

结合式(1.18),则

$$\begin{bmatrix} X \\ Y \\ Z \end{bmatrix}_{CTS} = \boldsymbol{MR}_z(GAST) \begin{bmatrix} X \\ Y \\ Z \end{bmatrix}_{TS} \tag{1.20}$$

可得到协议天球坐标系和协议地球坐标系的转换公式为

$$\begin{bmatrix} X \\ Y \\ Z \end{bmatrix}_{CTS} = \boldsymbol{MR}_z(GAST) R_{xzx} \boldsymbol{R}_{zyz} \begin{bmatrix} X \\ Y \\ Z \end{bmatrix}_{CIS} = \boldsymbol{R}_{yxz} \boldsymbol{R}_{xzx} \boldsymbol{R}_{zyz} \begin{bmatrix} X \\ Y \\ Z \end{bmatrix}_{CIS} \tag{1.21}$$

式中

$$\boldsymbol{R}_{yxz} = \boldsymbol{R}_y(-x_p)\boldsymbol{R}_x(-y_p)\boldsymbol{R}_z(GAST)$$

综上所述,由于卫星和地面点分别属于不同的坐标系,要实现 GNSS 卫星定位的目的,不仅要进行关于岁差、章动、极移的坐标转换,而且要进行协议天球坐标系至协议地球坐标系的转换,其转换流程如图 1.11 所示。

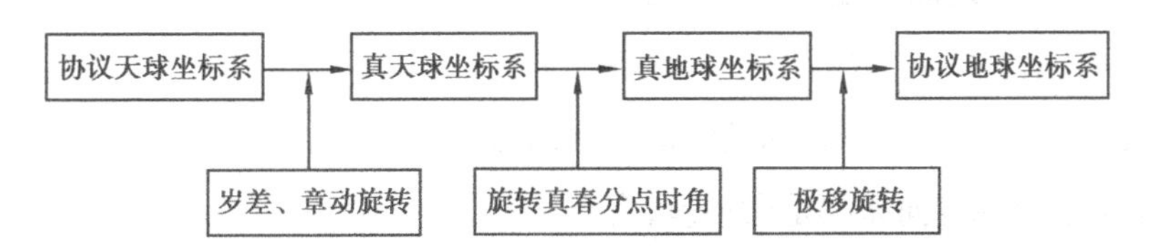

图 1.11　协议天球坐标系至协议地球坐标系转换流程图

知识点 6:地球参心坐标系

在常规大地测量中,为了处理观测成果及计算地面控制网的坐标,通常先定义一个参考椭球,即选取一参考椭球面作为基本参考面,选一参考点作为大地测量的起算点(称为大地原点),并利用大地原点的天文观测量确定参考椭球在地球内部的位置和方位。这样确定的参考椭球位置,其中心一般不会与地球质心相重合。这种原点位于地球质心附近的坐标系,称为地球参心坐标系,或称参心坐标系。

如图 1.12 所示,若以下标 R 表示与参心坐标系有关的量,则参心空间直角坐标系的定义为:以接近于地球质心的参考椭圆的中心为原点 O,z 轴平行于参考椭圆的旋转轴,x 轴指向起始大地子午面与参考椭圆赤道的交点,y 轴垂直于 XOZ 平面,构成右手坐标系。地面上任一点的坐标,可表示为(x,y,z),也可用参心坐标系的坐标(B,L,H)表示,两坐标系可进行相互转换。

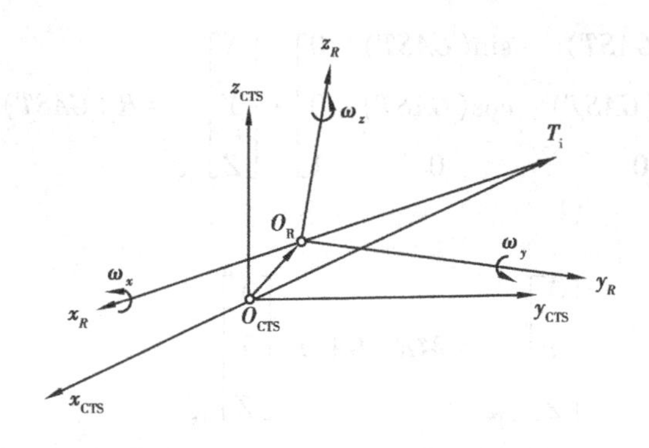

图1.12 参心坐标系与协议地心坐标系

虽然参心坐标系与协议地心坐标系(或简称协议坐标系)都是与地球体相固联的地球坐标系,但它们的原点位置与坐标轴的指向一般都不同。其转换关系为

$$\begin{bmatrix} x \\ y \\ z \end{bmatrix}_{CTS} = \begin{bmatrix} x_{OR} - x_{OCTS} \\ y_{OR} - y_{OCTS} \\ z_{OR} - z_{OCRS} \end{bmatrix} + (1+m)\boldsymbol{R}(\omega)\begin{bmatrix} x \\ y \\ z \end{bmatrix}_R = \begin{bmatrix} \Delta x_0 \\ \Delta y_0 \\ \Delta z_0 \end{bmatrix} + (1+m)\boldsymbol{R}(\omega)\begin{bmatrix} x \\ y \\ z \end{bmatrix}_R \tag{1.22}$$

式中 $[\Delta x_0 \quad \Delta y_0 \quad \Delta z_0]^{\mathrm{T}}$——其间的定位参数向量;

m——两坐标系之间尺度差异的尺度因子;

$\boldsymbol{R}(\omega)=R_3(\omega_z)R_2(\omega_y)R_1(\omega_x)$——旋转矩阵;

$\boldsymbol{\omega}^{\mathrm{T}}=[\omega_x \quad \omega_y \quad \omega_z]^{\mathrm{T}}$——其间的定向参数向量。

顾及两坐标系坐标定向差都是微小量,有

$$\boldsymbol{R}(\omega) = \begin{bmatrix} 1 & \omega_z & -\omega_y \\ -\omega_z & 1 & \omega x \\ \omega_y & -\omega_x & 1 \end{bmatrix} \tag{1.23}$$

式(1.22)也可化简为

$$\begin{bmatrix} x \\ y \\ z \end{bmatrix}_{CTS} = \begin{bmatrix} \Delta x_0 \\ \Delta y_0 \\ \Delta z_0 \end{bmatrix} + \begin{bmatrix} x \\ y \\ z \end{bmatrix}_R + K\begin{bmatrix} \omega_x \\ \omega_y \\ \omega_z \end{bmatrix} \tag{1.24}$$

$$\boldsymbol{K} = \begin{bmatrix} 0 & -z & y & x \\ z & 0 & -x & y \\ -y & x & 0 & z \end{bmatrix}$$

在大地坐标系统中,上述坐标转换关系可表示为

$$\begin{bmatrix} B \\ L \\ H \end{bmatrix}_{\text{CTS}} = \boldsymbol{T}\begin{bmatrix} \Delta x_0 \\ \Delta y_0 \\ \Delta z_0 \end{bmatrix} + \begin{bmatrix} B \\ L \\ H \end{bmatrix}_R + \boldsymbol{G}\begin{bmatrix} \omega_x \\ \omega_y \\ \omega_z \end{bmatrix} \tag{1.25}$$

式中

$$\boldsymbol{T} = \begin{bmatrix} -\frac{1}{M}\sin B\cos L & -\frac{1}{M}\sin B\sin L & \frac{1}{M}\cos B \\ -\frac{1}{N\cos B}\sin L & \frac{1}{N\cos B}\cos L & 0 \\ \cos B\cos L & \cos B\sin L & \sin B \end{bmatrix}$$

$$\boldsymbol{G} = \begin{bmatrix} -(1+e^2\cos 2B)\sin L & (1+e^2\cos 2B)\cos L & 0 & -e^2\sin B\cos B \\ (1-e^2\tan B\cos L) & (1-e^2\tan B\sin L) & -1 & 0 \\ -\frac{1}{2}Ne^2\sin 2B\sin L & \frac{1}{2}Ne^2\sin 2B\cos L & 0 & N(1-e^2\sin^2 B) \end{bmatrix}$$

值得注意的是,式(1.25)是假设两大地坐标系的椭球参数 a,b 一致情况下的坐标转换关系式,否则应考虑其间椭球参数不同的影响。

式(1.22)在实际工作中被普遍采用,通常称为布尔沙-沃尔夫(Bursa-Wolf)模型。在地心坐标系中,若以大地水准面代替其中的椭球面,则相应的坐标系称为天文坐标系(见图2.10)。若取 ξ,η,ζ 分别表示垂线偏差在子午圈的分量、在卯酉圈的分量和高程异常,则 T 点的天文坐标与大地坐标可通过式(2.18)进行转换,即

$$\begin{bmatrix} B \\ L \\ H \end{bmatrix} = \begin{bmatrix} \varphi \\ \lambda \\ H \end{bmatrix} - \begin{bmatrix} 1 & 0 & 0 \\ 0 & \sec B & 0 \\ 0 & 0 & -1 \end{bmatrix} \cdot \begin{bmatrix} \xi \\ \eta \\ \zeta \end{bmatrix} \tag{1.26}$$

参心坐标系可分为参心空间直角坐标系和参心大地坐标系。

参心空间直角坐标系是:

①以参心 O 为坐标原点。

②Z 轴与参考椭球的短轴(旋转轴)相重合。

③X 轴与起始子午面和赤道面的交线重合。

④Y 轴在赤道面上与 X 轴垂直,构成右手直角坐标系 $O\text{-}XYZ$。

地面点 P 的点位用 (X,Y,Z) 表示。

参心大地坐标系是以参考椭球的中心为坐标原点,椭球的短轴与参考椭球旋转轴重合。

大地纬度 B:以过地面点的椭球法线与椭球赤道面的夹角为大地纬度 B。

大地经度 L:以过地面点的椭球子午面与起始子午面之间的夹角为大地经度 L。

大地高 H:地面点沿椭球法线至椭球面的距离为大地高 H。

地面点的点位用(B,L,H)表示。

确定参考椭球是建立参心坐标系的主要依据。通常包括确定参考椭球的形状和大小，确定它的空间位置(参考椭球的定位与定向)，以及确定大地原点 T 的大地纬度 B_T、大地经度 L_T 及它至某一相邻点的大地方位角 A_T。

参考椭球的定位和定向是通过确定大地原点的大地经纬度、大地高和大地方位角来实现的，参考椭球一般采用"双平行"定向条件，即要求椭球的短轴与地球某一历元的自转轴平行，起始大地子午面与起始天文子午面平行。

我国历史上出现的参心大地坐标系，主要有 BJZ54(原)、GDZ80 和 BJZ54 这 3 种。

建立一个参心大地坐标系，必须解决以下问题：

①确定椭球的形状和大小。

②确定椭球中心的位置，简称定位。

③确定以椭球中心为原点的空间直角坐标系坐标轴的方向，简称定向。

④确定大地原点。

解决这些问题的过程，也就是建立参心大地坐标系的过程。

知识点 7：站心坐标系

为了测量工作的需要，通常需要以测站为原点建立坐标系，这种坐标系称为测站中心坐标系，简称站心坐标系。站心坐标系分为地平直角坐标系和站心极坐标系，如图 1.13、图 1.14 所示。

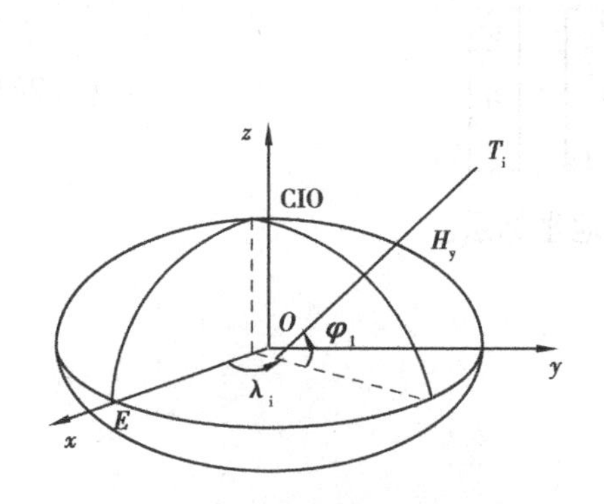

图 1.13　天文坐标系

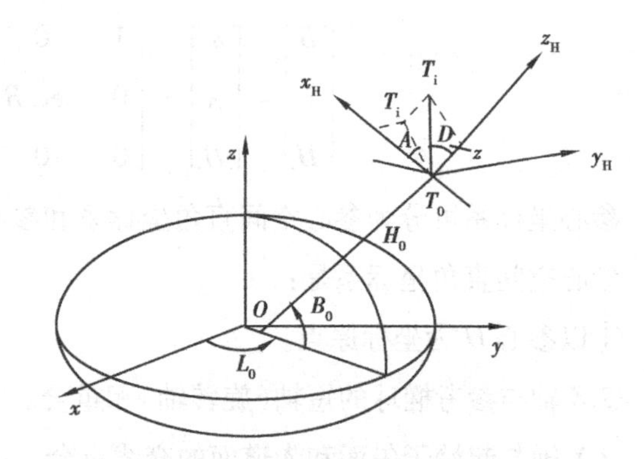

图 1.14　站心地平直角坐标系

站心地平直角坐标系是以测站的椭球法线方向为 z 轴，以测站大地子午面北端与大地地平面的交线为 x 轴，y 轴与 xOz 轴构成左手坐标系。

GNSS 测量确定的是点之间的相对位置，即两点之间的基线向量，一般用空间直角坐标差 $(\Delta X \quad \Delta Y \quad \Delta Z)^T$ 或大地坐标差 $(\Delta B \quad \Delta L \quad \Delta H)^T$ 表示。

若以 $(X \quad Y \quad Z)_H^T$ 表示任一点 T 在以 T_0 点为原点的站心地平直角坐标系中的坐标，以

$(X\quad Y\quad Z)_{T_0}^{\mathrm{T}}$ 和 $(X\quad Y\quad Z)_T^{\mathrm{T}}$ 表示测站点 T_0 和任一点 T 在参心(或地心)坐标系中的坐标,则任意一点 T 的站心坐标与基线向量的关系为

$$\begin{bmatrix} X \\ Y \\ Z \end{bmatrix}_{\mathrm{H}} = \begin{bmatrix} -\sin B_0\cos L_0 & -\sin B_0\sin L_0 & \cos B_0 \\ -\sin L_0 & \cos L_0 & 0 \\ \cos B_0\cos L_0 & \cos B_0\sin L_0 & \sin B_0 \end{bmatrix} \cdot \begin{bmatrix} \Delta X \\ \Delta Y \\ \Delta Z \end{bmatrix} \tag{1.27}$$

$$\begin{bmatrix} \Delta X \\ \Delta Y \\ \Delta Z \end{bmatrix} = \begin{bmatrix} X \\ Y \\ Z \end{bmatrix}_T - \begin{bmatrix} X \\ Y \\ Z \end{bmatrix}_{T_0}$$

式中　B_0, L_0——T_0 点的大地坐标。

站心极坐标系是以测站点的铅垂线为准,以测站点到某点的空间距离 D,天顶距 Z 和大地方位角 A 表示该点的位置。

知识点8：高斯-克吕格投影与横轴墨卡托投影

1)高斯-克吕格投影

地球椭球面是不可展的曲面,无论用什么投影方式将其投影至平面,都会产生某种变形。变形虽不可避免,但是可以掌握和控制的,既可以使某一种变形为零,也可以使各种变形(一般分为角度变形、长度变形和面积变形3种)减小到某一适当程度,以满足不同用途对地图投影的要求。按变形性质,地图投影可分为等角投影、等面积投影和任意投影（包括等距离投影）3种。

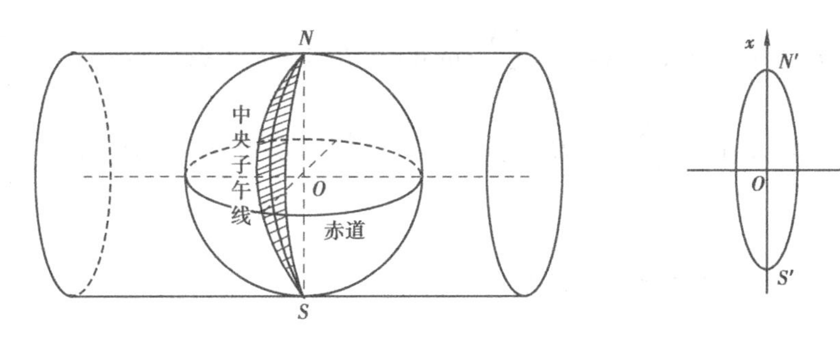

图1.15　高斯-克吕格投影

等角投影也称正形投影,是相似投影。鉴于该投影在无穷小范围内使地图上的图形同椭球面上的原形保持相似,因而得到广泛的采用。高斯-克吕格投影是正形投影的一种(见图1.15),设想有一个椭圆柱面横套在地球椭球的外面,并与某一子午线相切（此子午线称为中央子午线或轴子午线）,椭圆柱的中心轴通过椭球中心。中央子午线投影后为直线,中央子午线投影后长度不变。因此,高斯-克吕格投影是一种等角横切椭圆柱投影,共有3个投影条

件:第一个是正形投影条件,第二个和第三个是高斯-克吕格投影本身的特定条件(中央子午线投影后为直线,且以中央子午线为投影对称轴。中央子午线投影后长度不变)投影后,中央子午线和赤道的投影直线,分别为纵坐标轴(即 x 轴)和横坐标轴(即 y 轴),两者的交点 O 为坐标原点,这就构成高斯-克吕格平面直角坐标系。

2)横轴墨卡托投影

墨卡托投影为等角割圆柱投影(见图 1.16),圆柱与椭球面相割于 $\pm y_0$ 的两条割线投影后长度不变形。

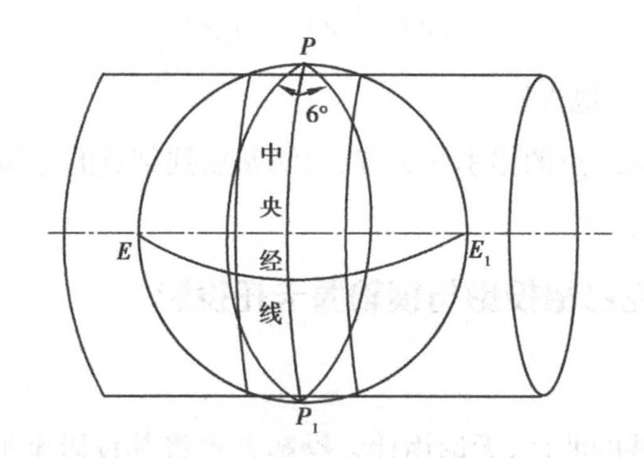

图 1.16 横轴墨卡托投影

横轴墨卡托投影与高斯-克吕格投影相比,在低纬度地区长度变形大幅度减小。通用横轴墨卡托投影(Universal Transverse Mercator Projection,UTM),横轴墨卡托投影的中央子午线尺度比为 0.999 6。其投影公式为

$$\left.\begin{aligned} x &= 0.9996\left[X + \frac{l^2 N}{2}\sin B\cos B + \frac{l^4 N}{24}\sin B\cos^3 B(5 - t^2 + 9\eta^2 + 4\eta^4) + \cdots\right] \\ y &= 0.9996\left[lN\cos B + \frac{l^3 N}{6}\cos^3 B(1 - t^2 + \eta^2) + \frac{l^5 N}{120}\cos^5 B(5 - 18t^2 + t^4) + \cdots\right] \end{aligned}\right\} \tag{1.28}$$

长度比和子午线收敛角计算公式为

$$m = 0.9996\left[1 + \frac{l^2}{2}\cos^2 B(1 + \eta^2) + \frac{l^4}{24}\cos^4 B(5 - 4t^2)\right]$$

$$\gamma = l\sin B + \frac{l^3}{3}\sin B\cos^2 B(1 + 3\eta^2 + 2\eta^4)$$

知识点 9:大地测量基准及其转换

基准面是利用特定椭球体对特定地区地球表面的逼近,因此,每个国家或地区均有各自的基准面。通常称谓的北京 54 坐标系、西安 80 坐标系,实际上指的是我国的两个大地测量基准。我国参照苏联从 1953 年起采用克拉索夫斯基(Krassovsky)椭球体建立了北京 54 坐标系,

1978 年采用国际大地测量协会推荐的 1975 地球椭球体建立了新的大地坐标系——西安 80 坐标系，目前大地测量基本上仍以北京 54 坐标系作为参照，北京 54 与西安 80 坐标之间的转换可查阅国家测绘地理信息局公布的对照表。WGS-1984 基准采用 WGS-84 椭球体，是一地心坐标系，即以地心作为椭球体中心。目前，GNSS 测量数据多以 WGS-1984 为基准。

1）WGS-84 坐标系

1984 年世界大地坐标系（World Geodetic System1984，WGS-84）是一种地固坐标系，坐标原点在地球质心，z 轴指向 BIH（国际时间局）所定义的协议地极方向，x 轴指向 BIH 所定义的零子午面与协议地极赤道的交点，y 轴按右手坐标系确定。WGS-84 由 WGS-84 椭球模型、地球重力场模型、椭球重力公式和 GNSS 时间系统等构成。椭球参数有长半轴 a（$=6\ 378\ 137$ m）、扁率（$f=1/298.257\ 222\ 563$）、地球自转角速度 ω、二阶带谐系数及引力常数。地球重力场模型（计算 GNSS 卫星轨道要用到）用引力位球谐系数展开式表示 。WGS-84 椭球既是地球表面的几何参考面，也是一个等位面（椭球面上的引力位相等），定义有理论重力值公式。GNSS 时间系统（简写为 GNSST）是由一组铯钟组成，是导航和定位计算的基础。WGS-S4 的大地水准面高 N_w 可利用地球重力场模型的球谐系数展开式计算，其误差在全球范围为±（2～6）m，由 GNSS 测定出某点的 GNSS 大地高 H_G 后，该点的正高可按公式 $H_g=H_G-N_w$ 得到。

2）ITRF 参考框架

ITRF（International Terrestrial Reference Frame）即国际地球参考框架。它是由国际地球自转服务局（IERS）按一定要求建立地面观测台站进行空间大地测量，并根据协议地球参考系的定义，采用一组国际推荐的模型和常数系统对观测数据进行处理，解算出各观测台站在某一历元的坐标和速度场，由此建立的一个协议地球参考框架。它是协议地球参考系的具体实现。

3）北京 54 坐标系与西安 80 坐标系

（1）1954 年北京坐标系

1954 北京坐标系采用了苏联的克拉索夫斯基椭球体，其椭球参数是：长半轴 a 为 6 378 245 m，扁率 f 为 1/298.3，其原点为苏联的普尔科沃。

1954 年北京坐标系虽然是苏联 1942 年坐标系的延伸，但也还不能说它们完全相同。因为该椭球的高程异常是以苏联 1955 年大地水准面重新平差结果为起算数据，按我国天文水准路线推算而得。而高程又是以 1956 年青岛验潮站的黄海平均海水面为基准。

1954 年北京坐标系建立之后，在这个系统上，30 多年来，我国用该坐标系统完成了大量的测绘工作，获得了许多的测绘成果，在国家经济建设和国防建设的各个领域中发挥了巨大作用。

但是，随着科学技术的发展，这个坐标系的先天弱点也显得越来越突出，难以适应现代科学研究、经济建设和国防尖端技术的需要，它的缺点主要表现在：

①克拉索夫斯基椭球参数同现代精确的椭球参数相比,误差较大,长半径 105 ~ 109 m,这不仅对研究地球几何形状有影响,特别是该椭球参数只有两个几何参数,不包含表示物理特性的参数,不能满足如今理论研究和实际工作的需要,对发展空间技术也带来诸多不便。

②椭球定向不明确,即不指向国际通用的 CIO 极,也不指向目前我国使用的 JYD 极,椭球定位实际上采用了苏联的普尔科沃定位,该定位椭球面与我国的大地水准面呈系统性倾斜。东部高程异常高达 60 m。而我国东部地势平坦、经济发达,要求椭球面与大地水准面有较好的密合,但实际情况与此相反。

③该坐标系统的大地点坐标是经局部平差逐次得到的,全国天文大地控制点坐标实际上连不成一个统一的整体。不同区域的接合部之间存在较大隙距,同一点在不同区的坐标值相差 1 ~2 m,不同区域的尺度差异也很大,而且坐标传递是从东北至西北西南,前一区的最弱点即为后一区的坐标起算点,因而坐标积累误差明显,这对发展我国空间技术、国防建设和国家大规模经济建设不利,因此有必要建立新的大地坐标系统。

(2)1980 年西安坐标系

1978 年,我国决定建立新的国家大地坐标系统,并且在新的大地坐标系统中进行全国天文大地网的整体平差,这个坐标系统定名为 1980 年国家大地坐标系统。

1980 年西安坐标系的大地原点设在我国的中部,处于陕西省泾阳县永乐镇,椭球参数采用 1975 年国际大地测量与地球物理联合会推荐值,它们为:

椭球长半径　$a=6\ 378\ 140$ m。

重力场二阶带球谐系数 $J_2=1.082\ 63\times10^{-3}$。

地心引力常数 $GM=3.986\ 005\times10^{14}$ m³/s。

地球自转角速度 $\omega=7.292\ 115\times10^{-5}$ rad/s。

因此,可得 80 坐标椭球两个最常用几何参数为

$$a=6\ 378\ 140\ \text{m}$$

$$f=\frac{1}{298.257}$$

椭球定位按我国范围高程异常值平方和最小为原则求解参数。椭球的短轴平行于由地球质心指向 1 968.0 地极原点(JYD)的方向,起始大地子午面平行于格林尼治天文台子午面。长度基准与国际统一长度基准一致。高程基准以青岛验潮站 1956 年黄海平均海水面为高程起算基准,水准原点高出黄海平均海水面 72.289 m。

1980 年西安大地坐标系建立后,利用该坐标进行了全国天文大地网平差,提供全国统一的、精度较高的 1980 年国家大地点坐标,据分析,它完全可满足 1/5 000 测图的需要。

(3)新 1954 年北京坐标系

由于 1980 年西安坐标系与 1954 年北京坐标系的椭球参数和定位均不同。因此,大地控

制点在两坐标系中的坐标存在较大差异，最大的有100 m以上，这将引起成果换算的不便和地形图图廓和方格线位置的变化，且已有的测绘成果大部分是1954年北京坐标系下的。因此，作为过渡，产生了所谓的新1954年北京坐标系。

新1954年北京坐标系是通过将1980年西安坐标系的3个定位参数平移至克拉索夫斯基椭球中心，长半径与扁率仍取克拉索夫斯基椭球几何参数。而定位与1980年大地坐标系相同（即大地原点相同），定向也与1980椭球相同。因此，新1954年北京坐标系的精度和1980年坐标系精度相同，而坐标值与旧1954年北京坐标系的坐标接近。

（4）地方独立坐标系

许多城市基于实用、方便的目的（如减少投影改正计算工作量），以当地的平均海拔高程面为基准面，过当地中央的某一子午线为高斯投影带的中央子午线，构成地方独立坐标系。测量控制网的定位取决于其所依据的坐标系。地方独立坐标系隐含着一个与当地平均海拔高程面相对应的参考椭球，该椭球的中心、轴向和扁率与国家参考椭球相同，其长半轴a_D的改正量Δa可计算为

$$\Delta a = \frac{a\Delta N}{N}$$

式中　a——国家参考椭球长半轴；

N——地方独立坐标系原点的卯酉圈曲率半径；

ΔN——当地平均海拔高程$h_{平均}$与该地的平均大地水准面差距$\zeta_{平均}$之和，即

$$\Delta N = h_{平均} + \zeta_{平均}$$

地方参考椭球的长半轴

$$a_D = a + \Delta a$$

知识点10：高程基准与常用大地水准面模型

1）高程基准

世界各国或地区均选择某个平均海水面来代替大地水准面，并称为高程起算面。它通常是在海边设立验潮站，进行长期观测，获取该地区海水的平均高度。

国家高程基准：高程基准面——通常采用大地水准面作为高程基准面。

大地水准面验潮站，坎门（浙江），吴淞口，青岛，大连。

水准原点——青岛。

1956年黄海高程系统，水准原点的高程值72.289 m。

1985年国家高程基准，水准原点的高程值72.260 4 m。两系统相差-0.028 6 m。

2）大地水准面模型

就是以大地水准面为基准建立起来的地球椭球体模型。大地水准面虽然十分复杂，但从

整体来看,起伏是微小的,很接近于绕自转轴旋转的椭球体。因此,在测量和制图中就用旋转椭球来代替大地体。这个旋转球体通常称为地球椭球体。地球椭球体表面是一个规则的数学表面。椭球体的大小通常用两个半径——长半径 a 和短半径 b,或由一个半径和扁率 α 来决定。扁率表示椭球的扁平程度。

扁率 α 的计算公式为

$$\alpha = \frac{a - b}{a} \tag{1.29}$$

式中,a,b,α 称为地球椭球体的基本元素。

对旋转椭球体的描述,由于计算年代不同,所用方法不同,以及测定地区不同,其描述方法变化多样。目前,我国一般采用克拉索夫斯基椭球体作为地球表面几何模型。

实际的固体地球表面、大地水准面和椭球体模型之间的关系如图 1.17 所示。

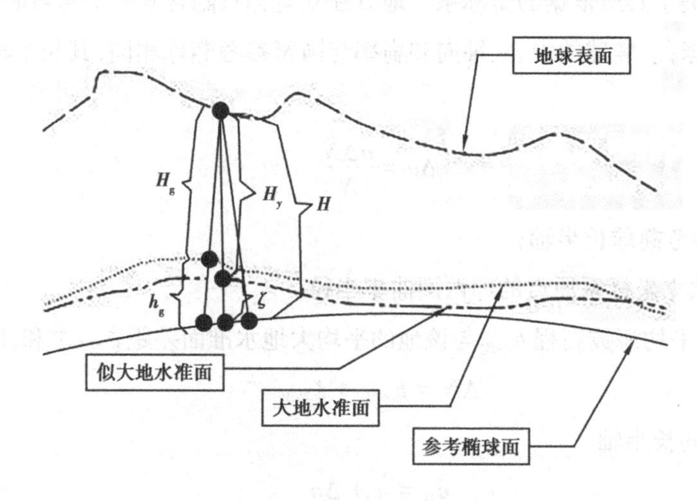

图 1.17　高程系统间的关系

我国于 1956 年规定以黄海(青岛)的多年平均海平面作为统一基准面,为中国第一个国家高程系统,从而结束了过去高程系统繁杂的局面。但是,由于计算这个基准面所依据的青岛验潮站的资料系列(1950—1956 年)较短,中国测绘主管部门决定重新计算黄海平均海面,以青岛验潮站 1952—1979 年的潮汐观测资料为计算依据,并用精准测量接测位于青岛的中华人民共和国水准原点,得出 1985 年国家高程基准高程和 1956 年黄海高程的关系为:1985 年国家高程基准高程=1956 年黄海高程-0. 029 m。1985 年国家高程基准已于 1987 年 5 月启用,黄海高程系同时废止。

3) GNSS 高程

GNSS 相对定位高程方面的相对精度一般可达 $(2 \sim 3) \times 10^{-6}$;在绝对精度方面,实验表明,对 10 km 以下的基线边长,可达几个厘米,如果在观测和计算时采用一些消除误差的措施,其精度将优于 1 cm。

我国似大地水准面主要是采用天文重力方法测定的，其精度为1 m左右，因此很难直接由GNSS大地高求得正常高。目前在小区域范围内，常采用GNSS水准的方法较为精确地计算GNSS点的正常高。

所谓GNSS水准，就是在小区域范围的GNSS网中，用水准测量的方法联测网中若干GNSS点的正常高（这些联测点称为公共点），那么根据各GNSS点的大地高就可求得各公共点上的高程异常。然后由公共点的平面坐标和高程异常采用数值拟合计算方法，拟合出区域的似大地水准面，即可求出各点高程异常值，并由此求出各GNSS点的正常高。

目前，国内外GNSS水准主要是采用纯几何的曲面拟合法，即根据区域内若干公共点上的高程异常值，构造某种曲面逼近似大地水准面，随着所构造的曲面不同，计算方法也不一样。其中，主要的方法有平面拟合法、曲面拟合法、多面函数拟合法及样条函数法等。

影响GNSS高程精度的主要有GNSS大地高的精度、公共点几何水准的精度、GNSS高程拟合的模型及方法、公共点的密度与分布等因素。

具有高精度的GNSS大地高是获得高精度GNSS正常高的重要基础之一，因此必须采取措施以获得高精度的大地高，其中包括改善GNSS星历的精度，提高GNSS基线解算起算点坐标的精度，减弱对流层、电离层、多路径误差的影响等。

几何水准测量必须认真组织施测，保证提供具有足以满足精度要求的相应等级的水准测量高程值。

应根据不同测区，选用合适的拟合模型，以便使计算既准确又简便。均匀合理且足够地布设公共点，点位的分布和密度影响着GNSS高程的精度。对高差大于100 m的测区，应进行地形改正。

对大区域范围，可采用重力场模型加GNSS水准的方法，拟合时对不同趋势的区域，采用分区平差方法。

理论分析和实践检验表明，在平原地区的局部GNSS网，GNSS水准可代替四等水准测量。在山区只要进行地形改正，一般也可达到四等水准的精度。

任务 1.3　GNSS 接收机与数据处理软件

🕮 学习目标

1. 理解 GNSS 接收机工作原理。
2. 掌握 GNSS 接收机分类。
3. 掌握不同接收机操作。
4. 掌握常用 GNSS 接收机操作。
5. 掌握常用 GNSS 数据处理软件基本操作。

🕮 任务描述

1. 理解 GNSS 工作原理，会解读工作原理基本内容，根据 GNSS 卫星信号接收机不同内容进行分类。
2. 完成 GNSS 接收机开机、关机、检查、主机与手簿连接等基本操作。
3. 认识常用的 GNSS 数据处理软件并进行操作。

🕮 实施步骤

1. 通过阅读资讯资料，掌握 GNSS 接收机工作原理和分类，完成学习笔记记录。
2. 操作 GNSS 接收机，记录不同类型接收机操作要点，完成分类列表填写。
3. 安装、认识、操作 GNSS 数据静态、动态处理软件，完成数据导入、处理、导出等基本操作。
4. 完成工作任务单。

学习笔记

班级:　　　　　　　　　　　　姓名:

<table>
<tr><td>主题</td><td colspan="2"></td></tr>
<tr><td colspan="2">内容</td><td>问题与重点</td></tr>
<tr><td colspan="3">总结</td></tr>
</table>

GNSS 接收机分类列表

分类	接收类型 1	接收类型 2	接收类型 3	品牌 1	品牌 2	品牌 3

工作任务单

1. GNSS 信号接收机的软件和硬件包括哪些？并说明各自的作用。

2. 简述 GNSS 信号接收机的分类。

3. 简述 GNSS 信号接收机的工作原理。

4. 进行 GNSS 信号接收机的检验目的是什么？包括哪些内容？

5. GNSS 信号接收机在使用中应注意哪些问题？

6. 静态数据处理软件的使用有什么特点？

7. 动态数据处理软件的使用有什么特点？

评价单

学生自评表

班级：	姓名：		学号：
任　务	GNSS 接收机认知与数据处理		
评价项目	评价标准	分值	得分
接收机分类	1. 准确;2. 不准确	10	
接收机开机、关机	1. 完成;2. 未完成	20	
接收机与手簿链接	1. 完成;2. 未完成	10	
软件安装	1. 完成;2. 未完成	10	
数据处理	1. 准确完成;2. 基本完成;3. 未完成	10	
工作态度	态度端正，无缺勤、迟到、早退现象	10	
工作质量	能按计划完成工作任务	10	
协调能力	与小组成员、同学之间能合作交流，协调工作	10	
职业素质	能做到细心、严谨	5	
创新意识	主动阅读标准、规范，数据处理准确无误	5	
合　计		100	

学生互评表

任　务	接收机操作与数据处理														
评价项目	分值	等　级								评价对象（组别）					
										1	2	3	4	5	6
计划合理	10	优	10	良	9	中	7	差	6						
团队合作	10	优	10	良	9	中	7	差	6						
组织有序	10	优	10	良	9	中	7	差	6						
工作质量	20	优	20	良	18	中	14	差	12						
工作效率	10	优	10	良	9	中	7	差	6						
工作完整	10	优	10	良	9	中	7	差	6						
工作规范	10	优	10	良	9	中	7	差	6						
成果展示	20	优	20	良	18	中	14	差	12						
合　计	100														

教师评价表

<table>
<tr><td colspan="6">班级：　　　　　　　　　　姓名：　　　　　　　　　　学号：</td></tr>
<tr><td colspan="2">任　务</td><td colspan="4">GNSS接收机与数据处理软件</td></tr>
<tr><td colspan="2">评价项目</td><td colspan="2">评价标准</td><td>分值</td><td>得分</td></tr>
<tr><td colspan="2">考勤(10%)</td><td colspan="2">无迟到、早退、旷课现象</td><td>10</td><td></td></tr>
<tr><td rowspan="8">工作过程(60%)</td><td>接收机分类</td><td colspan="2">1.准确;2.不准确</td><td>10</td><td></td></tr>
<tr><td>接收机开机、关机</td><td colspan="2">1.完成;2.未完成</td><td>10</td><td></td></tr>
<tr><td>接收机与手簿连接</td><td colspan="2">1.完成;2.未完成</td><td>10</td><td></td></tr>
<tr><td>软件安装</td><td colspan="2">1.完成;2.未完成</td><td>10</td><td></td></tr>
<tr><td>数据处理</td><td colspan="2">1.准确完成;2.基本完成;3.未完成</td><td>5</td><td></td></tr>
<tr><td>工作态度</td><td colspan="2">态度端正,工作认真、主动</td><td>5</td><td></td></tr>
<tr><td>协调能力</td><td colspan="2">能按计划完成工作任务</td><td>5</td><td></td></tr>
<tr><td>职业素质</td><td colspan="2">与小组成员、同学之间能合作交流,协调工作</td><td>5</td><td></td></tr>
<tr><td rowspan="4">项目成果(30%)</td><td>工作完整</td><td colspan="2">能按时完成任务</td><td>5</td><td></td></tr>
<tr><td>操作规范</td><td colspan="2">能按规范要求操作接收机</td><td>5</td><td></td></tr>
<tr><td>数据处理结果</td><td colspan="2">能正确处理数据,结果准确</td><td>15</td><td></td></tr>
<tr><td>成果展示</td><td colspan="2">能准确表达、汇报工作成果</td><td>5</td><td></td></tr>
<tr><td colspan="4">合　计</td><td>100</td><td></td></tr>
<tr><td colspan="2" rowspan="2">综合评价</td><td>学生自评(20%)</td><td>小组互评(30%)</td><td>教师评价(50%)</td><td>综合得分</td></tr>
<tr><td></td><td></td><td></td><td></td></tr>
</table>

子任务 1.3.1　GNSS 接收机的分类

根据 GNSS 用户的不同要求,所需的接收设备各异。随着 GNSS 定位技术的迅速发展和应用领域的日益扩大,许多国家都在积极研制、开发适用于不同要求的 GNSS 接收机及相应的数据处理软件。

1)按用途分类

①导航型接收机。

a. 车载型。

b. 航海型。

c. 航空型。

d. 星载型。

②测地型接收机。

③授时型接收机。

2)按接收机的载波频率分类(或按接收机的卫星信号频率分类)

①单频接收机。

②双频接收机。

3)按接收机的通道数分类

①多通道接收机。

②序贯通道接收机。

③多路复用通道接收机。

4)按工作原理分类

①码相关型接收机。

②平方型接收机。

③混合型接收机。

④干涉型接收机。

5)按接收卫星系统分类

①单星系统。

②双星系统。

③多星系统。

6）按接收机的作业模式分类

①静态接收机。

②动态接收机。

7）按接收机的结构分类

①分体式接收机。

②整体式接收机。

③手持式接收机。

目前，生产 GNSS 测量仪器的厂家有几十家，产品有几百种，但拥有较为成熟产品的不多，在测绘市场占有份额较大的有 Trimble，Leica，Ashtech，Javad（Topcon），Thales，NoVAteL 等。我国的南方测绘仪器公司和中海达测绘仪器公司也有了自己的 GNSS 产品，北京、苏州光学仪器厂也开始了 GNSS 设备的研制与开发工作。

Trimble 公司是一家美国 GNSS 仪器制造厂家，其系统从主机到数据链、从硬件到软件全部自行开发研制，较为典型的仪器有 Trimble 4700，5700，R7，R7 GNSS，5800，R8，R8 GNSS 等，如图 1.18、图 1.19 所示。

图 1.18　Trimble 5700 定位系统

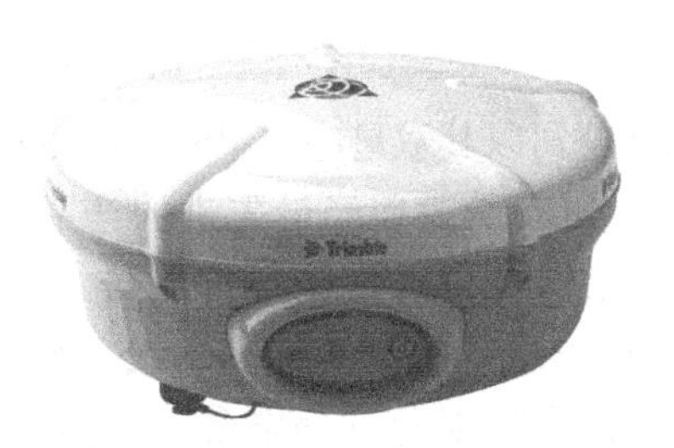

图 1.19　Trimble R7GNSS 与 R8GNSS

Leica 公司是全球著名的测量仪器制造企业，其产品以高品质、高稳定性著称，较为典型的仪器为 Leica SR-500 系列，如图 1.20、图 1.21 所示。SR-500 系列接收机基于徕卡革命性的信息净化技术（clear trak），确保了较好的信号接收、卫星跟踪，防信号堵塞，缓解多路径效应。

SR-500 系列富有人性化的终端设计，以较大的显示屏幕保证了数据获取及接收机配置。

图 1.20　Leica SR-500 定位系统

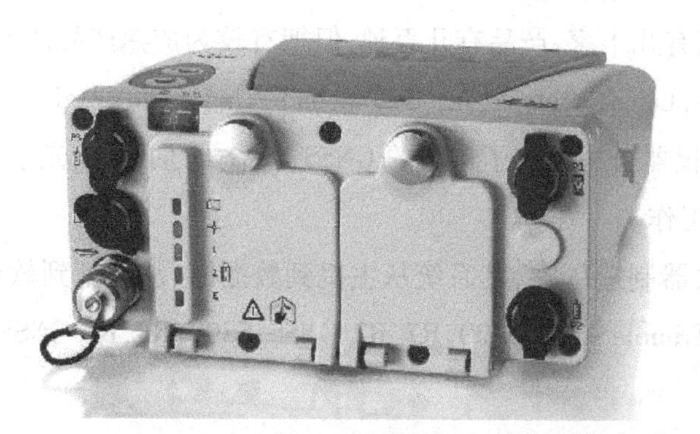

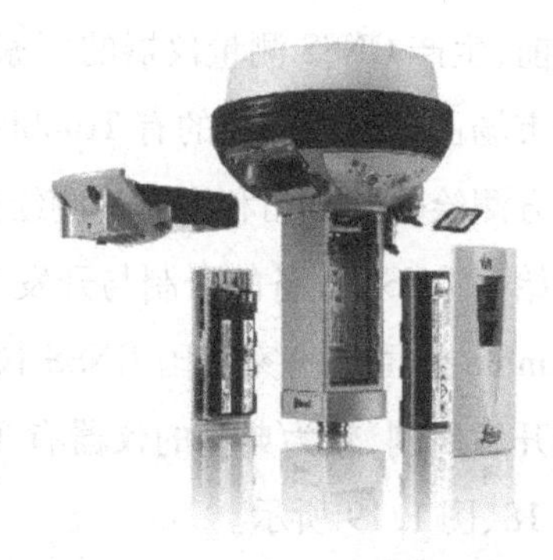

图 1.21　Leica SR-500 接收机

Ashtech 公司由 Javad Ashjaee 创建，曾号称是“站在巨人的肩上”，其产品“轨迹”接收机集接收机、天线、显示器和电池于一体，并首创红外无线数据传输。另一款产品 Z-Xtreme（见图 1.22）采用了新的解算方法和新的硬件平台，缩短了 RTK 测量中整周未知数的解算时间，10 ~ 28 V 直流供电，功率 6 W。

图 1.22　Z-Xtreme 定位系统

JAVAD 公司以其双星座（GPS 和 GLONASS）定位而闻名，典型产品有 LGG、JNSBox 系列。其中 JNSBox-GGD 为其曾经最先进的产品之一。它为双频双星座 20 个通道接收机，采用了 Co-Op 跟踪技术、先进的多路径抑制技术，支持 USB 和以太网接口，4.75 ~ 28 V 直流供电。2017 年，JAVAD 公司被日本 Topcon 公司收购，但仍保留了其仪器的品牌，并且推出了 Hiper 接收机，集主机、天线、数据通信电台于一体，以轻量化设计领先行业，如图 1.23 所示。

图 1.23　JNSBox-GGD 定位系统

Thales 是世界著名的航空电子制造商,其代表产品有 Scorpio 6000 系列(见图 1.24),以其良好的差分数据链而闻名。

图 1.24　Scorpio 6502 定位系统

国产 GNSS 仪器在我国测绘市场上也占有一席之地,目前仪器的静态测量方法已比较成熟,但其动态测量的稳定性有待提高。南方公司的产品有 NGS100/200/212,中海达公司的产品有 HD8000/8200/8800。

国内通常使用的测量与导航型 GNSS 信号接收机主要有 Trimble,Leica,Ashtech,THALES 等公司的系列产品。

1)Trimble 系列 GNSS 接收机

美国 Trimble 公司于 1978 成立,以生产 Trimble GNSS 接收机而著名,下面介绍该公司的几种主要产品。

Trimble 4600LS 单频 GNSS 接收机与 LOCUS GNSS 接收机基本相同,是集天线、电池与接收机于一体的经济实用型 GNSS 接收机。具有 8 到 12 通道,可接收 C/A 码和 L1 载波全波相位,内装 1 MB RAM,可记录 64 h 的观测数据(历元间隔为 15 s,同时跟踪 5 颗卫星),工作温度 −40 ~ 65 ℃。静态和快速静态定位精度为:平面 5 mm+1×10^{-6}mm;高程 10mm+2×10^{-6}mm;方位角 1 弧秒+5/基线长度(km)。该仪器也可升级为 RTD 和 RTK,进行实时差分动态定位。

400SSI 是 Trimble 公司推出的双频 GNSS 接收机,它具有 9 个通道,可接收 C/A 码和 L1,L2 载波全波相位,内存从 1 MB 起可扩展到 80 MB,工作温度−20 ~ 55 ℃。该仪器在信号失锁后可自动初始化,且具有 Trimble 超跟踪技术,可捕获、跟踪、锁定微弱的卫星信号,对高压线、无线电波也有良好的抗干扰能力。实时定位精度为:平面 10 mm+2×10^{-6}mm;高程 20 mm+2×10^{-6}mm;作用距离 10 km。GNSS5700 接收机(见图 1.25)也是 Trimble 公司推出的产品,若配备 RTK 测杆无线电天线,可扩大 RTK 信号的覆盖范围,其控制器软件采用中文界面。其流动站如图 1.26 所示。

图 1.25 Trimble 双频 GNSS 5700 接收机　　图 1.26 Trimble 双频 GNSS 5700 流动站

2) Leica GNSS 接收机产品

Leica 公司由瑞士 Wild 公司与 Kern 公司、美国 Magnavox 公司与 Cambridge 公司、德国 Leitz 公司等合并组成。它的前身是 WM 卫星测量公司。该公司由 Wild 和 Magnavox 两公司联合开办,并于 1984 年底生产出 WM101 型单频 GNSS 接收机,后来又推出 WM102 型双频 GNSS 接收机。Leica 公司于 1991 年推出 WM 型 GNSS 的更新产品 Wild200 GNSS 测量系统。该仪器体积、质量较小,并具有功能强大的后处理软件 SKI。该软件采用了解算整周未知数的快速逼近技术,开发了快速相对定位模式。1995 年 Leica 公司再次推出 Wild300 GNSS 测量系统,并开发了实时动态定位(RTK)功能,可供 Wild200/300 GNSS 测量系统用户使用。目前,该公司又推出了 GNSS1230(见图 1.27),是一种 24 通道、双频 RTK 测量接收机。它基于 GNSS1220 ,因而能提供双频机所有的功能和特性,并加上 RTK 等更多功能,是 1200 系列中最高一级的仪器,性能卓越、经济实惠。

图 1.27 Leica GNSS 1230 测量系统

3) Ashtech 系列 GNSS 接收机

Ashtech 公司主要从事制造和销售 GNSS 信号接收机及其相关设备,并于 1988 年推出了第一台 AshtechXII 型 GNSS 信号接收机。1993 年美国 Magellan 公司发明了 Z 跟踪技术,该技术可在 AS 技术实施时减少其对定位精度的影响。

目前,该公司除了早期生产的 LT 和 MT 单频机及 LD 和 MD 双频机外,主要产品还有:Ashtech Z-12 双频 GNSS 接收机是 MD-XII 测量型接收机的改进型。该机采用了 Z 跟踪技术,可消除 AS 技术的影响。Z-12 为 12 通道全视野操作,可进行 C/A 码与 L1,L2 全波载波相位测量,其标称定位精度(静态快速)定位精度为 $5\ mm+1\times10^{-6}mm$;高程精度为 $10\ mm+2\times10^{-6}mm$。

实时动态 RTK 一般工作距离为 12 km;最大工作距离为 40 km。其定位精度为 1 cm+ 2×10^{-6}mm。

由于 Z-12 为双频 GNSS 接收机,可消除信号的电离层误差。因此,适合长距离、长基线测量,基线长可扩展到上千千米。选配扼流圈天线可进一步削弱天线相位中心迁移误差,被广泛应用于大地测量、地壳形变和地质灾害监测。Z-12 也可升级为 RTD 和 RTK,进行实时差分动态定位和实时相位差分动态定位。

4)THALES 公司产品

法国 THALES 公司成立于 1996 年,其前身是法国塞赛尔公司(Sercel)的无线电导航定位部。THALES 导航定位公司现在隶属于欧洲著名的电子通信高新科技(集团)公司——THALES,总部位于法国南特。其中,SCORPIO 6000 系列用于陆地精密测量,包括单频(SCORPIO 6401SP 接收机)和双频(SCORPIO 6502SP 接收机)。

该系列产品均为 28 通道全民多星系接收机,兼容 GNSS,WAAS,EGNOS,MASA,Galilean 等系统,被称为 GNSS。具备多路径消除技术和低噪声观测技术,工作温度:-40~70 ℃,电压:10~15 V。工作半径可达 40 km,仅观测 4 颗卫星即可进行初始化。快速定位精度可达 5 mm+ 1×10^{-6}mm(15 km 范围);动态后处理精度优于 2 cm(50 km 范围)。

该公司生产的手持 SP24B 型 GNSS 接收机性能指标为:虚拟 24 通道,热启动少于 12 s;可记录 500 个航路点信息;同时显示最大速度、平均速度,精确计时。SP24Y 型 GNSS 接收机,其性能指标为:可记录 20 条有 20 个航路点的航线信息;可跟踪 1 000 个点;4 节 5 号电池供电,经济运行 100 h;115 个投影换算,多种输出格式;闪存记录,可二次开发;在没有 SA 政策影响下,定位精度 12~15 m。

子任务 1.3.2　GNSS 接收机的组成

尽管 GNSS 接收机有许多不同类型,但其主要结构却大体相同,可分为天线单元和接收单元两大部分。天线单元的主要功能是将非常微弱的 GNSS 卫星电磁波信号转化为电流,并对这种信号电流进行放大和变频处理。接收机单元的主要功能是对经过放大和变频处理的信号电流进行跟踪、处理和测量。图 1.28 描述了 GNSS 信号接收机的组成。

1)天线单元

天线是由接收机天线和前置放大器两部分组成。天线的作用是将极微弱的 GNSS 卫星信号电磁波能转化为相应的电流,而前置放大器则是将 GNSS 信号电流予以放大。为便于接收机对信号进行跟踪、处理和量测,对天线部分有以下要求:

①天线与前置放大器应密封为一体,以保障其正常工作,减少信号损失。

②能接收来自天线上空半球的卫星信号,不产生死角,以保障能接收到天空任何方向的卫星信号。

③应有防护与屏蔽多路径效应的措施。

④保持天线相位中心高度稳定,并与其几何中心尽量一致。

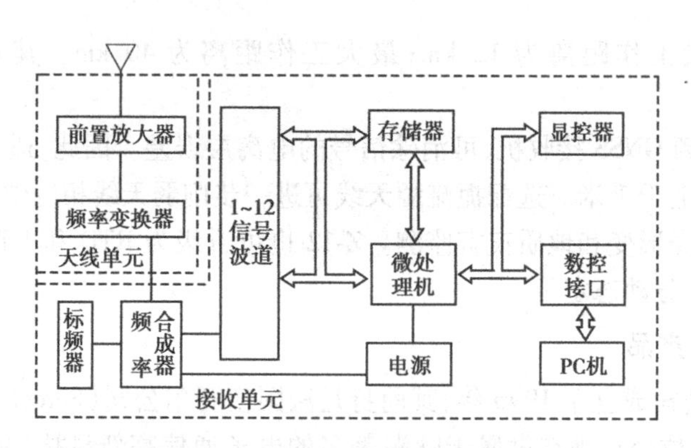

图 1.28　GNSS 接收机的组成

目前,GNSS 信号接收机采用的天线类型有单极或偶极天线、四线螺旋状结构天线、微波传输带型天线及圆锥螺旋天线等。这些天线的性能各有特点,需结合接收机的性能选用。微波传输带状天线简称微带天线(microstrip antenna),因其体积小、质量小、性能优良而成为 GNSS 信号接收机天线的主要类型。通常微带天线是由一块厚度远小于工作波长的介质基片和两面各覆盖一块用微波集成技术制作的辐射金属片(钢或金片)构成(见图 1.29)。其中覆盖基片底部的辐射金属片,称为接地板;处于基片另一面的辐射金属片,其大小近似等于工作波长,称为辐射元。微带天线结构简单且坚固,可用于单频、双频收发天线,更适宜与振荡器、放大器、调制器、混频器、移相器等固体元件敷设在同一介质基片上,使整机的体积和质量显著减小。这种天线的主要缺点是增益较低,但可用低噪声前置放大器弥补。目前,大部分测量型 GNSS 信号接收机用的都是微带天线,这种天线最适于安装在飞机、火箭等高速运动的物体上。

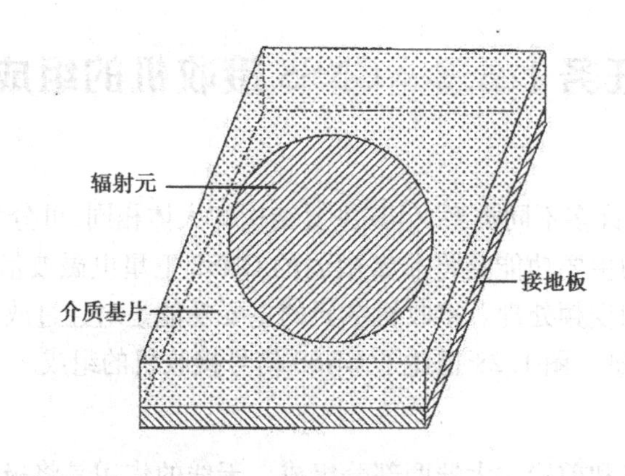

图 1.29　微带天线示意图

2)接收单元

GNSS 信号接收机的接收单元主要由信号通道单元、存储单元、计算和显示控制单元、电源 4 个部分组成。

(1)信号通道单元

信号通道单元是接收单元的核心部分。它由硬件和软件组合而成。每一个通道在某一时刻只能跟踪一颗卫星,当某一颗卫星被锁定后,该卫星占据这一通道直到信号失锁为止。因此,目前大部分接收机均采用并行多通道技术,可同时接收多颗卫星信号。对不同类型的接收机,信号通道的数目也由1到12不等。现在一些厂家已推出可同时接收GNSS卫星和GLONASS卫星信号的接收机,其信号通道多达24个。信号通道有平方型、码相位型和相关型3种不同类型,它们分别采用不同的解调技术。

由公式

$$f(t)=c(t)\cos(\omega t+\varphi_0) \tag{1.30}$$

平方后,得

$$f^2(t)=c^2(t)\cos^2(\omega t+\varphi_0)$$

式中　$c(t)$——调制码振幅,其值为+1或-1,平方后有$c^2(t)=1$。

于是,有

$$f^2(t)=\frac{1+\cos(2\omega t+2\varphi_0)}{2} \tag{1.31}$$

这说明接收到的卫星信号经平方后,调制码信号(C/A码、P码和数据码)完全被消除,而得到频率为原载波频率2倍的纯载波信号(称为重建载波),利用该信号便可进行精密的载波相位测量。平方型通道的优点是无须掌握测距码(C/A码、P码)的结构便能获得载波信号。但是,平方型通道消除了信号的测距码和数据码,从而无法解译出GNSS卫星信号中的导航电文。

码相位型通道所得到的信号不是重建载波,而是一种所谓的码率正弦波(见图1.30)。它是由从A点输入的接收码(C/A码或P码)乘以延迟1/2码元宽度的时延码而得到的。码相位测量是依靠时间计数器实现的,时间计数器由接收机时钟的秒脉冲启动,并开始计数,当码率正弦波的正向过零点时关闭计数器。开关计数器的时间之差,相应于码率正弦波中不足一整周的小数部分,而码相位的整周数仍为未知,还需利用其他方法解算。C/A码的码元宽度(码相位)为293.052 m,相当于977.517 ns;P码的码元宽度为29.305 m,相当于97.752 ns。码相位通道测定站星距离中不足一个码元宽度的小数部分,而站星距离是C/A码或P码元宽度的多少倍,通常可用多普勒测量予以解决。码相位通道的优点是:用户无须知道伪噪声码的结构即可进行C/A码和P码的相位测量,这对非特许GNSS用户有很大的好处。码相位通道的缺点和平方型通道一样,需要另外提供GNSS卫星星历,用以测后数据处理。

目前,相关型通道广泛应用于各种GNSS信号接收机中。它可从伪噪声码信号中提取导航电文,实现运动载体的实时定位。伪噪声码跟踪环路用于从C/A码和P码中提取伪距观测量,并通过对卫星信号的解调,获取仅含导航电文和载波的解扩信号。载波跟踪环路的主要作用是根据已除去测距码和解扩信号实现载波相位测量,并获取导航电文(数据码)。此外,它还具有良好的信噪比,因此为GNSS接收机所普遍采用。当然,相关型通道的缺点是要求用户掌握伪随机噪声码的结构,以便接收机产生复制码信号。但是,由于美国政府实施SA技术,非特许用户不能解译P码,也就无法用码相关技术获得L2载波的观测值。为了获得L2载波的相位观测量,尚需补充其他技术。

(2)存储单元

GNSS信号接收机内设有存储器以存储所解译的GNSS卫星星历、伪距观测量、载波相位观测量以及各种信息数据。在1988年以前,接收机基本采用盒式磁带记录器。例如,WM101GNSS信号接收机就是采用带有时间标识符的每英寸800 BYTE的记录磁带。目前,大

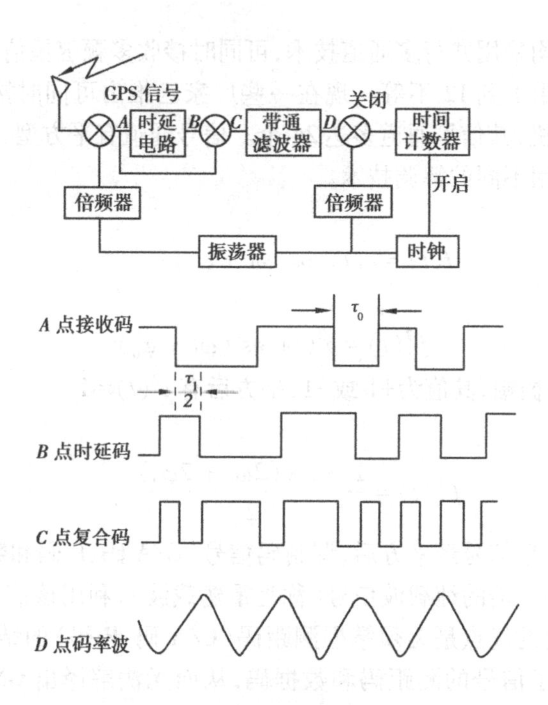

图 1.30　码通道相位示意图

多数接收机采用内置式半导体存储器，如 Ashtech Z-12 97 款 GNSS 信号接收机，就配备了 2～85 Mbit 内存卡供选用。保存在接收机内存中的数据可通过数据传输接口输入微机内，以便保存和处理观测数据。存储器内通常还装有多种工作软件，如自测试软件、天空卫星预报软件、导航电文解码软件及 GNSS 单点定位软件等。

(3)计算和显示控制单元

计算和显示控制单元由微处理器和显示器构成。微处理器是 GNSS 信号接收机的控制系统，GNSS 接收机的一切工作都在微处理器的指令控制下自动完成。其主要任务是：

①在接收机开机后立即对各个通道进行自检，并显示自检结果，测定、校正并储存各个通道的时延值。

②根据各通道跟踪环路所输出的数据码，解译出 GNSS 卫星星历，并根据实测 GNSS 信号到达接收机天线的传播时间，计算出测站的三维地心坐标（WGS-84 坐标系），按预置的位置更新率不断更新测站坐标。

③根据测得的测站点近似坐标和 GNSS 卫星星历，计算所有在轨卫星的升降时间、方位和高度角。

④记录用户输入的测站信息，如测站名、天线高、气象参数等。

⑤根据预先设置的航路点坐标和测得的测站点近似坐标计算导航参数，如航偏距、航偏角、航行速度等。

GNSS 信号接收机一般都配备液晶显示屏向用户提供接收机工作状态信息，并配备控制键盘，用户通过键盘控制接收机工作。有的导航型接收机还配有大显示屏，直接显示导航信息甚至导航数字地图。

(4)电源

GNSS 信号接收机电源一般采用蓄电池，机内一般配备锂电池，用于为 RAM 存储器供电，以防止关机后数据丢失。机外另配有外接电源，通常为可充电 12 V 直流镉镍电池，也可采用普通汽车电瓶。

子任务 1.3.3　静态数据处理软件

现以 Locus 为例介绍静态数据处理软件的使用。

1)安装后运行

①安装。

②建立工程，如图 1.31 所示为建立项目工程。

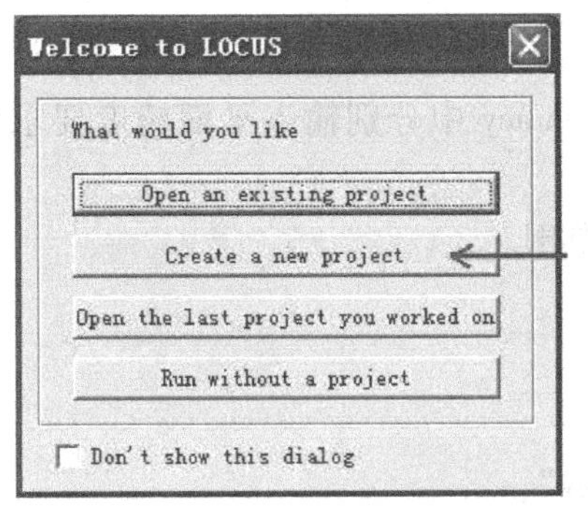

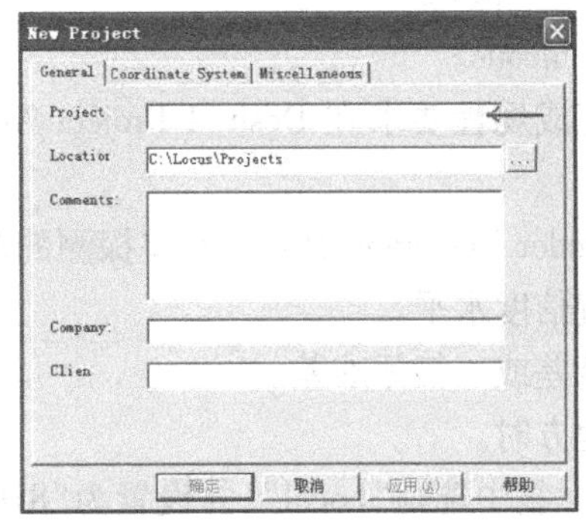

图 1.31　建立项目工程

a. 进行项目管理(Locus Processor—Project Manager)。

b. 创建新项目(Create a new project)。

c. 输入工程名。

d. 从接收机或磁盘中导入原始数据(Add raw data from receiver or disk)。

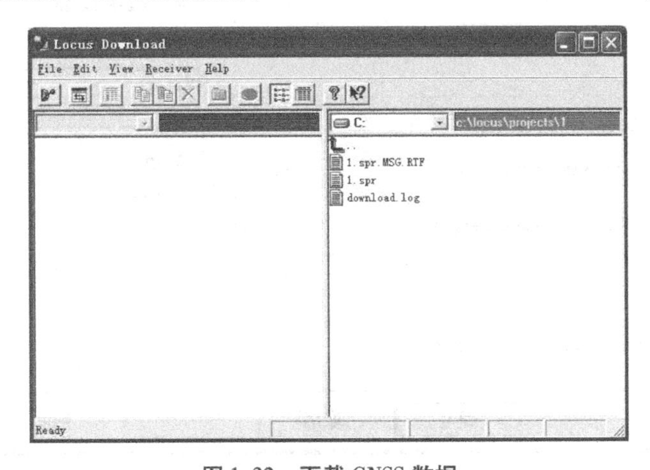

图 1.32　下载 GNSS 数据

2)GNSS 接收机下载数据(见图 1.32)

①连接到 COM1 串口。

②置接收机距红外装置 15 ~60 cm,并对准接收口。

③单击 Connect 工具图标。

④选中 COM1。

⑤单击 Settings,选择 57600。

⑥选择文件。

⑦复制文件:B——数据文件,E——星历文件。

⑧在 File 菜单中选择 Switch Data Source 项。

⑨更换接收机。

3)项目设置

①设置预期的工程精度,如图 1.33 所示。

a. Project—Settings。

b. Miscellaneous。

c. 按规范或规程要求在 Desired Project Accuracy 中分别输入平面精度要求和高程精度要求。

②在 Blunder Detection 中输入粗差探测的范围。

③设置置信度水平。

选择标准差或二倍标准差。

④设置地方时。

在 Time 标签中选则“Local”,并设置为“8Hrs”。

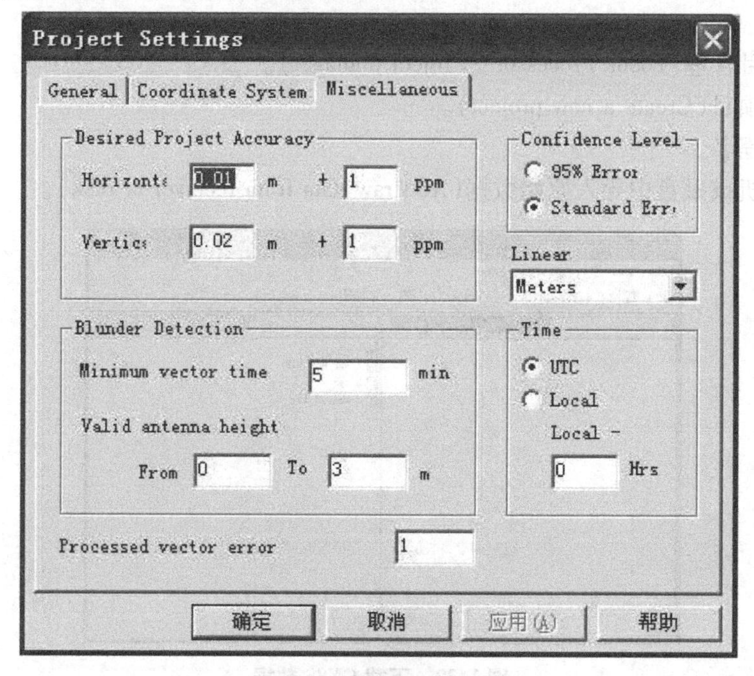

图 1.33　手簿输入

⑤手簿输入,如图1.34所示。

Workbook

	Site ID	Ant. Slant	Ant. Radius	Ant. Vert. Offs.	Start Time	End Time	File Name
1	????	0.000	0.000	0.000	00:43:40	03:35:30	B5156A05.351
2	????	0.000	0.000	0.000	00:40:30	03:33:30	B3098A05.351
3	????	0.000	0.000	0.000	00:22:40	01:43:00	B4982A05.351

Files | Occupations | Sites | Control Sites | Vectors | Repeat Vectors | Loop Closure | Corr

图1.34 手簿输入

a.对照手簿记录与计算机工作簿中的文件名(接收机号、时段号、观测日期)、开始时间、结束时间,确认野外记录手簿与数据处理软件中的对应关系。

b.根据以上确认,按野外记录手簿输入点号、天线斜高、天线半径。

4)解算

(1)基线解算

基线解算如图1.35所示。

Workbook

	From - To	Observed	QA	Delta X	Std. Err.	Delta Y	Std. Err.	Delta Z	Std. Err.	L
1	2222 - 1111	12/17 00:43		158.927	0.001	594.038	0.001	-956.417	0.002	11:
2	2222 - 3333	12/17 00:40		2921.893	0.002	269.756	0.002	1042.141	0.004	31
3	1111 - 3333	12/17 00:43		2762.965	0.002	-324.283	0.002	1998.559	0.004	34

Files | Occupations | Sites | Control Sites | Vectors | Repeat Vectors | Loop Closure | Control Tie | Adjustment A

图1.35 基线解算

①单击Occupations。

②输入野外记录。

③单击Control Sites。

④输入控制点点号及坐标(点号与点名一致)。

⑤单击Run_Processing_All。

⑥检查QA检验是否通过。

⑦单击Repeat选项卡,检查重复基线检验是否通过。

(2)网平差计算

①单击Control Sites。

②选择控制点,输入已知点坐标。

③单击Run_Processing_Adjustment。

④闭合环检验。

如图1.36所示,单击Loop Closure选项卡,在图形窗口中选取基线向量,构成同步环或异步环。在工作簿窗口检查闭合环限差是否超限。

(3)生成成果报告

进入生成成果报告菜单可自动生成成果报告,对网中各项指标进行详细说明。

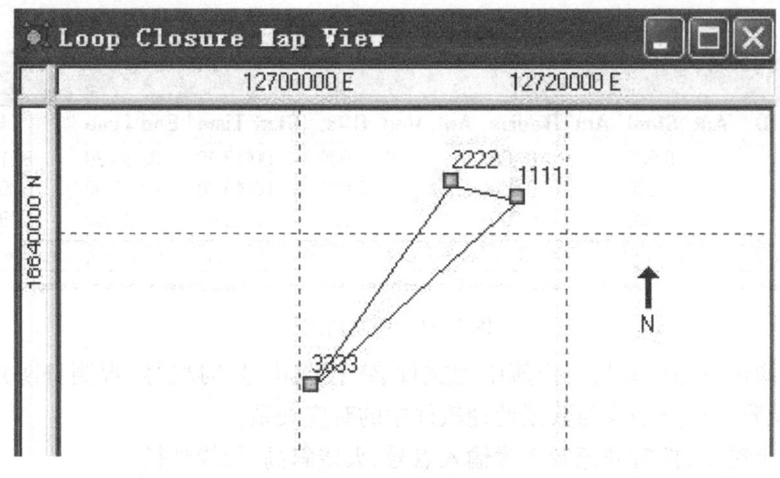

图 1.36　闭合环检查

子任务 1.3.4　动态数据处理软件

现以工程之星为例介绍动态数据处理软件的使用。

知识点 1：参数设置

依次按要求填写或选取以下工程信息：工程名称（见图 1.37）、椭球系名称、设置椭球参数（见图 1.38）、投影参数设置（见图 1.39）、四参数设置（见图 1.40，未启用可不填写）、七参数设置（见图 1.41，未启用可不填写）及高程拟合参数设置（见图 1.42，未启用可不填写），最后确定，新建工程完毕。

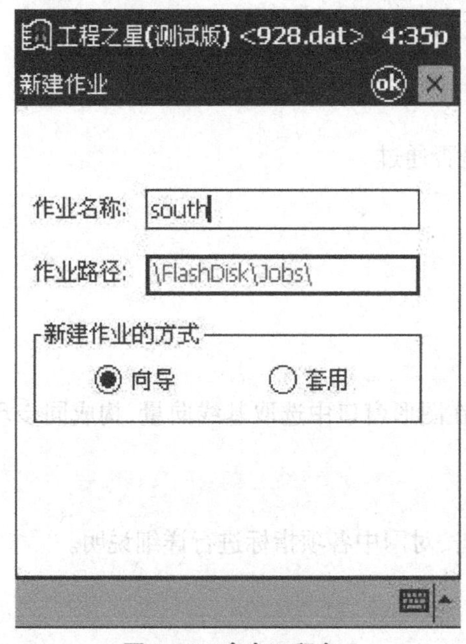

图 1.37　命名工程名

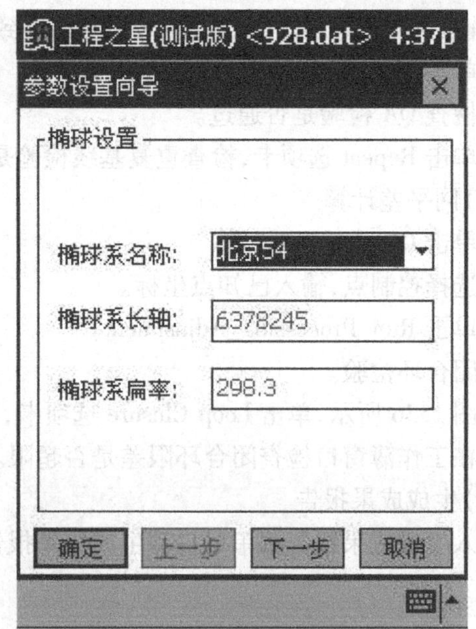

图 1.38　设置椭球参数

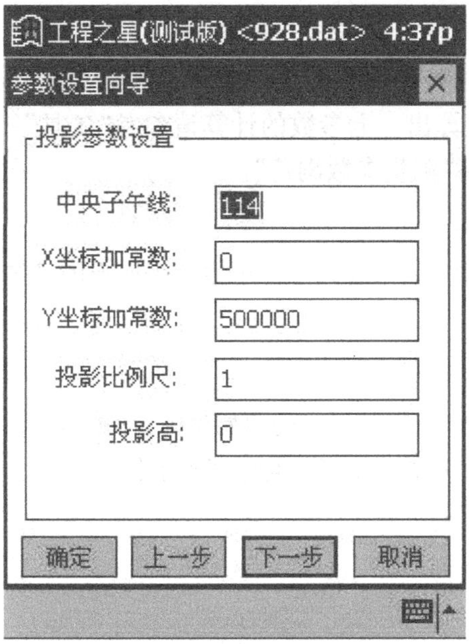

图 1.39　设置投影参数

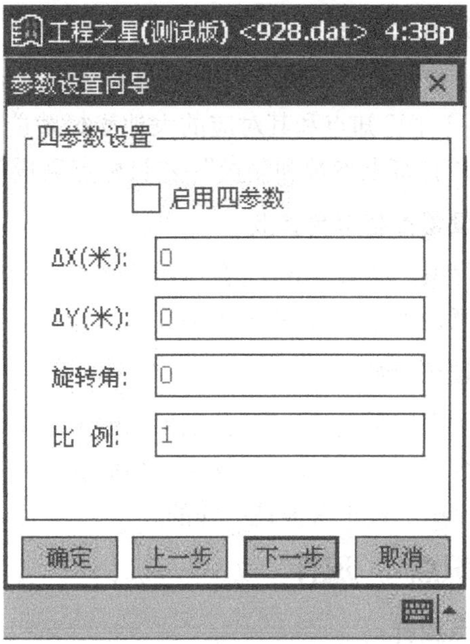

图 1.40　设置四参数

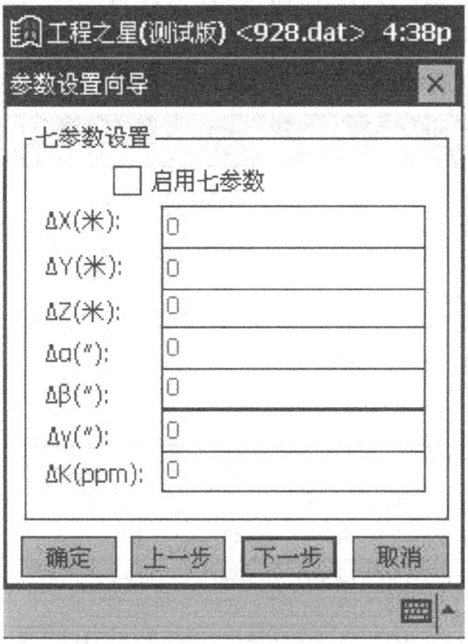

图 1.41　设置七参数

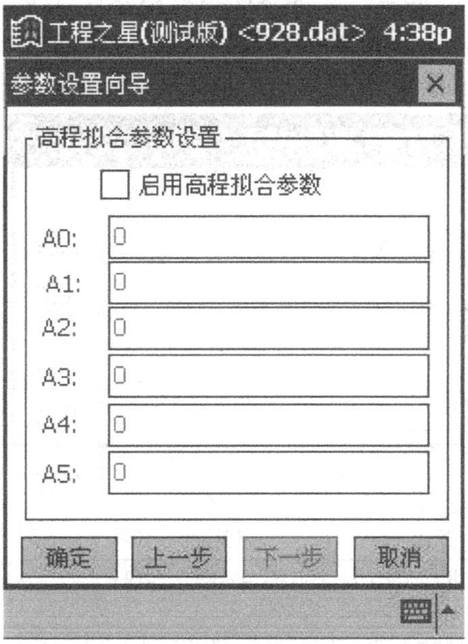

图 1.42　设置高程拟合参数

1)设置四参数

四参数是不同坐标系间进行转换的参数,在控制点坐标库中通过两个已知点和这两个点的原始坐标计算得出,这 4 个参数分别是 X 平移、Y 平移、旋转角及比例尺。如果使用校正向导,利用两个已知点校正以后,就可以自动计算出四参数,这两种方法计算出的四参数是一样的。四参数的计算请参考“工具”→“参数计算”→“计算四参数和测量”→“目标点测量”→“测量参数浏览”。

2) 设置七参数

七参数是两个椭球之间的拟合参数,包括 3 个平移参数、3 个旋转参数和 1 个比例尺因子,需要 3 个已知点和其对应的大地坐标才能计算出。七参数的计算请参考“工具”→“参数计算”→“计算七参数和测量”→“目标点测量”→“测量参数浏览”。

3) 设置高程拟合参数

高程拟合参数共 6 个,在使用控制点坐标库时,如果输入了 7 个或 7 个以上的已知点及其对应的原始坐标,就计算出了高程拟合参数。

4) 校正参数

在使用控制点坐标库时,如果只输入一个已知点和其对应的原始坐标,计算出的参数即为校正参数。同样,在校正向导中,只利用一个已知点校正以后,也计算出了校正参数。这两种方法计算出的校正参数是一样的。

知识点 2: 放样

1) 点放样

选择“测量”→“点放样”,进入放样屏幕。单击“打开”按钮,打开坐标管理库,在这里可以点击,打开事先编辑好的放样文件 *.dat (记事本格式:点名,X,Y,H),选择放样点,也可点击输入放样点坐标。如图 1.43 所示,选择放样点后开始放样。

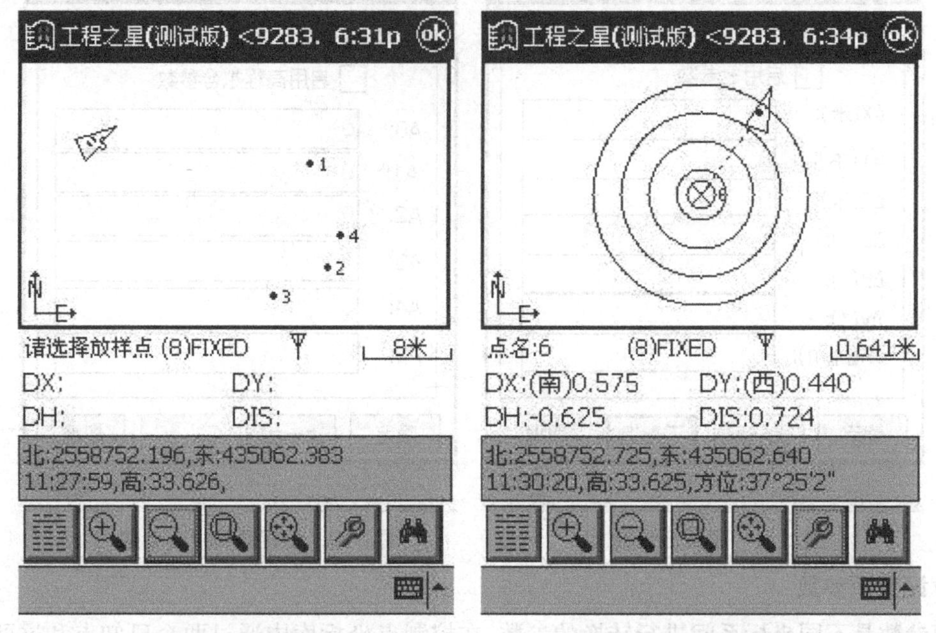

图 1.43 点放样　　图 1.44 点放样进程

图 1.44 中,放样点周围有 4 个圆圈,它们表示离放样点的距离范围。当现在位置离放样点的距离在设置的范围之内时,就会有声音提示(即进入或离开此设定的范围的时候会有声音提示),单击图标可对此进行设置,其最小值表示最小圆圈上点离放样点的距离为 0.2 m,最大值表示最大圆圈离放样点距离为 0.8 m。例如,要进行粗略放样,对放样的要求精度为 0.3 m,这时当小箭头在图上第一个圆圈与第二个圆圈之间时就知道当前可以满足要求了。当然,最

直接的是从屏幕上的距离来查看。在放样界面下还可同时进行测量,按下“保存”键即可存储当前点坐标,按下“8”键为放样上一点,按下“2”键为放样下一点,按下“9”键为查找放样点。

2)线放样

选择“测量”→“线放样”,进行线放样(见图1.45)。点击并打开线放样坐标库,选择要放样的线即可。

图1.45　线放样

如果线放样坐标库中没有线放样文件,点击增加输入线的起点和终点坐标,即可在线放样坐标库中生成线放样文件,如图1.46所示。

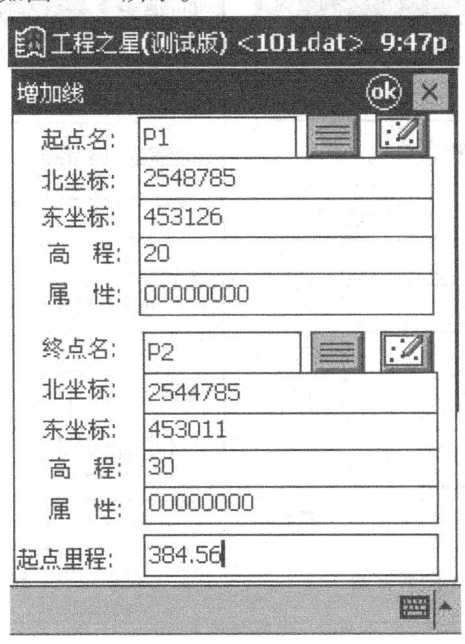

图1.46　增加放样线

如果需要里程信息,则输入起点里程,这样在放样时,即可实时显示出当前位置的里程,如图 1.47 所示。这里,里程是从当前点向直线作垂线后,垂足点的里程。

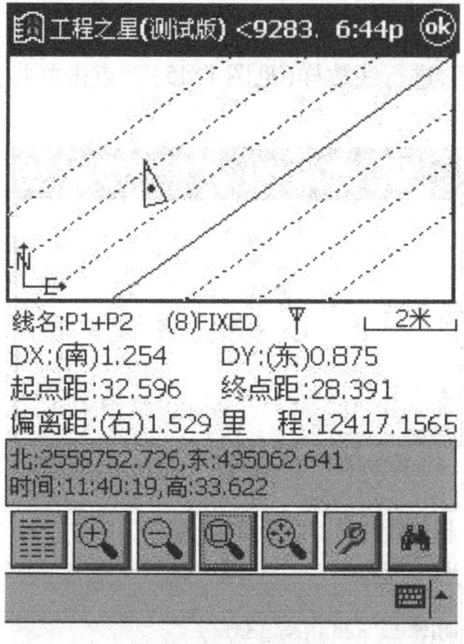

图 1.47 线放样

3)圆曲线计算

在测量菜单中选择“曲线放样”,单击图标,选择“圆曲放样”,输入曲线定义条件(见图 1.48),计算出曲线要素(见图 1.49)。命名保存后,曲线定义就完成了。

图 1.48 圆曲计算

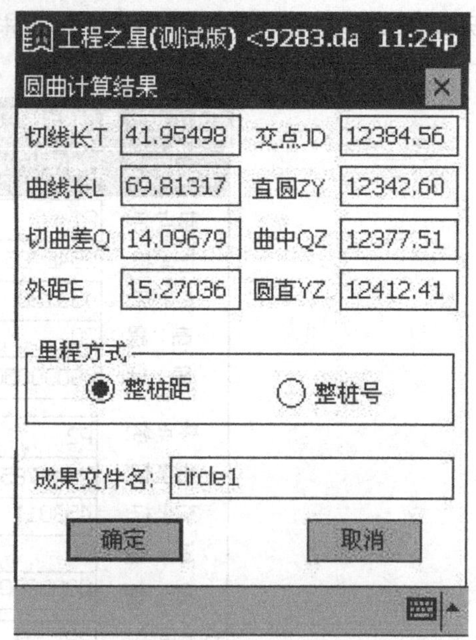

图 1.49 曲线要素

选择其中的点名,即可查看该点的坐标、里程,如图1.50所示。

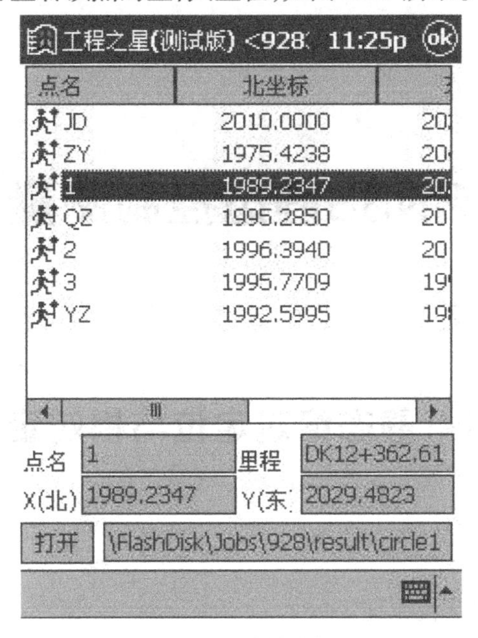

图1.50　点的坐标

项目2

GNSS静态控制测量与数据解算

任务 2.1 静态绝对定位与相对定位原理

🕮 学习目标

1. 掌握 GNSS 静态绝对定位原理。
2. 掌握 GNSS 静态相对定位原理。
3. 对比分析静态绝对定位和相对定位的优缺点。
4. 分析静态绝对定位和相对定位的应用领域。

🕮 任务描述

1. 阅读 GNSS 静态绝对定位和相对定位原理相关资料，掌握两种形式的定位原理，重点分析 GNSS 绝对定位和相对定位精度差异。
2. 根据绝对定位和相对定位时间以及操作难易程度，确定应用领域。填写完成相对定位和绝对定位对比分析表。

🕮 实施步骤

1. 通过阅读资讯资料，观看三维动画，理解 GNSS 静态绝对定位和相对定位工作原理。
2. 对比分析 GNSS 绝对定位和相对定位观测时间、精度、操作难度等内容，完成相对定位和绝对定位对比分析表。
3. 根据绝对定位和相对定位优缺点分析，明确二者的应用范围和领域。
4. 完成工作任务单。

学习笔记

班级：　　　　　　　　　　　姓名：

<table>
<tr><td>主题</td><td colspan="2"></td></tr>
<tr><td colspan="2">内容</td><td>问题与重点</td></tr>
<tr><td colspan="3">总结</td></tr>
</table>

工作任务单

1. 快速静态定位与准动态定位一样吗？若不一样，主要差别在哪里？

2. 什么叫差分定位？差分定位的方法分哪几种？各种方法的精度如何？

3. 根据相对定位与差分定位原理分析，一套普通的 GNSS 相对定位系统和一套普通的 GNSS 实时差分定位系统在硬件配置上的主要区别在哪里？

评价单

学生自评表

班级：	姓名：		学号：
任　务	静态绝对定位与相对定位原理		
评价项目	评价标准	分值	得分
静态绝对定位理解	1. 准确;2. 不准确	20	
静态相对定位理解	1. 准确;2. 不准确	20	
时间、精度对比分析	1. 完成;2. 未完成	10	
应用领域分析	1. 准确完成;2. 基本完成;3. 未完成	10	
工作态度	态度端正，无缺勤、迟到、早退现象	10	
工作质量	能按计划完成工作任务	10	
协调能力	与小组成员、同学之间能合作交流，协调工作	10	
职业素质	能做到细心、严谨	5	
创新意识	主动阅读标准、规范，数据处理准确无误	5	
合　计		100	

学生互评表

任　务	静态绝对定位与相对定位原理													
评价项目	分值	等　级								评价对象（组别）					
										1	2	3	4	5	6
计划合理	10	优	10	良	9	中	7	差	6						
团队合作	10	优	10	良	9	中	7	差	6						
组织有序	10	优	10	良	9	中	7	差	6						
工作质量	20	优	20	良	18	中	14	差	12						
工作效率	10	优	10	良	9	中	7	差	6						
工作完整	10	优	10	良	9	中	7	差	6						
工作规范	10	优	10	良	9	中	7	差	6						
成果展示	20	优	20	良	18	中	14	差	12						
合　计	100														

教师评价表

<table>
<tr><td colspan="2">班级：</td><td>姓名：</td><td colspan="2">学号：</td></tr>
<tr><td colspan="2">任　务</td><td colspan="3">静态绝对定位与相对定位原理</td></tr>
<tr><td colspan="2">评价项目</td><td>评价标准</td><td>分值</td><td>得分</td></tr>
<tr><td colspan="2">考勤(10%)</td><td>无迟到、早退、旷课现象</td><td>10</td><td></td></tr>
<tr><td rowspan="8">工作过程(60%)</td><td>静态绝对定位理解</td><td>1. 准确;2. 不准确</td><td>10</td><td></td></tr>
<tr><td>静态相对定位理解</td><td>1. 准确;2. 不准确</td><td>10</td><td></td></tr>
<tr><td>时间对比分析</td><td>1. 完成;2. 未完成</td><td>10</td><td></td></tr>
<tr><td>精度对比分析</td><td>1. 完成;2. 未完成</td><td>10</td><td></td></tr>
<tr><td>应用领域分析</td><td>1. 准确完成;2. 基本完成;3. 未完成</td><td>5</td><td></td></tr>
<tr><td>工作态度</td><td>态度端正,工作认真、主动</td><td>5</td><td></td></tr>
<tr><td>协调能力</td><td>能按计划完成工作任务</td><td>5</td><td></td></tr>
<tr><td>职业素质</td><td>与小组成员、同学之间能合作交流,协调工作</td><td>5</td><td></td></tr>
<tr><td rowspan="4">项目成果(30%)</td><td>工作完整</td><td>能按时完成任务</td><td>5</td><td></td></tr>
<tr><td>操作规范</td><td>能按规范要求操作接收机</td><td>5</td><td></td></tr>
<tr><td>数据处理结果</td><td>能正确处理数据,结果准确</td><td>15</td><td></td></tr>
<tr><td>成果展示</td><td>能准确表达、汇报工作成果</td><td>5</td><td></td></tr>
<tr><td colspan="3">合　计</td><td>100</td><td></td></tr>
</table>

<table>
<tr><td rowspan="2">综合评价</td><td>学生自评(20%)</td><td>小组互评(30%)</td><td>教师评价(50%)</td><td>综合得分</td></tr>
<tr><td></td><td></td><td></td><td></td></tr>
</table>

子任务 2.1.1　静态相对定位

设置在基线两端点的接收机相对于周围的参照物固定不动,通过连续观测获得充分的多余观测数据,解算基线向量,称为静态相对定位。

静态相对定位,一般均采用测相伪距观测值作为基本观测量。测相伪距静态相对定位是当前 GNSS 定位中精度最高的一种方法。在测相伪距观测的数据处理中,为了可靠地确定载波相位的整周未知数,静态相对定位一般需要较长的观测时间(1.0 ~3.0 h),称为经典静态相对定位。

可见,经典静态相对定位方法的测量效率较低,如何缩短观测时间,以提高作业效率便成为广大 GNSS 用户普遍关注的问题。理论与实践证明,在测相伪距观测中,首要问题是如何快速而精确地确定整周未知数。在整周未知数确定的情况下,随着观测时间的延长,相对定位的精度不会显著提高。因此,提高定位效率的关键是快速而可靠地确定整周未知数。

为此,美国的里蒙迪(Remondi,B. W)提出了快速相对定位方法。其基本思路是先利用起始基线确定初始整周模糊度(初始化),再利用一台 GNSS 接收机在基准站 T_0 静止不动地对一组卫星进行连续观测,而另一台接收机在基准站附近的多个站点 T_i 上流动,每到一个站点则停下来进行静态观测,以便确定流动站与基准站之间的相对位置,这种"走走停停"的方法又称准动态相对定位。其观测效率比经典静态相对定位方法要高,但流动站的 GNSS 接收机必须保持对观测卫星的连续跟踪,一旦发生失锁,便需要重新进行初始化工作。

这里将讨论静态相对定位的基本原理。

知识点 1: 基本观测量及其线性组合

假设安置在基线端点的 GNSS 接收机 T_i (i = 1,2),相对于卫星 S^j 和 S^k ,于历元 t_i (i = 1,2)进行同步观测(见图 2. 1),则可获得独立的载波相位观测量:

$$\varphi_1^j(t_1)\ ,\ \varphi_1^j(t_2)\ ,\ \varphi_1^k(t_1)\ ,\ \varphi_1^k(t_2)\ ,\ \varphi_2^j(t_1)\ ,\ \varphi_2^j(t_2)\ ,\ \varphi_2^k(t_1)\ ,\ \varphi_2^k(t_2)$$

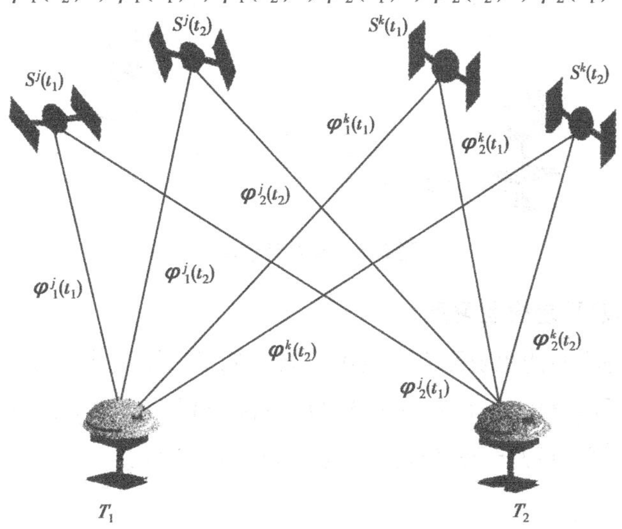

图 2. 1　GNSS 相对定位观测量

在静态相对定位中,利用这些观测量的不同组合求差进行相对定位,可有效地消除或减弱这些观测量中包含的相关误差的影响,提高相对定位精度。

目前,求差方式有3种:单差、双差和三差。定义如下:

①单差(Single-Difference)。可在不同卫星间、不同历元间求差或不同观测站求取观测量之差,所得求差结果被当成虚拟观测值。常用的单差是不同接收机间求单差,即

$$SD_{12}^{j}(t)=\varphi_{2}^{j}(t)-\varphi_{1}^{j}(t) \tag{2.1}$$

相对定位中,单差是观测量的最基本线性组合形式。单差观测值可消除载波相位的卫星钟差项。

②双差(Double-Difference)。对单差观测值继续求差,所得求差结果仍可当成虚拟观测值。常用双差观测值是不同观测站间求单差观测值,再在卫星间求二次差,即

$$\begin{aligned}DD_{12}^{kj}(t)&=SD_{12}^{j}(t)-SD_{12}^{k}(t)\\&=[\varphi_{2}^{j}(t)-\varphi_{1}^{j}(t)]-[\varphi_{2}^{k}(t)-\varphi_{1}^{k}(t)]\end{aligned} \tag{2.2}$$

双差观测值可消除载波相位的接收机钟差项。

③三差(Triple-Difference)。对双差观测值继续求差。常用的三差观测值是对不同观测站单差值求取卫星间双差后,再在不同历元间求三次差,即

$$TD_{12}^{kj}(t)=DD_{12}^{kj}(t_{2})-DD_{12}^{kj}(t_{1}) \tag{2.3}$$

三差观测值可消除与卫星和接收机有关的初始整周模糊度$N(t_0)$。

上述各种差分观测值能有效地消除各种偏差项。因此,差分观测值模型是GNSS测量应用中广泛采用的平差模型,特别是双差观测值模型即星站二次差分模型更是大多数GNSS基线向量处理软件包必选的模型。

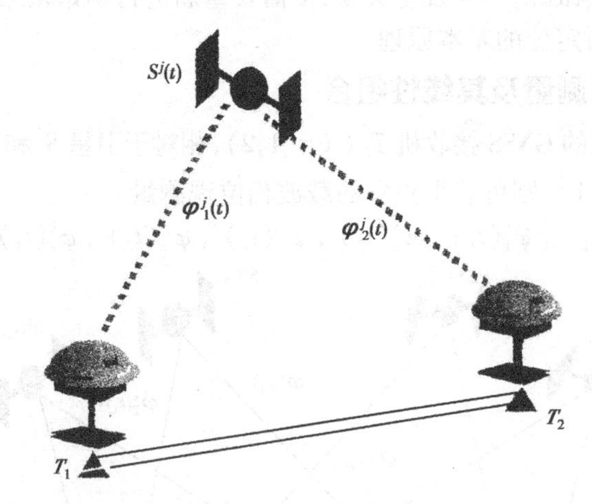

图2.2　单差示意图

1)单差观测方程及平差模型解算

如图2.2所示,将测相伪距观测方程应用于测站T_1,T_2,则由式(2.1)可得

$$\begin{aligned}\lambda SD_{12}^{j}(t)=&[\rho_{2}^{j}(t)-\rho_{1}^{j}(t)]+c[\delta t_{2}(t)-\delta t_{1}(t)]-\lambda[N_{2}^{j}(t)-N_{1}^{j}(t)]+\\&[\delta\rho_{12}(t)-\delta\rho_{11}(t)]+[\delta\rho_{22}(t)-\delta\rho_{21}(t)]\end{aligned} \tag{2.4}$$

令

$$\Delta t(t)=\delta t_{2}(t)-\delta t_{1}(t),\qquad \Delta N^{j}=N_{2}^{j}(t)-N_{1}^{j}(t)$$

$$\Delta\rho_1(t)=\delta\rho_{12}(t)-\delta\rho_{11}(t),\qquad \Delta\rho_2(t)=\delta\rho_{22}(t)-\delta\rho_{21}(t)$$

则单差观测方程可写为

$$\lambda SD_{12}^j(t)=[\rho_2^j(t)-\rho_1^j(t)]+c\Delta t(t)-\lambda\Delta N^j+\Delta\rho_1(t)+\Delta\rho_2(t) \tag{2.5}$$

由式(2.5)可知,卫星的钟差影响可以消除。同时,两测站相距较近(<100 km),同一卫星到两个测站的传播路径上的电离层、对流层延迟误差相近,取单差可进一步明显地减弱大气延迟的影响,尤其当基线较短时,这种有效性更为明显。

假设在协议地球坐标系中,观测站 T_i 的待定坐标近似值向量为

$$\boldsymbol{X}_{i0}=(x_{i0}\quad y_{i0}\quad z_{i0})^{\mathrm{T}}$$

其改正数向量为

$$\delta\boldsymbol{X}_i=(\delta x_i\quad \delta y_i\quad \delta z_i)^{\mathrm{T}}$$

观测站 T_i 至卫星 S^j 的距离可由站星几何距离公式给定,是非线性的,不便于计算机计算,必须将其线性化。对其线性化,可得线性化形式(2.4),其中,卫星坐标改正数 $[\delta x^j,\delta y^j,\delta z^j]^{\mathrm{T}}$ 可视为零。

取两个观测站 T_1 和 T_2,其中 T_1 为基准站,其坐标已知。可得线性化的载波相位双差观测方程

$$SD_{12}^j(t)=-\frac{1}{\lambda}[l_2^j(t)\quad m_2^j(t)\quad n_2^j(t)]\begin{bmatrix}\delta x_2\\ \delta y_2\\ \delta z_2\end{bmatrix}+f\Delta t(t)-\Delta N^j+\frac{1}{\lambda}[\Delta\rho_1(t)+\Delta\rho_2(t)]+\frac{1}{\lambda}[\rho_{20}^j(t)-\rho_1^j(t)] \tag{2.6}$$

式中,大气折射延迟误差的残差很小,可忽略。于是,相应的误差方程可写为

$$\Delta v^j(t)=\frac{1}{\lambda}[l_2^j(t)\quad m_2^j(t)\quad n_2^j(t)]\begin{bmatrix}\delta x_2\\ \delta y_2\\ \delta z_2\end{bmatrix}-f\Delta t(t)+\Delta N^j+\Delta l^j(t) \tag{2.7}$$

式中

$$\Delta l^j(t)=SD_{12}^j(t)-\frac{1}{\lambda}[\rho_{20}^j(t)-\rho_1^j(t)]$$

上述情况是两观测站同时观测同一颗卫星 S^j 的情况,可将其推广到两观测站于历元 t 时刻同时观测 n 颗卫星的情况,则相应的方程组为

$$\begin{bmatrix}\Delta v^1(t)\\ \Delta v^2(t)\\ \vdots\\ \Delta v^n(t)\end{bmatrix}=\frac{1}{\lambda}\begin{bmatrix}l_2^1(t) & m_2^1(t) & n_2^1(t)\\ l_2^2(t) & m_2^2(t) & n_2^2(t)\\ \vdots & \vdots & \vdots\\ l_2^n(t) & m_2^n(t) & n_2^n(t)\end{bmatrix}\begin{bmatrix}\delta x_2\\ \delta y_2\\ \delta z_2\end{bmatrix}+\begin{bmatrix}\Delta N^1\\ \Delta N^2\\ \vdots\\ \Delta N^n\end{bmatrix}-f\begin{bmatrix}1\\ 1\\ \vdots\\ 1\end{bmatrix}\Delta t(t)+\begin{bmatrix}\Delta l^1(t)\\ \Delta l^2(t)\\ \vdots\\ \Delta l^n(t)\end{bmatrix} \tag{2.8}$$

或写为

$$V(t)=A(t)\delta X_2+B(t)\Delta N+C(t)\Delta t(t)+\Delta L(t) \tag{2.9}$$

若进一步考虑观测的历元次数为 n_t，则相应的误差方程为

$$\begin{bmatrix} V(t_1) \\ V(t_2) \\ \vdots \\ V(t_{n_t}) \end{bmatrix}=\begin{bmatrix} A(t_1) \\ A(t_2) \\ \vdots \\ A(t_{n_t}) \end{bmatrix}\delta X_2+\begin{bmatrix} B(t_1) \\ B(t_2) \\ \vdots \\ B(t_{n_t}) \end{bmatrix}\Delta N+ \begin{bmatrix} C(t_1) & 0 & \cdots & 0 \\ 0 & C(t_2) & \cdots & 0 \\ \vdots & \vdots & & \vdots \\ 0 & 0 & \cdots & C(t_{n_t}) \end{bmatrix}\begin{bmatrix} \Delta t(t_1) \\ \Delta t(t_2) \\ \vdots \\ \Delta t(t_{n_t}) \end{bmatrix}+\begin{bmatrix} \Delta L(t_1) \\ \Delta L(t_2) \\ \vdots \\ \Delta L(t_{n_t}) \end{bmatrix} \tag{2.10}$$

式(2.10)可写为

$$V=A\delta X_2+B\Delta N+C\Delta t+L \tag{2.11}$$

或

$$V=(A \quad B \quad C)\begin{bmatrix} \delta X_2 \\ \Delta N \\ \Delta t \end{bmatrix}+L \tag{2.12}$$

按最小二乘法求解

$$\Delta Y=-N^{-1}U \tag{2.13}$$

式中

$$\Delta Y=[\delta X_2 \quad \Delta N \quad \Delta t]^{\mathrm{T}}$$
$$N=(A \quad B \quad C)^{\mathrm{T}}P(A \quad B \quad C)$$
$$U=(A \quad B \quad C)^{\mathrm{T}}PL$$

P——单差观测量的权矩阵。

单差模型的解的精度可估算为

$$m_y=\sigma_0\sqrt{q_{yy}} \tag{2.14}$$

式中 σ_0——单差观测量的单位权中误差；

q_{yy}——权系数阵 N^{-1} 主对角线的相应元素。

必须注意的是，当不同历元同步观测的卫星数不同时，情况将比较复杂，此时应该注意系数矩阵 A,B,C 的维数。这种在不同观测历元共视卫星数发生变化的情况，在后述的双差、三差模型也会遇到。

2)双差观测方程及平差模型解算

如图 2.3 所示，两台 GNSS 接收机安置在测站 T_1,T_2，对卫星 S^j 的单差为 $SD_{12}^j(t)$，对卫星 S^k 的单差为 $SD_{12}^k(t)$，则由式(2.2)，将测相伪距观测方程代入，可得双差观测方程为

$$\lambda DD_{12}^{kj}(t)=[(\rho_2^k(t)-\rho_1^k(t))-(\rho_2^j(t)-\rho_1^j(t))]-\lambda\,\nabla\Delta N^k \tag{2.15}$$

由式(2.15)可知，接收机的钟差影响完全消除，大气折射残差取二次差可略去不计。这是双差模型的突出优点。

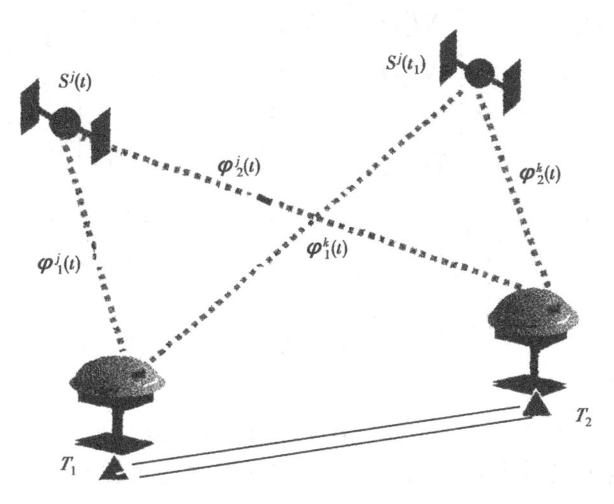

图2.3　双差示意图

假设两个观测站 T_1 和 T_2 同步观测了两颗卫星 S^j 和 S^k。其中,T_1 为基准站,其坐标已知,S^j 为参考卫星。根据双差观测方程,并将泰勒级数进行线性化后代入其中,则可得双差观测方程的线性化形式

$$DD_{12}^{kj}(t)=-\frac{1}{\lambda}\begin{bmatrix}\nabla l_2^k(t) & \nabla m_2^k(t) & \nabla n_2^k(t)\end{bmatrix}\begin{bmatrix}\delta x_2\\ \delta y_2\\ \delta z_2\end{bmatrix}-\nabla\Delta N^k+\frac{1}{\lambda}\left[(\rho_{20}^k(t)-\rho_1^k(t))-(\rho_{20}^j(t)-\rho_1^j(t))\right] \tag{2.16}$$

式中

$$DD_{12}^{kj}(t)=SD_{12}^k(t)-SD_{12}^j(t)$$

$$\begin{bmatrix}\nabla l_2^k(t)\\ \nabla m_2^k(t)\\ \nabla n_2^k(t)\end{bmatrix}=\begin{bmatrix}l_2^k(t)-l_2^j(t)\\ m_2^k(t)-m_2^j(t)\\ n_2^k(t)-n_2^j(t)\end{bmatrix}$$

$$\nabla\Delta N^k=\Delta N^k-\Delta N^j$$

相应的误差方程可写为

$$v^k(t)=\frac{1}{\lambda}\begin{bmatrix}\nabla l_2^k(t) & \nabla m_2^k(t) & \nabla n_2^k(t)\end{bmatrix}\begin{bmatrix}\delta x_2\\ \delta y_2\\ \delta z_2\end{bmatrix}+\nabla\Delta N^k+\nabla\Delta l^k(t) \tag{2.17}$$

式中

$$\nabla\Delta l^k(t)=DD_{12}^{kj}(t)-\frac{1}{\lambda}\left[(\rho_{20}^k(t)-\rho_1^k(t))-(\rho_{20}^j(t)-\rho_1^j(t))\right]$$

当同步观测的GNSS卫星为 n 时,可将式(2.17)推广为

$$\begin{bmatrix} v^1(t) \\ v^2(t) \\ \vdots \\ v^{n-1}(t) \end{bmatrix} = \frac{1}{\lambda}\begin{bmatrix} \nabla l_2^1(t) & \nabla m_2^1(t) & \nabla n_2^1(t) \\ \nabla l_2^2(t) & \nabla m_2^1(t) & \nabla n_2^1(t) \\ \vdots & \vdots & \vdots \\ \nabla l_2^{n-1}(t) & \nabla m_2^{n-1}(t) & \nabla n_2^{n-1}(t) \end{bmatrix}\begin{bmatrix} \delta x_2 \\ \delta y_2 \\ \delta z_2 \end{bmatrix} + \begin{bmatrix} 1 & & 0 \\ & \ddots & \\ 0 & & 1 \end{bmatrix}\begin{bmatrix} \nabla\Delta N^1 \\ \nabla\Delta N^2 \\ \vdots \\ \nabla\Delta N^{n-1} \end{bmatrix} + \begin{bmatrix} \nabla\Delta l^1(t) \\ \nabla\Delta l^2(t) \\ \vdots \\ \nabla\Delta l^{n^j-1}(t) \end{bmatrix} \tag{2.18}$$

式(2.18)可写为

$$\boldsymbol{V}(t) = \boldsymbol{A}(t)\delta\boldsymbol{X}_2 + \boldsymbol{B}(t)\ \nabla\Delta\boldsymbol{N} + \nabla\Delta\boldsymbol{L}(t) \tag{2.19}$$

上述讨论的是两个观测站于某一历元 t 同时观测 n 颗卫星的误差方程组。当观测历元数为 n_t 时,上述方程可推广为

$$\begin{bmatrix} V(t_1) \\ V(t_2) \\ \vdots \\ V(t_{n_t}) \end{bmatrix} = \begin{bmatrix} A(t_1) \\ A(t_2) \\ \vdots \\ A(t_{n_t}) \end{bmatrix}\delta\boldsymbol{X}_2 + \begin{bmatrix} B(t_1) \\ B(t_2) \\ \vdots \\ B(t_{n_t}) \end{bmatrix}\nabla\Delta\boldsymbol{N} + \begin{bmatrix} \nabla\Delta L(t_1) \\ \nabla\Delta L(t_2) \\ \vdots \\ \nabla\Delta L(t_{n_t}) \end{bmatrix} \tag{2.20}$$

式(2.20)可写为

$$\boldsymbol{V} = (\boldsymbol{A} \quad \boldsymbol{B})\begin{bmatrix} \delta\boldsymbol{X}_2 \\ \nabla\Delta\boldsymbol{N} \end{bmatrix} + \boldsymbol{L} \tag{2.21}$$

利用最小二乘法求解

$$\Delta\boldsymbol{Y} = -\boldsymbol{N}^{-1}\boldsymbol{U}$$

式中

$$\Delta\boldsymbol{Y} = [\delta\boldsymbol{X}_2 \quad \nabla\Delta\boldsymbol{N}]^{\mathrm{T}}$$
$$\boldsymbol{N} = (\boldsymbol{A} \quad \boldsymbol{B})^{\mathrm{T}}P(\boldsymbol{A} \quad \boldsymbol{B})$$
$$\boldsymbol{U} = (\boldsymbol{A} \quad \boldsymbol{B})^{\mathrm{T}}\boldsymbol{PL}$$

$\boldsymbol{P}$——双差观测量的权矩阵。

3)三差观测方程

分别以 t_1 和 t_2 两个观测历元,对上述的双差观测方程求三次差,可得三差观测方程为

$$\begin{aligned} TD_{12}^{kj}(t) &= DD_{12}^{kj}(t_2) - DD_{12}^{kj}(t_1) \\ &= [(\rho_2^k(t_2) - \rho_1^k(t_2)) - (\rho_2^j(t_2) - \rho_1^j(t_2))] - \\ &\quad [(\rho_2^k(t_1) - \rho_1^k(t_1)) - (\rho_2^j(t_1) - \rho_1^j(t_1))] \end{aligned} \tag{2.22}$$

由三差观测方程可知,三差模型进一步消除了整周模糊度的影响。

假设两个观测站 T_1 和 T_2 于历元 t_1 与 t_2 分别同步观测了共视卫星 S^j 和 S^k。其中,T_1 为基准站,其坐标已知,S^j 为参考卫星。根据双差观测方程(2.22),可得三差观测方程的线性化形式

$$TD_{12}^{kj}(t) = -\frac{1}{\lambda}[\delta\nabla l_2^k(t) \quad \delta\nabla m_2^k(t) \quad \delta\nabla n_2^k(t)]\begin{bmatrix}\delta x_2\\ \delta y_2\\ \delta z_2\end{bmatrix} +$$

$$\frac{1}{\lambda}[\Delta\rho_{20}^k(t) - \Delta\rho_1^k(t) - \Delta\rho_{20}^j(t) + \Delta\rho_1^j(t)] \tag{2.23}$$

式中

$$TD_{12}^{kj}(t) = DD_{12}^{kj}(t_2) - DD_{12}^{kj}(t_1)$$

$$\begin{bmatrix}\delta\nabla l_2^k(t)\\ \delta\nabla m_2^k(t)\\ \delta\nabla n_2^k(t)\end{bmatrix} = \begin{bmatrix}\nabla l_2^k(t_2) - \nabla l_2^j(t_1)\\ \nabla m_2^k(t_2) - \nabla m_2^j(t_1)\\ \nabla n_2^k(t_2) - \nabla n_2^j(t_1)\end{bmatrix}$$

$$\begin{bmatrix}\Delta\rho_{20}^k(t)\\ \Delta\rho_1^k(t)\\ \Delta\rho_{20}^j(t)\\ \Delta\rho_1^j(t)\end{bmatrix} = \begin{bmatrix}\rho_{20}^k(t_2) - \rho_{20}^k(t_1)\\ \rho_1^k(t_2) - \rho_1^k(t_1)\\ \rho_{20}^j(t_2) - \rho_{20}^j(t_1)\\ \rho_1^j(t_2) - \rho_1^j(t_1)\end{bmatrix}$$

由上式可得相应的误差方程

$$v^k(t) = \frac{1}{\lambda} = [\delta\nabla l_2^k(t) \quad \delta\nabla m_2^k(t) \quad \delta\nabla n_2^k(t)]\begin{bmatrix}\delta x_2\\ \delta y_2\\ \delta z_2\end{bmatrix} + \delta\nabla\Delta l^k(t) \tag{2.24}$$

式中

$$\delta\nabla\Delta l^k(t) = TD_{12}^{kj}(t) - \frac{1}{\lambda}[\Delta\rho_{20}^k(t) - \Delta\rho_1^k(t) - \Delta\rho_{20}^j(t) + \Delta\rho_1^j(t)]$$

当同步观测卫星数为 n 时,以其中一颗为参考卫星,相应的误差方程可推广为

$$\begin{bmatrix}v^1(t)\\ v^2(t)\\ \vdots\\ v^{n-1}(t)\end{bmatrix} = \frac{1}{\lambda}\begin{bmatrix}\delta\nabla l_2^1(t) & \delta\nabla m_2^1(t) & \delta\nabla n_2^1(t)\\ \delta\nabla l_2^2(t) & \delta\nabla m_2^2(t) & \delta\nabla n_2^2(t)\\ \vdots & \vdots & \vdots\\ \delta\nabla l_2^{n-1}(t) & \delta\nabla m_2^{n-1}(t) & \delta\nabla n_2^{n-1}(t)\end{bmatrix}\begin{bmatrix}\delta x_2\\ \delta y_2\\ \delta z_2\end{bmatrix} + \begin{bmatrix}\delta\nabla\Delta l^1(t)\\ \delta\nabla\Delta l^2(t)\\ \vdots\\ \delta\nabla\Delta l^{n-1}(t)\end{bmatrix} \tag{2.25}$$

式(2.25)可写为

$$\boldsymbol{V}(t) = \boldsymbol{A}(t)\delta\boldsymbol{X}_2 + \boldsymbol{L}(t) \tag{2.26}$$

如果两观测站对同一组卫星 n^j 同步观测了 n_t 个历元,并以某一个历元为参考历元,则可将上述误差方程组进一步推广为

$$\begin{bmatrix}V(t_1)\\ V(t_2)\\ \vdots\\ V(t_{n_t-1})\end{bmatrix} = \begin{bmatrix}A(t_1)\\ A(t_2)\\ \vdots\\ A(t_{n_t-1})\end{bmatrix}\delta\boldsymbol{X}_2 + \begin{bmatrix}L(t_1)\\ L(t_2)\\ \vdots\\ L(t_{n_t-1})\end{bmatrix} \tag{2.27}$$

或者

$$V = A\delta X_2 + L \tag{2.28}$$

由此可得相应的解为

$$\delta X_2 = -(A^{T}PA)^{-1}(A^{T}PL) \tag{2.29}$$

式中　P——相应三差观测量的权矩阵。

子任务 2.1.2　快速静态相对定位

快速静态相对定位是将一台 GNSS 接收机固定在基准站不动，可连续观测跟踪所有可见卫星，而另一台接收机在其周围的观测站流动，在每个流动站静止观测数分钟，以便按快速解算整周模糊度的方法解算整周未知数，从而确定流动站与基准站之间的相对位置。在观测中，要求同时跟踪 4 颗以上卫星，且流动站与基准站相距不超过 15 km。快速相对定位的数据处理仍以载波相位观测量为依据，在较短的时间内流动站相对于基准站的基线中误差为 $(5\sim10)\ \text{mm}+1\times10^{-6}\times D$。

快速静态相对定位在每个流动站上静止观测的数分钟内，首先根据基准站和流动站接收机获得伪距观测量及相关信息，采用快速模糊度解算法（FARA 法）迅速解算出整周模糊度 $N_i^j(t_0)$。然后根据测相伪距观测方程，若整周模糊度 $N_i^j(t_0)$ 已经确定，将其移到等式左端，则测相伪距观测方程可写为

$$R_i^j(t) = \rho_i^j(t) + c[\delta t_i(t) - \delta t^j(t)] + \delta\rho_{1\,i}^{\;j}(t) + \delta\rho_{2\,i}^{\;j}(t) \tag{2.30}$$

式中

$$R_i^j(t) = \lambda\varphi_i^j(t) + \lambda N_i^j(t_0)$$

由于观测时间短，大气折射残差影响很小，可忽略。因此，由式(2.30)求取站间单差观测方程，可得

$$\Delta R^j(t) = [\rho_2^j(t) - \rho_1^j(t)] + c\Delta t(t) \tag{2.31}$$

若采用双差模型进行平差解算，则由式(2.31)，再对卫星间取双差可得

$$\nabla\Delta R^k(t) = \rho_2^k(t) - \rho_1^k(t) - \rho_2^j(t) + \rho_1^j(t) \tag{2.32}$$

可分别按照上述单差、双差观测方程的平差方法进行解算。

任务2.2　GNSS控制网设计

📖 学习目标

1. 掌握GNSS网的构网特点与网形设计一般原则。
2. 根据设计的原则和规范优化GNSS网基准的设计。
3. 根据规范,评定GNSS网设计的精度。
4. 根据项目需要,设计GNSS控制网。

📖 任务描述

1. 根据资讯材料,掌握GNSS网的构网特点与网形设计一般原则。
2. 根据设计原则以及《全球定位系统(GPS)测量规范》(GB/T 18314—2009),能优化GPS网的设计,并对其精度进行评定。
3. 填写完成GPS网的等级划分表。

📖 实施步骤

1. 通过阅读资讯资料,掌握GNSS网的构网特点与网形设计一般原则,完成学习笔记记录。
2. 根据设计的原则和规范优化GNSS网基准的设计,进行精度评定,参考GPS网的等级划分表。
3. 完成工作任务单。

学习笔记

班级：　　　　　　　　　　　　姓名：

<table>
<tr><td>主题</td><td colspan="2"></td></tr>
<tr><td colspan="2">内容</td><td>问题与重点</td></tr>
<tr><td colspan="3">总结</td></tr>
</table>

工作任务单

1. 名词解释:同步观测;同步图形闭合差;异步图形闭合差;重复基线坐标闭合差。

2. GPS 测量分哪些等级？各级精度怎样衡量?

3. 简述 GNSS 网的点连式、边连式和网连式设计。

4. 简述 GNSS 网设计的一般原则。

评价单

学生自评表

<table>
<tr><td colspan="2">班级:</td><td>姓名:</td><td>学号:</td></tr>
<tr><td>任　务</td><td colspan="3">GNSS 控制网设计</td></tr>
<tr><td>评价项目</td><td>评价标准</td><td>分值</td><td>得分</td></tr>
<tr><td>GNSS 网形设计</td><td>1. 完成;2. 未完成</td><td>20</td><td></td></tr>
<tr><td>GNSS 网形优化</td><td>1. 完成;2. 未完成</td><td>20</td><td></td></tr>
<tr><td>GNSS 精度评定</td><td>1. 准确;2. 不准确</td><td>20</td><td></td></tr>
<tr><td>工作态度</td><td>态度端正,无缺勤、迟到、早退现象</td><td>10</td><td></td></tr>
<tr><td>工作质量</td><td>能按计划完成工作任务</td><td>10</td><td></td></tr>
<tr><td>协调能力</td><td>与小组成员、同学之间能合作交流,协调工作</td><td>10</td><td></td></tr>
<tr><td>职业素质</td><td>能做到细心、严谨</td><td>5</td><td></td></tr>
<tr><td>创新意识</td><td>主动阅读标准、规范,数据处理准确无误</td><td>5</td><td></td></tr>
<tr><td colspan="2">合　计</td><td>100</td><td></td></tr>
</table>

学生互评表

<table>
<tr><td>任　务</td><td colspan="14">GNSS 控制网设计</td></tr>
<tr><td rowspan="2">评价项目</td><td rowspan="2">分值</td><td colspan="8" rowspan="2">等　级</td><td colspan="6">评价对象(组别)</td></tr>
<tr><td>1</td><td>2</td><td>3</td><td>4</td><td>5</td><td>6</td></tr>
<tr><td>计划合理</td><td>10</td><td>优</td><td>10</td><td>良</td><td>9</td><td>中</td><td>7</td><td>差</td><td>6</td><td></td><td></td><td></td><td></td><td></td><td></td></tr>
<tr><td>团队合作</td><td>10</td><td>优</td><td>10</td><td>良</td><td>9</td><td>中</td><td>7</td><td>差</td><td>6</td><td></td><td></td><td></td><td></td><td></td><td></td></tr>
<tr><td>组织有序</td><td>10</td><td>优</td><td>10</td><td>良</td><td>9</td><td>中</td><td>7</td><td>差</td><td>6</td><td></td><td></td><td></td><td></td><td></td><td></td></tr>
<tr><td>工作质量</td><td>20</td><td>优</td><td>20</td><td>良</td><td>18</td><td>中</td><td>14</td><td>差</td><td>12</td><td></td><td></td><td></td><td></td><td></td><td></td></tr>
<tr><td>工作效率</td><td>10</td><td>优</td><td>10</td><td>良</td><td>9</td><td>中</td><td>7</td><td>差</td><td>6</td><td></td><td></td><td></td><td></td><td></td><td></td></tr>
<tr><td>工作完整</td><td>10</td><td>优</td><td>10</td><td>良</td><td>9</td><td>中</td><td>7</td><td>差</td><td>6</td><td></td><td></td><td></td><td></td><td></td><td></td></tr>
<tr><td>工作规范</td><td>10</td><td>优</td><td>10</td><td>良</td><td>9</td><td>中</td><td>7</td><td>差</td><td>6</td><td></td><td></td><td></td><td></td><td></td><td></td></tr>
<tr><td>成果展示</td><td>20</td><td>优</td><td>20</td><td>良</td><td>18</td><td>中</td><td>14</td><td>差</td><td>12</td><td></td><td></td><td></td><td></td><td></td><td></td></tr>
<tr><td>合　计</td><td>100</td><td colspan="8"></td><td></td><td></td><td></td><td></td><td></td><td></td></tr>
</table>

教师评价表

<table>
<tr><td colspan="2">班级：</td><td>姓名：</td><td colspan="3">学号：</td></tr>
<tr><td colspan="2">任　务</td><td colspan="4">GNSS 控制网设计</td></tr>
<tr><td colspan="2">评价项目</td><td colspan="2">评价标准</td><td>分值</td><td>得分</td></tr>
<tr><td colspan="2">考勤(10%)</td><td colspan="2">无迟到、早退、旷课现象</td><td>10</td><td></td></tr>
<tr><td rowspan="8">工作过程(60%)</td><td>GNSS 网形设计</td><td colspan="2">1. 完成;2. 未完成</td><td>10</td><td></td></tr>
<tr><td>GNSS 网形优化</td><td colspan="2">1. 完成;2. 未完成</td><td>10</td><td></td></tr>
<tr><td>GNSS 精度评定</td><td colspan="2">1. 准确;2. 不准确</td><td>10</td><td></td></tr>
<tr><td>基本概念掌握</td><td colspan="2">1. 完成;2. 未完成</td><td>10</td><td></td></tr>
<tr><td>设计原则掌握</td><td colspan="2">1. 准确完成;2. 基本完成;3. 未完成</td><td>5</td><td></td></tr>
<tr><td>工作态度</td><td colspan="2">态度端正,工作认真、主动</td><td>5</td><td></td></tr>
<tr><td>协调能力</td><td colspan="2">能按计划完成工作任务</td><td>5</td><td></td></tr>
<tr><td>职业素质</td><td colspan="2">与小组成员、同学之间能合作交流,协调工作</td><td>5</td><td></td></tr>
<tr><td rowspan="4">项目成果(30%)</td><td>工作完整</td><td colspan="2">能按时完成任务</td><td>5</td><td></td></tr>
<tr><td>操作规范</td><td colspan="2">能按规范要求操作接收机</td><td>5</td><td></td></tr>
<tr><td>数据处理结果</td><td colspan="2">能正确处理数据,结果准确</td><td>15</td><td></td></tr>
<tr><td>成果展示</td><td colspan="2">能准确表达、汇报工作成果</td><td>5</td><td></td></tr>
<tr><td colspan="4">合　计</td><td>100</td><td></td></tr>
<tr><td colspan="2" rowspan="2">综合评价</td><td>学生自评(20%)</td><td>小组互评(30%)</td><td>教师评价(50%)</td><td>综合得分</td></tr>
<tr><td></td><td></td><td></td><td></td></tr>
</table>

子任务　GNSS 网的构网特点与网形设计一般原则

知识点 1：GNSS 网的构网特点

GNSS 网的设计需要考虑很多因素，其核心是如何高质量、低成本完成既定的测量任务。GNSS 网的设计包括网形构造、精度、基准等方面的设计。此外，对于外业工作具体实施，还应考虑观测时段、时间、测站位置的选择，接收机的类型及数量，以及交通后勤等因素。

目前，GNSS 控制测量基本上都是采用相对定位的测量方法。这就需要两台以及两台以上的 GNSS 接收机在相同的时段内同时连续跟踪相同的卫星组，即实施所谓同步观测。同步观测时各 GNSS 点组成的图形称为同步图形。不同台数 GNSS 接收机同步观测一个时段，便组成以下各种不同的同步图形结构，如图 2.4 所示。T 台接收机同步观测获得的同步图形由 n 条基线构成。其关系为

$$n = T\frac{T-1}{2} \tag{2.33}$$

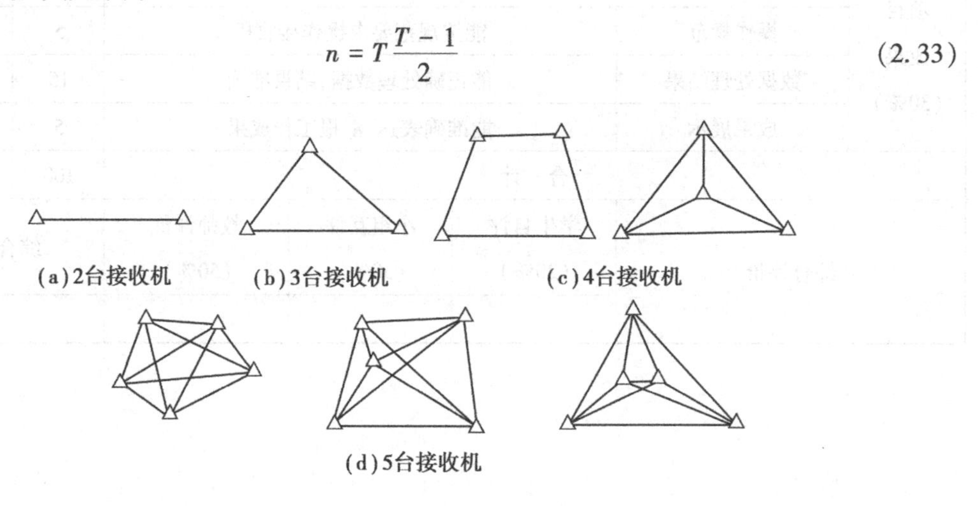

图 2.4　同步图形示例

同步图形是构成 GNSS 网的基本图形。而在组成同步图形的 n 条基线中，只有 $(T-1)$ 条是独立基线，其余基线均为非独立基线，可由独立基线推算得到。由此，也就在同步图形中形成了若干坐标闭合差条件，称为同步图形闭合差。由于同步图形是由在相同的时间观测相同的卫星所获得的基线构成的，基线之间是相关的观测量，因此同步图形闭合差不能作为衡量精度的指标，它可反映野外观测质量和条件的好坏。

在 GNSS 测量中，与同步图形相对应的还有非同步图形(或称异步图形)，即由不同时段的基线构成的图形。由异步图形形成的坐标闭合差条件称为异步图形闭合差。当某条基线被两个或多个时段观测时，就形成了重复基线坐标闭合差条件。异步图形闭合条件和重复基线坐

标闭合条件是衡量精度、检验粗差和系统差的重要指标。

知识点2：GNSS控制网的构网方式

GNSS网是由同步图形作为基本图形扩展延伸得到的，当采用不同的连接方式时，网形结构随之会有不同形状。GNSS网的布设就是如何将各同步图形合理地衔接成一个有机的整体，使之达到精度高，可靠性强，且作业量和作业经费少的要求。GNSS网的布设按网的构成形式，可分为星形网、点连式网、边连式网及网连式网。按其作业方式，可分为同步作业方式网、基准站(作业时始终保持静止的仪器站称为基准站)同步作业方式网和快速定位作业方式。下面按照布网的形状，逐一讨论各种构网方式的优劣，由此获得GNSS网形设计的一般原则。

1)星形网

星形网的图形如图2.5所示。这种网形在作业中只需要两台GNSS接收机，作业简单，是一种快速定位作业方式，常用在快速静态定位和准动态定位中。但是，由于各基线之间不构成任何闭合图形，因此，其抗粗差的能力非常差。一般只用在工程测量、边界测量、地籍测量及碎部测量等精度要求较低的测量中。

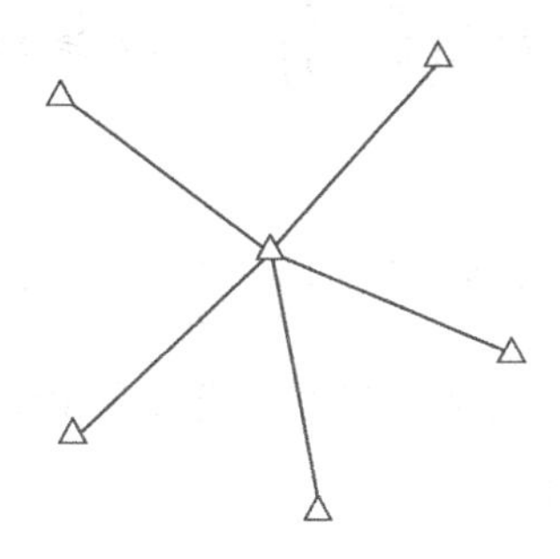

图2.5 星形网的图形

2)点连式网

所谓点连式网，就是相邻同步图形间仅由一个公共点连接成的网。点连式网的图形如图2.6所示。

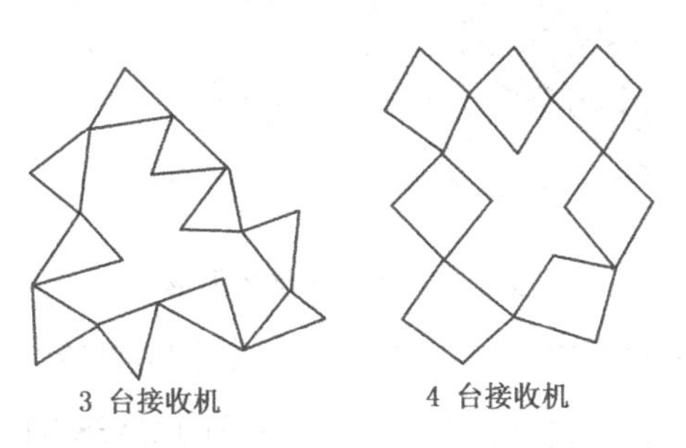

图2.6 点连式网的图形

任一个由 m 个点组成的网，由 T 台接收机观测，则完成该网至少要 n 个同步图形，即

$$n = 1 + INT\left(\frac{m - T}{T - 1}\right) \tag{2.34}$$

例如，当 $m=30$ 时，采用 3,4,5 台接收机最少同步图形分别为 15,10,8。网的必要观测基线数为 $m-1$，而网中 n 个同步图形总共有 $n\times(T-1)$ 条独立基线。

显然，以这种方式布网，没有或仅有少量的异步图形闭合条件。因此，所构成的网形抗粗差能力仍不强，特别是粗差定位能力差，网的几何强度也较弱。在这种网的布设中，可在 n 个同步图形的基础上，再加测几个时段，增加网的异步图形闭合条件的个数，从而提高网的几何强度，使网的可靠性得到改善。

3）边连式网

边连式布网方法是指相邻同步图形之间通过两个公共点相连，即同步图形由 1 条公共基线连接。

任一个由 m 个点构成的网，若用 T 台（$T\geqslant3$）接收机采用边连式布网方法进行观测，则完成该测量任务的最少同步图形个数 n 为

$$n = 1 + INT\left(\frac{m - T}{T - 2}\right) \quad (T \geqslant 3) \tag{2.35}$$

相应观测获得的总基线数为

$$n \times (T - 1) \cdot \frac{T}{2} \tag{2.36}$$

式中，独立基线数为 $n\times(T-1)$，而网的多余观测基线数为 $n\times(T-1)-(m-1)$。

边连式网的图形如图 2.7 所示。

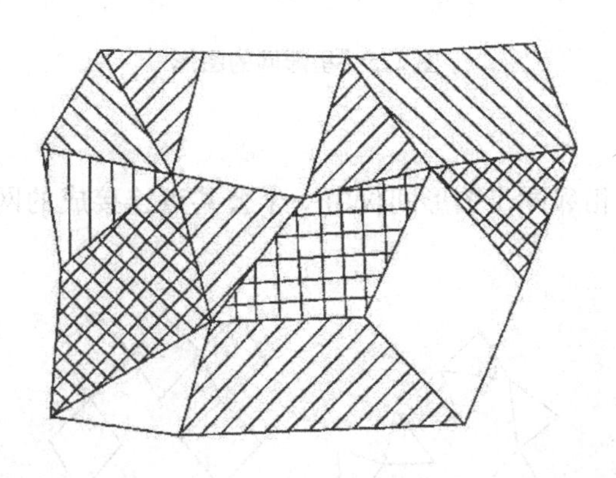

图 2.7　边连式网的图形

比较边连式与点连式布网方法可知，采用边连式布网方法有较多的非同步图形闭合条件，以及大量的重复基线边，因此，用边连式布网方式布设的 GNSS 网的几何强度较高，具有良好的自检能力，能有效发现测量中的粗差，具有较高的可靠性。

4)网连式网

所谓网连式布网方法,是指相邻同步图形之间有两个以上公共点相连接,相邻同步图形之间存在相互重叠的部分,即某一同步图形的一部分是另一同步图形中的一部分。

这种布网方式通常需要4台或更多的 GNSS 接收机。这种密集的布网方法,其几何强度和可靠性指标是相当高的,但其观测工作量以及作业经费均较高,仅适用于网点精度要求高的测量任务。

知识点3: GNSS 控制网网形设计的一般原则

由各种构网方式可知,在 GNSS 作业前,应设计出一种较实用的既能满足一定精度和可靠性要求又有较高经济指标的布网作业计划。这就是 GNSS 网的优化设计问题,本章将就此问题给予专门讨论。在此仅给出网形设计的一般原则:

①GNSS 网中不应存在自由基线。所谓自由基线,是指不构成闭合图形的基线,由于自由基线不具备发现粗差的能力,因而必须避免出现。也就是说,GNSS 网一般应通过独立基线构成闭合图形。

②GNSS 网的闭合条件中基线数不可过多。网中各点最好有3条或更多基线分支,以保证检核条件,提高网的可靠性,使网的精度、可靠性较均匀。

③GNSS 网应以“每个点至少独立设站观测两次”的原则布网。这样,由不同数量接收机测量构成的网的精度和可靠性指标比较接近。

④为了实现 GNSS 网与地面网之间的坐标转换,GNSS 网至少应与地面网有两个重合点。研究和实践表明,应有3~5个精度较高、分布均匀的地面点作为 GPS 网的一部分,以便 GPS 成果较好地转换至地面网中。同时,还应与相当数量的地面水准点重合,以提供大地水准面的研究资料,实现 GNSS 大地高向正常高的转换。

⑤为了便于观测,GNSS 点应选择在交通便利、视野开阔、容易到达的地方。尽管 GPS 网的观测不需要考虑通视的问题,但为了便于用经典方法扩展,单点至少应与网中另一点通视。

知识点4: GPS 控制网的优化设计

1)GPS 控制网的优化设计

控制网的优化设计是在限定精度、可靠性和费用等质量标准下,寻求网设计的最佳极值。经典控制网优化设计包括零类设计(基准问题)、一类设计(图形问题)、二类设计(观测权问题)、三类设计(加密问题)。

与经典控制网相似,GPS 网的设计也存在优化的问题。但是,由于 GPS 测量无论是在测量方式上,还是在构网方式上均完全不同于经典控制测量,因此其优化设计的内容也不同于经典优化设计。

2)GPS 测量的特点以及优化设计的内容

(1)GPS 测量的特点

GPS 相对定位测量是若干台 GPS 接收机同时对天空卫星进行观测,从而获得接收机间的基线向量,因此各点之间不需通视。另外,在 GPS 测量中,当整周模糊度确定之后,观测量的权不再随观测时间增长而显著提高,因此经典控制网观测权的优化设计在 GPS 测量中不再具有显著的意义。

GPS 网是一种非层次结构,可一次扩展到所需的密度。网的精度不受网点所构成的几何图形的影响,即其精度与网中各点的坐标及边与边之间的角度无关,而只与网中各点所发出的基线数目及基线的权阵有关,这可从 GPS 网的平差数学模型中看出。因此,经典控制网的一类优化设计(网的几何图形设计)在 GPS 网中成为网形结构设计。

经典控制网的必要起算数据包括一点的坐标(用于网的定位)、一条边的方位(用于网的定向)和一条边的长度(用于确定网的尺度)。GPS 网的观测量——基线向量本身已包含尺度和方位信息,因此理论上只需要一个点的坐标对网进行定位。但是,考虑 GPS 观测量的尺度因子受卫星轨道误差影响较大,而且与地面网的尺度因子之间存在匹配问题,往往需提供一些边长基准,但这并不是必要基准,而是削弱系统误差所采用的措施。

经典控制网中,误差具有累积性,网中各边的相对精度和方位精度不均匀,而 GPS 网中的基线向量均含有长度和方位观测量,不存在误差传递与积累问题,因此,网的精度比较均匀,各边的方位和边长的相对精度基本上在同一数量级。

(2)GPS 网优化设计的内容

GPS 网不同于经典控制网的所有特点,决定了 GPS 网的优化设计不同于经典控制网的优化设计。

由 GPS 测量的特点分析可知,GPS 网需要一个点的坐标为定位基准,而此点的精度高低直接影响网中各基线向量的精度和网的最终精度。同时,由于 GPS 网的尺度含有系统误差以及与地面网的尺度匹配问题,因此有必要提供精度较高的外部尺度基准。

GPS 网的精度与网的几何图形结构无关,且与观测权相关甚小,而影响精度的主要方面是网中各点发出基线的数目及基线的权阵。有学者提出了 GPS 网形结构强度优化设计的概念,讨论增加的基线数目、时段数、点数对 GPS 网的精度、可靠性、经济效益的影响。同时,经典控制网中的 3 类优化设计,即网的加密和改进问题,对于 GPS 网来说,也就意味着网中增加一些点和观测基线,故仍可将其归结为对图形结构强度的优化设计。

综上所述,GPS 网的优化设计主要归结为两类内容的设计:

①GPS 网基准的优化设计。

②GPS 网图形结构强度的优化设计,包括网的精度设计、网的抗粗差能力的可靠性设计

和网发现系统差能力的强度设计。

知识点5：GPS网基准的优化设计

经典控制网的基准优化设计是选择一个外部配置，使 QXX 达到一定的要求，而GPS网的基准优化设计主要是对坐标未知参数 X 进行设计。基准选取得不同将会对网的精度产生直接影响，其中包括GPS网基线向量解中位置基准的选择，以及GPS网转换到地方坐标系所需的基准设计。另外，由于GPS尺度往往存在系统误差，因此也应提出对GPS尺度基准的优化设计。

1）GPS网位置基准的优化设计

研究表明，GPS基线向量解算中作为位置基准的固定点误差是引起基线误差的一个重要因素。使用测量时，获得的单点定位值作为起算坐标，由于其误差可达数十米以上，故选用不同点的单点定位坐标值作为固定点时，引起的基线向量差可达数厘米，因此必须对网的位置基准进行优化设计。

对位置基准的优化可采用以下方案：

①若网中点具有较准确的国家坐标系或地方坐标系坐标，可通过它们所属坐标系与WGS-84坐标系的转换参数求得该点的WGS-84系坐标，把它作为GPS网的固定位置基准。

②若网中某点是Doppler点或SLR站，其定位精度较GPS伪距单点定位高得多，可将其联至GPS网中作为一点或多点基准。

③若网中无任何其他类已知起算数据，可将网中一点多次GPS观测的伪距坐标作为网的位置基准。

2）GPS网的尺度基准优化设计

尽管GPS观测量本身已含有尺度信息，但因GPS网的尺度含有系统误差，故还需要提供外部尺度基准。

GPS网的尺度系统误差有两个特点：一是随时间变化，由于美国政府的SA政策，使广播星历误差大大增加，从而给基线带来较大的尺度误差；二是随区域变化，由区域重力场模型不准确引起的重力摄动所造成。因此，如何有效地降低或消除这种尺度误差，提供可靠的尺度基准就是尺度基准优化问题。其优化有以下两种方案：

①提供外部尺度基准。对边长小于50 km的GPS网，可用较高精度的测距仪（10^{-6} 或更高）施测2～3条基线边，作为整网的尺度基准；对大型长基线网，可采用SLR站的相对定位观测值和VLBI基线作为GPS网的尺度基准。

②提供内部尺度基准。在无法提供外部尺度基准的情况下，仍可采用GPS观测值作为尺度基准，只是对作为尺度基准的观测量提出一些不同要求。其尺度基准设计如图2.8所示。

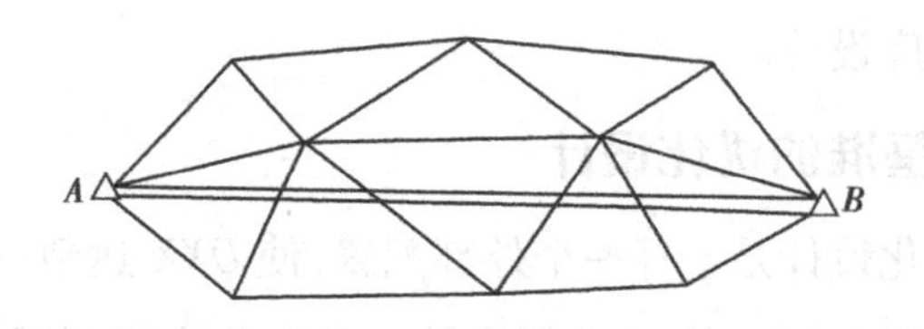

图 2.8　GPS 网尺度基准设计

在网中选一条长基线,对该基线尽可能多地长时间、多次观测,最后取多次观测段所得的基线的平均值,以其边长作为网的尺度基准。由于它是不同时期的平均值,尺度误差可以抵消,其精度要比网中其他短基线高得多,因此可作为尺度基准。

上述讨论了 GPS 基线向量解算中位置基准及 GPS 尺度基准的选择与优化问题。此外,将 GPS 成果转换到地面实用坐标系中,还存在一个转换基准的选择问题,将在后面章节详细讨论。

知识点 6: GPS 网的精度设计

精度是用来衡量网的坐标参数估值受偶然误差影响程度的指标。网的精度设计是根据偶然误差传播规律,按照一定的精度设计方法,分析网中各未知点平差后预期能达到的精度。这也常被称为网的统计强度设计与分析。一般常用坐标的方差-协方差阵来分析,也常用误差椭圆(球)和相对误差椭圆(球)来描述坐标点的精度情况,或用点之间方位、距离和角度的标准差来定义。

对 GPS 网的精度要求,较为通行的方法是用网中点间距离的误差来表示。其形式为

$$\sigma = \sqrt{a^2 + (b \cdot d)^2} \tag{2.37}$$

式中　σ——网中点之间距离的标准差,mm;

a——固定误差,mm;

b——比例误差系数,10^{-6};

d——两点之间的距离,km。

我国颁发的《全球定位系统(GPS)测量规范》(GB/T 18314—2009),根据网的不同用途,将 GPS 网划分成 5 个等级。其相应的精度列于表 2.1。

表 2.1　GPS 网的等级划分

级　别	固定误差 a/mm	比例误差 $b/10^{-6}$
AA	≤3	≤0.01
A	≤5	≤0.1
B	≤8	≤1
C	≤10	≤5
D	≤10	≤10
E	≤10	≤20

对许多大地网、工程控制网仅有点之间距离的相对精度要求还不够，通常以网中各点点位精度，或网的平均点位精度作为表征网精度的特征指标，这种精度指标可由网中点的坐标之方差-协方差阵构成描述精度的纯量精度标准和准则矩阵来实现。纯量精度标准是选择一个描述全网总体精度的一个不变量，作出不同选择时，便构成了不同的纯量精度标准，并用其来建立优化设计的精度目标函数。准则矩阵是将网中点的坐标方差-协方差阵构造成具有理想结构的矩阵，它代表了网的最佳精度分布，具有更细致描述网的精度结构的控制标准。但是，对GPS测量，如前所述，GPS测量精度与网的点位坐标无关，与观测时间无明显的相关性（整周模糊度一旦被确定后），GPS网平差的法方程只与点间的基线数目有关，且基线向量的3个坐标差分量之间又是相关的，因此，很难从数学和实际应用的角度出发建立使未知数的协因数阵逼近理想的准则矩阵。

目前，较为可行的方法是给出坐标的协因数阵的某种纯量精度标准函数。

设GPS网有误差方程

$$\begin{cases} \underset{3m\times1}{\boldsymbol{V}} = \underset{3m\times n}{\boldsymbol{A}} \ \underset{n\times1}{\boldsymbol{X}} + \underset{3m\times1}{\boldsymbol{I}} \\ \boldsymbol{D}_u = \sigma_0^2 \boldsymbol{P}^{-1} \end{cases} \tag{2.38}$$

式中　$\boldsymbol{I},\boldsymbol{V}$——观测向量和改正向量；

$\boldsymbol{X}$——坐标未知参数向量；

$\boldsymbol{P}$——观测值权阵；

${\sigma_0}^2$——先验方差因子（在设计阶段取${\sigma_0}^2=1$）

由最小二乘可得参数估值及其协因数阵为

$$\left.\begin{aligned} \boldsymbol{X} &= (\boldsymbol{A}^{\mathrm{T}}\boldsymbol{P}\boldsymbol{A})^{-1}\boldsymbol{A}^{\mathrm{T}}\boldsymbol{P}\boldsymbol{I} \\ \boldsymbol{Q}_X &= (\boldsymbol{A}^{\mathrm{T}}\boldsymbol{P}\boldsymbol{A})^{-1} \end{aligned}\right\} \tag{2.39}$$

优化设计中常用的纯量精度标准，根据其由$\boldsymbol{QX}$构成的函数形式的不同分为4类不同的最优纯量精度标准函数。

①A最优性标准

$$f = \mathrm{Trace}(\boldsymbol{Q}_X) = \lambda_1 + \lambda_2 + \cdots + \lambda_t \to \min$$

Trace表示迹，$\lambda_1,\lambda_2,\cdots,\lambda_t$为$\boldsymbol{Q}_X$的非零特征值。

②D最优性标准

$$f = \mathrm{Det}(\boldsymbol{Q}_X) = \lambda_1 \cdot \lambda_2 \cdot \cdots \cdot \lambda_t \to \min$$

Det表示行列式之值。

③E最优性标准

$$f = \lambda_{\max} \to \min$$

$\lambda_{\max}$为$\boldsymbol{Q}_X$的最大特征值。

④C 最优性标准

$$f = \frac{\lambda_{\max}}{\lambda_{\min}} \rightarrow \min$$

在以上 4 个纯量精度最优性函数标准中，C,D,E 3 个标准需要求行列式和特征值，而对高阶矩阵这些值的计算都是较困难的，因此，在实际中较少应用，多用于理论研究。相反，A 最优性标准函数求的是 Q_X 的迹，计算简便，避免了特征值的计算，实际中应用较多。

实际应用中，还可根据工程对网的具体要求，将 A 最优性标准变形为

$$f = \mathrm{Trace}(Q_X) \leqslant C \tag{2.40}$$

对 GPS 进行网形设计，必须考虑精度要求。GPS 网精度设计可按以下步骤进行：

①首先根据布网目的，在图上进行选点，然后到野外踏勘选点，以保证所选点满足本次控制测量任务要求和野外观测应具备的条件，进而在图上获得要施测点位的概略坐标。

②根据本次 GPS 控制测量使用的接收机台数 m，选取($m-1$)条独立基线设计网的观测图形，并选定网中可能追加施测的基线。

③根据本次控制测量的精度要求，采用解析-模拟方法，依据精度设计模型，计算网可达到的精度数值。

④逐步增减网中独立观测基线，直至精度数值达到网的精度指标，并获得最终网形及施测方案。

例 2.1 对一个由 8 个点组成的 GPS 模拟网进行精度设计。该 8 个点的概略大地坐标由图上量出列于表 2.2，点位及网形如图 2.9 所示。

表 2.2 GPS 模拟网坐标值

点 号	纬 度/(°)	经度/(°)	大地高/m
1	36.16	112.30	100.00
2	36.11	112.30	80.00
3	36.16	112.34	120.00
4	36.14	112.32	150.00
5	36.14	112.36	120.00
6	36.11	112.34	100.00
7	36.16	112.38	200.00
8	36.11	112.38	110.00

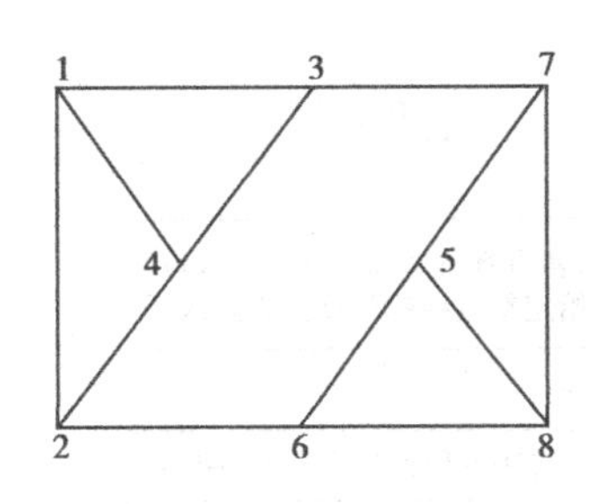

图 2.9　GPS 模拟网

解　在图 2.9 中,独立基线为 1—2,1—3,1—4,2—4,2—6,3—4,3—7,5—6,5—7,5—8,6—8,7—8,共 12 条。

假定单位权方差因子 $\sigma_0{}^2=1$,以 1 号点作为基准点,设计后的平均点位误差要求为 2.2 cm(即 $C=2.2$ cm)。

设 GPS 接收机测量基线边长、方位和高差的精度见表 2.3。

表 2.3　基线边长、方位和高差精度表

	固定误差	比例误差
D(边长)	5 mm	1×10^{-6}
A(方位)	3″	1″
H(高差)	10 mm	2×10^{-6}

根据图 2.10 独立基线构成的 GPS 网形结构,求出网的协因数阵 $\boldsymbol{Q}_X$,再求出网的平均协因数值 Trace($\boldsymbol{Q}_X$),进而求出网的平均点位误差 $m^2=\sigma_0^2\cdot\sqrt{\text{Trace}(\boldsymbol{Q}_X)}$,为 2.9 cm,未达到设计精度要求。

网中增加新的基线,并重新计算协因数阵及平均点位误差,见表 2.4。

表 2.4　基线平均点位误差

增加基线	达到的平均点位误差/cm
4—6	2.5
3—5	2.3
4—5	2.2

由计算结果可知,只要加测 3—5,4—6 和 4—5 三条基线后,即可达到设计精度要求,因此,最终设计图形及需测的独立基线如图 2.10 所示。

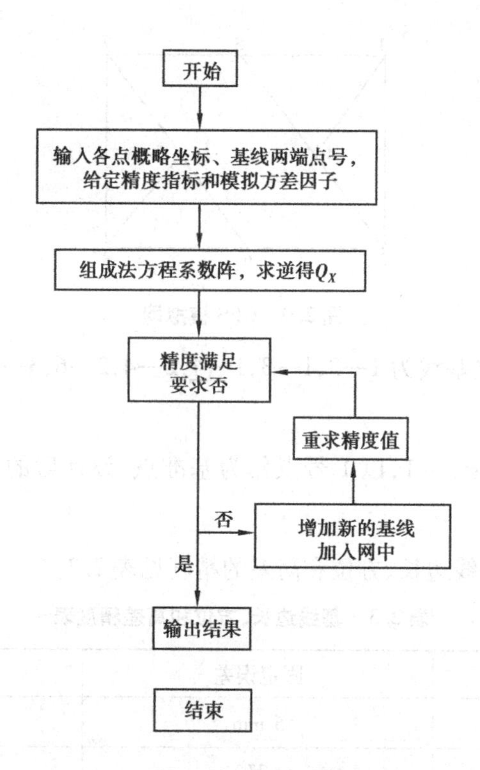

图 2.10　增加新基线后的 GPS 模拟网

任务2.3　GNSS野外数据采集

🕮 学习目标

1. 熟练掌握GPS接收机的使用方法，外业观测的记录要求，以及选点、埋石的要求。
2. 合理分配时段，掌握星历预报对时段的要求，PDOP值的大小对观测精度的影响，以及图形结构的设计及外业工作。
3. 了解GPS测量技术总结报告的内容及需要提交的成果资料。

🕮 任务描述

1. 根据GPS设计书，现场勘查，进行选点、埋设。
2. 做好点之记，设计观测图形。
3. 利用GNSS接收机进行外业数据采集，做好GNSS测量记录表。
4. 检查数据质量，符合GNSS静态数据规范要求。

🕮 实施步骤

1. 控制测量资料包括成果表、点之记、展点图、路线图、计算说明及技术总结等。收集资料时，要查明施测年代、作业单位、依据规范、坐标系统和高程基准、施测等级和成果的精度评定。
2. 收集的地形图资料包括测区范围内及周边地区各种比例尺地形图和专业用图，主要查明地图的比例尺、施测年代、作业单位、依据规范、坐标系统、高程系统和成图质量等。
3. 如果收集到的控制资料的坐标系统、高程系统不一致，则应收集、整理这些不同系统间的换算关系。
4. 收集有关GPS测量定位的技术要求。
5. 选点、埋石、制作点之记图，并填写点之记表格。
6. 完成工作任务单。

评价单

学生自评表

班级：	姓名：		学号：
任　务	GNSS 野外数据采集		
评价项目	评价标准	分值	得分
GPS 网形设计	1. 准确;2. 不准确	20	
GPS 选点、埋设、点之记	1. 完成;2. 未完成	10	
GNSS 数据采集	1. 完成;2. 未完成	10	
精度分析	1. 准确,2. 不准确	20	
工作态度	态度端正,无缺勤、迟到、早退现象	10	
工作质量	能按计划完成工作任务	10	
协调能力	与小组成员、同学之间能合作交流,协调工作	10	
职业素质	能做到细心、严谨	5	
创新意识	主动阅读标准、规范,数据处理准确无误	5	
合　计		100	

学生互评表

任　务	GNSS 野外数据采集														
评价项目	分值	等　级								评价对象(组别)					
										1	2	3	4	5	6
计划合理	10	优	10	良	9	中	7	差	6						
团队合作	10	优	10	良	9	中	7	差	6						
组织有序	10	优	10	良	9	中	7	差	6						
工作质量	20	优	20	良	18	中	14	差	12						
工作效率	10	优	10	良	9	中	7	差	6						
工作完整	10	优	10	良	9	中	7	差	6						
工作规范	10	优	10	良	9	中	7	差	6						
成果展示	20	优	20	良	18	中	14	差	12						
合　计	100														

教师评价表

<table>
<tr><td colspan="6">班级：　　　　　　　　姓名：　　　　　　　　学号：</td></tr>
<tr><td colspan="2">任　务</td><td colspan="4">GNSS 野外数据采集</td></tr>
<tr><td colspan="2">评价项目</td><td>评价标准</td><td>分值</td><td colspan="2">得分</td></tr>
<tr><td colspan="2">考勤(10%)</td><td>无迟到、早退、旷课现象</td><td>10</td><td colspan="2"></td></tr>
<tr><td rowspan="7">工作过程(60%)</td><td>GPS 网形设计</td><td>1. 准确;2. 不准确</td><td>15</td><td colspan="2"></td></tr>
<tr><td>GPS 选点、埋设、点之记</td><td>1. 完成;2. 未完成</td><td>10</td><td colspan="2"></td></tr>
<tr><td>GNSS 数据采集</td><td>1. 完成;2. 未完成</td><td>10</td><td colspan="2"></td></tr>
<tr><td>精度分析</td><td>1. 准确;2. 不准确</td><td>10</td><td colspan="2"></td></tr>
<tr><td>工作态度</td><td>态度端正,工作认真、主动</td><td>5</td><td colspan="2"></td></tr>
<tr><td>协调能力</td><td>能按计划完成工作任务</td><td>5</td><td colspan="2"></td></tr>
<tr><td>职业素质</td><td>与小组成员、同学之间能合作交流,协调工作</td><td>5</td><td colspan="2"></td></tr>
<tr><td rowspan="4">项目成果(30%)</td><td>工作完整</td><td>能按时完成任务</td><td>5</td><td colspan="2"></td></tr>
<tr><td>操作规范</td><td>能按规范要求操作接收机</td><td>5</td><td colspan="2"></td></tr>
<tr><td>数据处理结果</td><td>能正确处理数据,结果准确</td><td>15</td><td colspan="2"></td></tr>
<tr><td>成果展示</td><td>能准确表达、汇报工作成果</td><td>5</td><td colspan="2"></td></tr>
<tr><td colspan="3">合　计</td><td>100</td><td colspan="2"></td></tr>
<tr><td colspan="2" rowspan="2">综合评价</td><td>学生自评(20%)</td><td>小组互评(30%)</td><td>教师评价(50%)</td><td>综合得分</td></tr>
<tr><td></td><td></td><td></td><td></td></tr>
</table>

子任务 2.3.1 GNSS 选点、埋石以及接收机检查

知识点 1：选点与埋设标志原则与注意事项

进行 GPS 控制测量，应在野外进行控制点的选点与埋设。由于 GPS 观测是通过接收天空卫星信号实现定位测量，一般不要求观测站之间相互通视，同时 GPS 观测精度主要受观测卫星的几何状况的影响，与地面点构成的几何状况无关。因此，网的图形选择也较灵活，选点工作较常规控制测量简单方便。GPS 点位的适当选择，对保证整个测绘工作的顺利进行具有重要的影响。因此，应根据本次控制测量服务的目的、精度、密度要求，在充分收集和了解测区范围、地理情况以及原有控制点的精度、分布和保存情况的基础上，进行 GPS 点位的选定与布设。在 GPS 点位的选点工作中，一般应注意以下 7 点：

①点位应依测量目的布设。例如，测绘地形图，点位分布应尽量均匀；道路测量点位应为带状对点；隧道控制点应主要分布在洞口；滑坡监测控制点应沿滑坡主滑线布设。

②应便于和其他测量手段联测和扩展，最好能与相邻 1 ~ 2 个点通视。

③点应选在交通方便、便于到达的地方，便于安置接收设备。视野开阔，视场内周围障碍物的高度角一般应小于 15°。

④点位应远离大功率无线电发射源和高压输电线，以避免周围磁场对 GPS 信号的干扰。

⑤点位附近不应有对电磁波反射强烈的物体。例如，大面积水域、镜面建筑物等，以减弱多路径效应的影响。

⑥点位应选在地面基础坚固的地方，以便于保存。

⑦点位选定后，均应按规定绘制点之记。其主要内容应包括点位及点位略图、点位交通情况和选点情况等。

全部选点工作结束后，还应绘制 GPS 网选点图，并编写选点工作总结。

为了 GPS 控制测量成果的长期利用，GPS 控制点一般应设置具有中心标志的标石，以精确标示点位，点位标石和标志必须稳定、坚固，以便点位的长期保存。对各种变形监测网，则更应建立便于长期保存的标志。为了提高 GPS 测量的精度，可埋设带有强制归心装置的观测墩。GPS 网点的标石类型及其使用范围见表 2.5。关于各种标石的构造可参见有关文献和规范。

表2.5 GPS标石类型

类别	基岩标石	基本标石	普通标石
形式	基岩天线墩 基岩标石 一般基岩标石 土层天线墩	岩层天线墩 岩层基本标石 冻土基本标石 沙丘基本标石	一般标石 岩层标石 建筑物上标石
适用级别	AA,A	A或B	B—E

知识点2：GPS接收机的检验内容与方法

为了保证观测的成果正确可靠，每次观测前应对GPS接收机进行一定的检验，而且每隔一段时间，特别是新购置的GPS接收机，均应对GPS接收机进行全面检定。接收机全面检定的内容主要包括以下部分：

1)一般性检视

一般性检视主要检查接收机主机和天线外观是否良好，主机和附件是否齐全、完好，紧固部件是否松动与脱落。

2)通电检视

通电检视主要检查GPS接收机与电源正确连通后，信号灯、按键、显示系统和仪器工作是否正常，开机后自检系统工作是否正常。自检完成后，按操作步骤进行卫星的捕获与跟踪，以检验捕获锁定卫星时间的快慢、接收信号的信噪比及信号失锁情况等。

3)GPS接收机内部噪声水平测试

接收机的内部噪声主要是由接收机硬件不完善(如钟差、信号通道时延、延迟锁相环误差及机内噪声)所引起的。测试方法有零基线测试和超短基线测试两种。

(1)零基线测试法

采用如图2.11所示的功率分配器，首先将同一天线接收的GPS卫星信号分成功率、相位相同的两路或多路信号，分别送到不同的GPS接收机中，然后利用相对定位原理，根据接收机的观测数据解算相应的基线向量，即三维坐标差。

因这种方法可消除卫星几何图形、卫星轨道偏差、大气折射误差、天线相位中心偏差、信号多路径效应误差及仪器对中误差等影响，故是检验接收机内部噪声的一种可靠方法。

理论上，所解算的基线向量的三维坐标差应为零，故称零基线测试法。

测试时，首先要求两台接收机同步接收4颗以上的卫星信号1.5 h，然后交换接收机，再观测一个时段。三维坐标差及其误差应小于1 mm。在这项检验中，功率分配器的质量对保障接

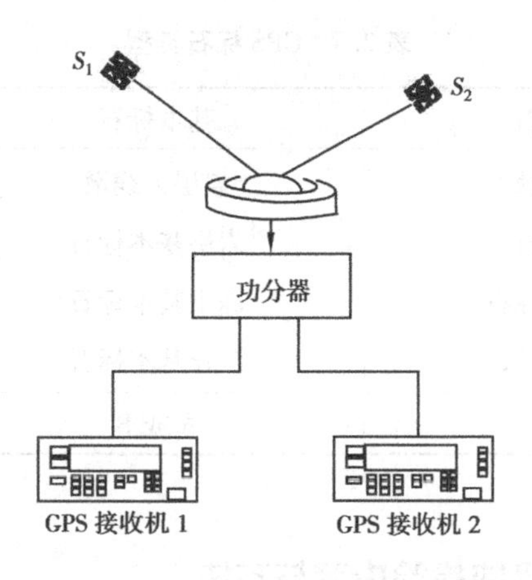

图 2.11 零基线检验

收机内部噪声水平检验的可靠性是极其重要的。

(2)超短基线检验法

在地势平坦,对空视野开阔,无强电磁波干扰及地面反射较小的地区,布设长度为 5 ~ 10 m 的基线,将其长度用其他测量仪器精确测得。检验时,两台接收机天线分别安置在此基线的两端,天线应严格对中、整平,天线定向标志指北,同步观测 1.5 h 解算求得的基线值与已知基线长度之差应小于仪器的固定误差。

由于检验基线很短,故观测数据通过差分处理后,可有效消除各项外界因素影响。因此,测量基线与已知基线之差主要反映接收机的内部噪声水平。

(3)天线相位中心稳定性检验

天线相位中心稳定性是指天线在不同方位下的实际相位中心位置与厂家提供的天线几何中心位置的一致性。通常采用相对定位法,在超短基线上进行测试。

这一方法的基本步骤为:首先将 GPS 接收机天线分别安置在超短基线端点上,天线定向指北,经精确对中、整平后,观测 1.5 h;然后固定一个天线不动,将其他天线依次旋转 90°, 180°,270°,再测 3 个时段;最后再将固定不动的天线,相对其他任意一天线,依次旋转 90°, 180°,270°,再测 3 个时段。利用相对定位原理,分别求出各时段基线值,其互差值一般不应超过厂家给出的固定误差的 2 倍。

(4)GPS 接收机精度指标测试

在已知精确边长的标准检定场上进行此项检验,将需要检定的仪器天线精确安置在已知基线端点,天线对中误差小于 1 mm,天线指向北,天线高量至 1 mm。进行观测后,测得的基线值与已知标准基线的较差应小于仪器标称中误差 σ。

另外,应对接收机有关附件进行检验,如气象仪表(气压表、通风干湿表)的检验,天线底座水准器和光学对中器的检验与校正,电池电容量、电缆及接头是否完好配套,充电器功能的检验,以及天线高量尺是否完好及尺长精度检验等。

GPS 接收机是精密的电子仪器,要根据有关规定定期对一些主要项目进行检验,确保能获取可靠的高精度观测数据。

知识点3：GPS 卫星预报与观测调度计划

GPS 野外观测工作主要是接收 GPS 卫星信号数据,GPS 观测精度与所接收信号的卫星几何分布及所观测的卫星数目密切相关,而作业的效率与所选用的接收机的数目、观测的时间、观测的顺序密切相关。因此,在进行 GPS 外业观测之前,要拟订观测调度计划,这对于保证观测工作的顺利完成、保障观测成果的精度及提高作业效率是极其重要的。

制订观测计划前,首先进行可见 GPS 卫星预报,预报可利用厂家提供的商用软件,输入近期的概略星历(不超过 30 d)和测区的概略坐标及其观测时间,可获得如图 2.12 所示的可见 GPS 卫星数和 PDOP(空间位置精度因子)变化图。

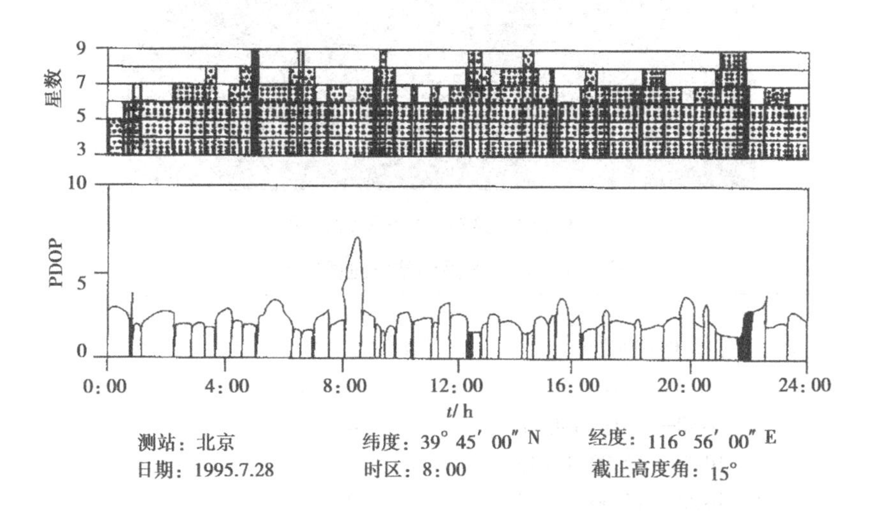

图 2.12　可见卫星数 PDOP 变化图

由图 2.12 可知,全天任何时候均可至少同时观测到 5 颗卫星,并且高度角均大于 15°,而卫星的几何图形强度 PDOP 随时间不同而变化,在 8:00—9:00,PDOP 值接近 8。PDOP 的大小直接影响观测精度,无论是绝对定位或相对定位,其值均应不超过一定要求。表 2.6 列出不同精度等级的网观测时 PDOP 值的限值。可知,当进行 A,B,C 等级网观测时,对应图 2.10 的例子而言,应避开 8:00—9:00 这一时间段。可根据卫星预报,选择最佳观测时段。

表 2.6　PDOP 的限值

网的精度级别	AA	A	B	C	D	E
PDOP 限值	≤4	≤4	≤6	≤8	≤10	≤10

最佳观测时间确定后,还应在观测之前根据 GPS 网的点位、交通条件编制观测调度计划,按计划对各作业组进行调度。

案例分析：对图 2.13 中某 GNSS 网进行观测。采用 3 台 GNSS 接收机按静态相对定位模式作业，每天观测 3 个时段，每个时段观测 1.5 h。按此计划共观测 4 d，11 个时段，共设测站 33 个，除 6 号点设站 3 次外，其余各点都设站 2 次，具体调度计划参见表 2.7。在作业中，还可根据实际情况适当调整调度计划。

图 2.13　某市 GNSS 网设计图

表 2.7　某 GPS 网测站作业调度计划

日期	时间及时段	接收机号		
		1	2	3
9 月 1 日	8:30—10:00 A 时段	4	1	2
	10:30—12:00 B 时段	7	3	2
	14:00—15:30 C 时段	7	6	1
9 月 2 日	8:30—10:00 A 时段	5	6	4
	11:00—12:30 B 时段	9	6	8
	14:30—16:00 C 时段	9	10	13
9 月 3 日	9:00—10:30 A 时段	3	10	14
	13:30—15:00 B 时段	16	15	14
	16:00—17:30 C 时段	16	12	13
9 月 4 日	8:30—10:00 A 时段	11	12	8
	13:00—14:30 B 时段	11	15	5
	15:30—17:00 C 时段	9	10	13

知识点4：GNSS 外业观测工作

外业观测工作包括天线安置、观测作业、观测记录及观测数据检查等。

1）天线安置

天线精确安置是实现精确定位的重要条件之一。因此，要求天线尽量利用三脚架安置在标志中心的垂线方向上直接对中观测。一般最好不要进行偏心观测。对有观测墩的强制对中点，应将天线直接强制对中到中心。

对天线进行整平，使基座上的圆水准气泡居中。天线定向标志线指向正北，定向误差不大于±5°。

天线安置后，应在各观测时段前后，各量测天线高一次。两次测量结果之差应不超过 3 mm，并取其平均值。

天线高指的是天线相位中心至地面标志中心之间的垂直距离，而天线相位中心至天线底面之间的距离在天线内部无法直接测定，因其是一个固定常数，通常由厂家直接给出，天线底面至地面标志中心的高度可直接测定，两部分之和为天线高。

对有觇标、钢标的标志点，安置天线时应将觇标顶部拆除，以防止 GPS 信号的遮挡，也可采用偏心观测，归心元素应精确测定。

2）观测作业

GPS 定位观测主要是利用接收机跟踪接收卫星信号，储存信号数据，并通过对信号数据的处理获得定位信息。

利用 GPS 接收机作业的具体操作步骤和方法，随接收机的类型和作业模式不同而有所差异。总体而言，GPS 接收机作业的自动化程度很高，随着其设备软硬件的不断改善发展，性能和自动化程度将进一步提高，需要人工干预的地方越来越少，作业将变得越来越简单。尽管如此，作业时仍需注意：

①首先使用某种接收机前，应认真阅读操作手册。作业时，应严格按操作要求进行。

②在启动接收机之前，首先应通过电缆将外接电源和天线连接到接收机专门接口上，并确认各项连接准确无误。

③为确保在同一时间段内获得相同卫星的信号数据，各接收机应按观测计划规定的时间作业，且各接收机应具有相同获取信号数据的时间间隔（采样间隔）。

④接收机跟踪锁住卫星，开始记录数据后，如果能够查看，作业员应注意查看有关观测卫星数量、相位测量残差、实时定位结果及其变化和存储介质的记录情况。

⑤在一个观测时段中，一般不得关闭并重新启动接收机；不准改变卫星高度角限值、数据采样间隔及天线高的参数值。

⑥在出测前，应认真检查电源电量是否饱满。作业时，应注意供电情况，一旦听到低电压报警要及时更换电池，否则可能会造成观测数据被破坏或丢失。

⑦在进行长距离或高精度 GPS 测量时，应在观测前后测量气象元素，如观测时间长，还应在观测中间加测气象元素。

⑧每日观测结束后，应及时将接收机内存中的数据传输到计算机中，并保存在软、硬盘中，同时还需检查数据是否正确完整，当确定数据无误地记录保存后，应及时清除接收机内存中的数据，以确保下次观测数据的记录有足够的存储空间。

3)观测记录

GPS 接收机获取的卫星信号由接收机内置的存储介质记录,其中包括:载波相位观测值及相应的观测历元,伪距观测值,相应的 GPS 时间、GPS 卫星星历及卫星钟差参数,以及测站信息与单点定位近似坐标值。

表 2.8 GPS 测量记录格式

<table>
<tr><td colspan="2">点号</td><td></td><td>点名</td><td></td><td>图幅</td><td></td></tr>
<tr><td colspan="2">观测员</td><td></td><td>记录员</td><td></td><td>观测月日/年积日</td><td></td></tr>
<tr><td colspan="2">接收设备</td><td></td><td>天气状况</td><td></td><td>近似位置</td><td></td></tr>
<tr><td colspan="2">接收机类型及号码</td><td></td><td>天气</td><td></td><td>纬度</td><td></td></tr>
<tr><td colspan="2">天线号码</td><td></td><td>风向</td><td></td><td>经度</td><td></td></tr>
<tr><td colspan="2">存储介质编号</td><td></td><td>风力</td><td></td><td>高程</td><td></td></tr>
<tr><td colspan="2" rowspan="4">天线高 /m</td><td>测前</td><td></td><td rowspan="2">观测时间</td><td>开始记录</td><td></td></tr>
<tr><td>测后</td><td></td><td>结束记录</td><td></td></tr>
<tr><td rowspan="2">平均值</td><td rowspan="2"></td><td colspan="2">总时段序号</td><td></td></tr>
<tr><td colspan="2">日时段序号</td><td></td></tr>
<tr><td colspan="4">气象元素</td><td colspan="3">观测记事</td></tr>
<tr><td>时间</td><td>气压/mbar</td><td>干温/℃</td><td>湿温/℃</td><td colspan="3" rowspan="5"></td></tr>
<tr><td></td><td></td><td></td><td></td></tr>
<tr><td></td><td></td><td></td><td></td></tr>
<tr><td></td><td></td><td></td><td></td></tr>
<tr><td></td><td></td><td></td><td></td></tr>
</table>

在观测场所,观测者还应填写观测手簿,其记录格式和内容见表 2.8。对测站间距离小于 10 km 的边长,可不必记录气象元素。为保证记录的准确性,必须在作业过程中及时填写,不得测后补记。

知识点 5:GPS 相对定位作业模式

由 GPS 误差分析可知,在 GPS 定位测量中多种误差均具有相关性。因此,为提高 GPS 定位的作业模式,即采用两台或两台以上的接收机分别置于不同点位,测定点之间的相对位置的定位方法。根据定位时采用的接收机硬件和软件及作业的时间等不同,相对定位可分为静态相对定位、快速静态相对定位、准动态相对定位及动态相对定位等模式。

1)静态相对定位

将两台或两台以上的 GPS 接收机设备分别安置在两个或数个点上,同步观测 4 颗及 4 颗以上相同的卫星,对卫星的观测应为连续的且必须持续一个时间段,从而实现相对定位。连续观测卫星的时间长短(即一个时段持续的时间)决定于测站间的距离和测量需达到的精度。一般观测时段为 1 ~2 h。当测站间距离不超过 5 km,相对定位精度为 10 mm+$2\times10^{-6}\times D$ mm,

观测时段可缩短到 45 min 左右。当测站间距离超过 30 km,或精度要求为 5 mm+$1\times10^{-6}\times D$ mm 或更高时,通常需观测 3 h 以上。单频 GPS 接收机测量的精度一般较双频接收机低,特别是当长距离相对定位时。

2)快速静态相对定位

这种定位方法与静态相对定位方法基本相同,差别仅仅是同步观测时间缩短,采用双频接收机只需同步观测 5 ~ 10 min,单频接收机则需观测 15 min 左右。作业时,将一台接收机相对固定在一个基准站,连续跟踪所有可见卫星,其他接收机依次在各待定点上观测数分钟,然后利用特制的快速进行相对定位的软件计算基线向量。

采用这种方法,测站间的距离一般应小于 15 km,定位精度通常为(5 ~ 10)mm+$1\times10^{-6}\times D$ mm。观测值中易包含粗差,因此必须加强对观测值的粗差检验。

3)准动态相对定位

采用此作业方式时,首先选择一基准站安置一台 GPS 接收机,该接收机连续跟踪所有可见卫星。将另一台接收机置于初始点上,观测数分钟,以求出整周未知数。然后在保持对所有卫星连续跟踪的条件下,将该接收机搬迁至下一待定点,观测 1 ~ 2 min 后,再在保持对卫星的连续跟踪的条件下迁至另一待定点。重复这种操作直至测完所有待定点。

采用此种作业模式的关键是流动的接收机在迁移的过程中保持对卫星的连续跟踪,即搬站时不能关机。同时,流动站与基准站之间的距离一般不能超过 15 km。如果在观测过程中,卫星信号中断,应在该站再停留数分钟,重新确定整周未知数。因不够方便,故随着 GPS 定位技术和接收机制造技术的发展,目前已较少采用此种作业模式。

4)动态相对定位(差分相对定位)

在一个已知的点位上安置接收机作为基准站,连续跟踪可见卫星。另一台接收机置于运动载体(如汽车、火车、飞机、船只等),在初始点上让运动接收机保持静止状态在该点数分钟,以进行初始化,在运动过程中按规定的时间间隔自动观测,或运动至待定点时稍作停留,并通过通信设备(数据链)将基准站的数据实时传给运动站,与运动站上的数据一并求解实现定位。运动站与基准站的距离一般应小于 15 km,此方法的定位精度为厘米级。

上述各种作业模式有一个共同特点——均需要至少两台接收机联合作业,求解时需要有公共时间段的观测数据。静态相对定位时,公共观测时间应大于 40 min,这种方法所需的作业时间较长,但因有较多的有效观测数据,故基线解的精度和可靠性最强。通常 GPS 控制网以及高精度的定位、变形监测常采用静态相对定位的方法。差分动态定位由于作业迅速方便、效率高,具有广阔的应用前景,但目前仪器设备费用较高,还没有得到广泛的应用。随着 GPS 技术的发展、仪器设备费用的降低,必将成为定位的主要方法之一。快速静态相对定位,由于在定位作业时,通常测站间距离较长,且交通条件较差,而成果的可靠性不够高。因此,提高工效不明显,仅在小区域范围、较低精度的工程控制测量中应用。

知识点 6:GPS 观测成果检验与技术总结

对由野外测量获得的 GPS 观测成果还应进行全面检查,发现和删除不合格成果,通过重测、补测,确保观测成果的质量。外业成果检验的主要内容如下:

1)基线长度的中误差

基线处理后基线长度中误差应在标称精度值内。对 20 km 以内的短基线,双差求解模型可有效地消除电离层的影响，其相应的中误差小于0.01～0.02 m。若超过此项限差，基线解算成果的可信度就较差。

同时，基线的单位权方差主要反映偶然误差，一般也应小于0.01 m。

2）基线求解的整周参数的整数性

对20 km以内的短基线，其求解的整周模糊度应具有良好的整数特性。若在基线平差解算中，有一两个模糊度与相近整数相差0.15～0.20，则该成果较好；当差值超过0.30时，所求的结果往往不太可靠。此时，可采用换基准参考卫星、去掉周跳出现较多的某颗卫星或截去信号条件较差的一段时间的信号等措施，重新求解基线。

3）基线观测值残差分析

一些基线解算的软件中，通常都具有以图或表的形式给出一个测段中每颗卫星与基准参考卫星之间观测值的功能。若每颗卫星的残差图形均在纵坐标零周附近，则该基线解算较好。若某颗卫星的残差起伏较大，则表明该星的单差可能有问题，可考虑删去该星；若残差图中出现突然的跳跃或尖峰，表明周跳未完全消除；若所有星的残差图形都不好，很可能是基准参考星的问题，可改用另一颗卫星作为基准参考星。

4）基线浮点解与固定解之差

以平差解算的实数作为整周未知参数获得的解为浮点解（实数解），而将实数取整后的整数作为整周未知参数获得的解为固定解，两者之间的基线向量坐标应符合良好。在短基线情况下，当两者的基线向量坐标差达分米级时，处理结果可能有问题。

5）同步多边形闭合差检查

采用单基线处理模式，对采用同一种数学模型获得的基线解，由其同步时段若干基线组成的同步多边形环的坐标分量相对闭合差和全长闭合差应满足

$$\left.\begin{aligned} W_x &= \sum \Delta x_i \leqslant \frac{1}{5\sqrt{n}\sigma} \\ W_y &= \sum \Delta y_i \leqslant \frac{1}{5\sqrt{n}\sigma} \\ W_z &= \sum \Delta z_i \leqslant \frac{1}{5\sqrt{n}\sigma} \\ W &= \sqrt{W_x^{\ 2} + W_y^{\ 2} + W_z^{\ 2}} \leqslant \frac{\sqrt{3n}}{5}\sigma \end{aligned}\right\} \tag{2.41}$$

$$\left.\begin{aligned} W_x &= \sum \Delta x_i \leqslant \frac{\sqrt{n}}{5}\delta \\ W_y &= \sum \Delta y_i \leqslant \frac{\sqrt{n}}{5}\delta \\ W_z &= \sum \Delta z_i \leqslant \frac{\sqrt{n}}{5}\delta \end{aligned}\right\} \tag{2.42}$$

$$W = \sqrt{W_x^2 + W_y^2 + W_z^2} \leqslant \frac{\sqrt{3n}}{5}\delta$$

式中　n——多边形的边数；

σ——GPS 网相应级别规定的观测精度。

6)异步环多边形闭合差检查

由若干条独立基线边构成的异步闭合环，其闭合差应符合

$$\left.\begin{aligned} W_x &\leqslant 3\sqrt{n}\sigma \\ W_y &\leqslant 3\sqrt{n}\sigma \\ W_z &\leqslant 3\sqrt{n}\sigma \\ W = W_x^{\ 2} + W_y^{\ 2} &+ W_z^{\ 2} \leqslant 3\sqrt{3n}\sigma \end{aligned}\right\} \tag{2.43}$$

$$\left.\begin{aligned} W_x &\leqslant 3\sqrt{n}\delta \\ W_y &\leqslant 3\sqrt{n}\delta \\ W_z &\leqslant 3\sqrt{n}\delta \end{aligned}\right\}$$

$$W = \sqrt{W_x^{\ 2} + W_y^{\ 2} + W_z^{\ 2}} \leqslant 3\sqrt{3n}\delta$$

异步环多边形闭合差的大小是基线向量质量检核的主要指标。如果闭合差超限，应及时分析原因，对其中部分成果进行重测。

7)重复基线边较差检查

同一条 GPS 基线边若观测了多个时段，可得多次基线边观测结果。同一条基线边任意两个时段结果的互差不宜超过规定，即

$$\mathrm{d}s \leqslant 2\sqrt{2}\sigma \tag{2.44}$$

子任务 2.3.2　掌握相关规范

相关规范如下：

①《全球定位系统(GPS)测量规范》(GB/T 18314—2009)。

②《卫星定位城市测量技术标准》(CJJ/T 73—2019)。

③《公路勘测规范》(JTG C10—2007)。

④《铁路工程卫星定位测量规范》(TB 10054—2010)。

⑤《测绘技术总结编写规定》(CH/T 1001—2005)。

⑥《城市测量规范》(CJJ/T 8—2011)。

⑦《全球定位系统(GPS)测量型接收机检定规程》(CH 8016—1995)。

子任务2.3.3 掌握野外数据采集数据表格

野外数据采集数据表格见表2.9—表2.13。

表2.9 GPS网中相邻点间距离

项 目	级 别				
	二等	三等	四等	一级	二级
相邻点最小距离/km	3	2.5	1	0.5	0.5
相邻点最大距离/km	27	15	6	3	3
相邻点平均距离/km	9	5	2	1	<1
闭合环或附合路线的边数/条	≤6	≤8	≤10	≤10	≤10

表2.10 各级GPS测量基本技术要求规定

项 目	级 别					
	AA	A	B	C	D	E
卫星截止高度角/(°)	10	10	15	15	15	15
同时观测有效卫星数/颗	≥4	≥4	≥4	≥4	≥4	≥4
有效观测卫星总数/颗	≥20	≥20	≥9	≥6	≥4	≥4
观测时段数/h	≥10	≥6	≥4	≥2	≥1.6	≥1.6
PDOP值	< 6	< 6	< 6	< 6	< 6	< 6

表2.11 GPS点点之记

日期： 年 月 日 记录者： 绘图者： 校对者：

<table>
<tr><td rowspan="4">点名及种类</td><td rowspan="2">GPS点</td><td>名</td><td></td><td rowspan="2">土 质</td><td rowspan="2"></td></tr>
<tr><td>号</td><td></td></tr>
<tr><td rowspan="2">相邻点(名、号、里程、通视否)</td><td colspan="2" rowspan="2"></td><td>标石说明(单、双层、类型)旧点</td><td></td></tr>
<tr><td>旧点名</td><td></td></tr>
<tr><td colspan="2">所在地</td><td colspan="4"></td></tr>
<tr><td colspan="2">交通路线</td><td colspan="4"></td></tr>
<tr><td colspan="2" rowspan="2">所在图幅号</td><td colspan="2" rowspan="2"></td><td rowspan="2">概略位置</td><td>X: Y:</td></tr>
<tr><td>L: B:</td></tr>
</table>

续表

<table>
<tr><td colspan="2">（略图）</td></tr>
<tr><td>备　注</td><td></td></tr>
</table>

表 2.12　GPS 测量作业调度表

<table>
<tr><td rowspan="2">时段编号</td><td rowspan="2">观测时间</td><td>测站号/名</td><td>测站号/名</td><td>测站号/名</td><td>测站号/名</td><td>测站号/名</td></tr>
<tr><td>机号</td><td>机号</td><td>机号</td><td>机号</td><td>机号</td></tr>
<tr><td rowspan="2">0</td><td rowspan="2"></td><td></td><td></td><td></td><td></td><td></td></tr>
<tr><td></td><td></td><td></td><td></td><td></td></tr>
<tr><td rowspan="2">1</td><td rowspan="2"></td><td></td><td></td><td></td><td></td><td></td></tr>
<tr><td></td><td></td><td></td><td></td><td></td></tr>
</table>

表 2.13　工程 GPS 外业观测手簿

<table>
<tr><td colspan="2">观测者姓名　　　　日　期　　　　年　　月　　日
测站名　　　　测站号　　　　时段号
天气状况</td></tr>
<tr><td>测站近似坐标：
经度：E　　°　　′
纬度：N　　°　　′
高程：</td><td>本测站为
□　新点
□　等大地点
□　等水准点
□</td></tr>
<tr><td colspan="2">记录时间：□北京时间　□UTC　□　区时
开录时间　　　　结束时间</td></tr>
</table>

续表

<table>
<tr><td colspan="2">接收机号　　　　　　　　　天线号
天线高：　　　m　　　　　　　　　　　　　测后校核值__________
1.　　　　　　2.　　　　　3.　　　　　平均值</td></tr>
<tr><td>天线高量取方式略图</td><td>测站略图及障碍物情况</td></tr>
<tr><td colspan="2">观测状况记录
1. 电池电压　　　　　　　（快、条）
2. 接收卫星号
3. 信噪比(SNR)
4. 故障情况</td></tr>
<tr><td colspan="2">5. 备注</td></tr>
</table>

任务2.4　GNSS内业数据处理

📖 学习目标

1. 熟练掌握LGO/TGO解算GNSS静态数据处理流程，关键参数设置。
2. 掌握GNSS网平差步骤，准确分析静态数据解算精度。
3. 掌握GNSS高程数据解算方法，并与二等水准测量精度对比分析。

📖 任务描述

1. 能够应用LGO/TGO静态解算软件对外业数据进行解算，并分析精度，满足精度要求后，填写误差分析表。
2. 解算GNSS高程数据，分析数据精度，并与二等水准测量数据进行对比分析。

📖 实施步骤

用数据传输线正确连接GPS接收机和计算机，数据线不应有扭曲，接口应直插直拔，不应有扭转。

1. 及时将当天观测记录结果录入计算机，并拷贝成一式两份。
2. 数据文件备份时，宜以观测日期为目录名，各接收机为子目录名，把相应的数据文件存入其子目录下。存放数据文件的存储器应粘贴标签，标明文件名，网名、点名、时段号和采集日期、测量手簿应编号。
3. 制作数据文件备份时，不得进行任何剔除或删改，不得调用任何对数据实施重新加工组合的操作指令。
4. 数据在备份后，宜通过数据处理软件转换至RINEX通用数据格式，以便与各类商用数据处理软件兼容。
5. 利用南方后处理软件将数据转换为RINEX格式文件。
6. 将转换后格式在LGO/TGO中进行解算（参考视频）。
7. 成果输出。
8. 完成工作任务单。

评价单

学生自评表

班级:	姓名:		学号:
任 务	GNSS 内业数据处理		
评价项目	评价标准	分值	得分
GNSS 数据传输	1. 完成;2. 未完成	20	
GNSS 软件操作与参数设置	1. 准确;2. 不准确	10	
GNSS 静态数据解算精度	1. 准确;2. 不准确	10	
高程数据解算与分析	1. 准确;2. 不准确	20	
工作态度	态度端正,无缺勤、迟到、早退现象	10	
工作质量	能按计划完成工作任务	10	
协调能力	与小组成员、同学之间能合作交流,协调工作	10	
职业素质	能做到细心、严谨	5	
创新意识	主动阅读标准、规范,数据处理准确无误	5	
合 计		100	

学生互评表

任 务	GNSS 内业数据处理													
评价项目	分值	等 级								评价对象(组别)					
										1	2	3	4	5	6
计划合理	10	优	10	良	9	中	7	差	6						
团队合作	10	优	10	良	9	中	7	差	6						
组织有序	10	优	10	良	9	中	7	差	6						
工作质量	20	优	20	良	18	中	14	差	12						
工作效率	10	优	10	良	9	中	7	差	6						
工作完整	10	优	10	良	9	中	7	差	6						
工作规范	10	优	10	良	9	中	7	差	6						
成果展示	20	优	20	良	18	中	14	差	12						
合 计	100														

教师评价表

<table>
<tr><td colspan="2">班级：</td><td>姓名：</td><td colspan="3">学号：</td></tr>
<tr><td colspan="2">任　务</td><td colspan="4">GNSS 内业数据处理</td></tr>
<tr><td colspan="2">评价项目</td><td>评价标准</td><td>分值</td><td colspan="2">得分</td></tr>
<tr><td colspan="2">考勤(10%)</td><td>无迟到、早退、旷课现象</td><td>10</td><td colspan="2"></td></tr>
<tr><td rowspan="7">工作过程(60%)</td><td>GNSS 数据传输</td><td>1. 准确;2. 不准确</td><td>15</td><td colspan="2"></td></tr>
<tr><td>GNSS 软件操作与参数设置</td><td>1. 完成;2. 未完成</td><td>10</td><td colspan="2"></td></tr>
<tr><td>GNSS 静态数据解算精度</td><td>1. 完成;2. 未完成</td><td>10</td><td colspan="2"></td></tr>
<tr><td>高程数据解算与分析</td><td>1. 准确;2. 不准确</td><td>10</td><td colspan="2"></td></tr>
<tr><td>工作态度</td><td>态度端正,工作认真、主动</td><td>5</td><td colspan="2"></td></tr>
<tr><td>协调能力</td><td>能按计划完成工作任务</td><td>5</td><td colspan="2"></td></tr>
<tr><td>职业素质</td><td>与小组成员、同学之间能合作交流,协调工作</td><td>5</td><td colspan="2"></td></tr>
<tr><td rowspan="4">项目成果(30%)</td><td>工作完整</td><td>能按时完成任务</td><td>5</td><td colspan="2"></td></tr>
<tr><td>操作规范</td><td>能按规范要求操作接收机</td><td>5</td><td colspan="2"></td></tr>
<tr><td>数据处理结果</td><td>能正确处理数据,结果准确</td><td>15</td><td colspan="2"></td></tr>
<tr><td>成果展示</td><td>能准确表达、汇报工作成果</td><td>5</td><td colspan="2"></td></tr>
<tr><td colspan="3">合　计</td><td>100</td><td colspan="2"></td></tr>
<tr><td colspan="2" rowspan="2">综合评价</td><td>学生自评(20%)</td><td>小组互评(30%)</td><td>教师评价(50%)</td><td>综合得分</td></tr>
<tr><td></td><td></td><td></td><td></td></tr>
</table>

子任务 2.4.1 GNSS 数据预处理内容与步骤

GPS 接收机采集记录的是 GPS 接收机天线至卫星的伪距、载波相位和卫星星历数据等。若采样间隔为 15 s,则每 15 s 记录一组观测值,则一台接收机连续观测 1 h 将有 240 组观测值。观测值中包含对 4 颗以上卫星的观测数据以及地面气象观测数据等。GPS 数据处理就是从原始观测值出发得到最终的测量定位成果,其数据处理过程大致分为 GPS 测量数据的基线向量解算、GPS 基线向量网平差以及 GPS 网平差或与地面网联合平差等阶段。

1)数据预处理

GPS 数据预处理的目的是:对数据进行平滑滤波检验、剔除粗差;统一数据文件格式,并将各类数据文件加工成标准化文件(如 GPS 卫星轨道方程的标准化,卫星时钟钟差标准化,观测值文件标准化等);找出整周跳变点并进行修复;对观测值进行各种模型改正。

(1)GPS 卫星轨道方程的标准化

由于数据处理中要多次进行位置的计算,而 GPS 广播星历每小时有一组独立的星历参数,使计算工作繁杂。因此,需要将卫星轨道方程标准化,以便计算简便,节省内存空间。GPS 卫星轨道方程标准化一般采用以时间为变量的多项式进行拟合处理。将已知的多组不同历元星历参数所对应卫星位置 $P_i(t)$ 表达成时间 t 的多项式形式,即

$$P_i(t) = a_{i0} + a_{i1}t + a_{i2}t^2 + \cdots + a_{in}t^n \tag{2.45}$$

利用拟合法求解多项式系数。解出的系数记入标准化星历文件,用它们来计算任一时刻的卫星位置。多项式的阶数 n 一般取 8～10 就足以保证米级轨道拟合精度。拟合计算时,时间 t 的单位需规格化,规格化时间 T 为

$$T_i = \frac{2t_i - (t_1 - t_m)}{t_m - t_1} \tag{2.46}$$

式中 T_i——对应于 t_i 的规格化时间;

t_1, t_m——观测时段开始和结束的时间。

显然,对应于 t_1 和 t_m 的 T_1 及 T_m 分别为-1 和+1。对任意时刻 t_i 有 $|T_i| \leqslant 1$。必须指出,如果拟合时引进了规格化的时间,在实际轨道计算时也应使用规格化的时间。

(2)卫星钟差的标准化

来自广播星历的卫星钟差(即卫星钟钟面时间与 GPS 标准时间系统之差 Δt_s)是多个数值,需要通过多项式拟合求得唯一的、平滑的钟差改正多项式,据此可确定真正的信号发射时刻并计算该时刻的卫星轨道位置,同时也用于将各站对各卫星的时间基准统一起来以估算它

们之间的相对钟差。当多项式拟合的精度优于±0.2 ns时，可精确探测整周跳变，估算整周未知数。钟差的多项式形式为

$$\Delta t_s = a_0 + a_1(t - t_0) + a_2(t - t_0)^2 \tag{2.47}$$

式中　a_0, a_1, a_2——星钟参数；

t_0——卫星钟参数的参考历元。

由多个参考历元的卫星钟差，利用最小二乘法原理求定多项式系数 a_i，再由式(2.47)计算任一时刻的钟差。因GPS时间定义区间为一个星期，即604 800 s，故当 $t-t_0>302\ 400$（t_0 属于下一个GPS周）时，t 应减去604 800；$t-t_0<-302\ 400$（t_0 属于上一个GPS周）时，t 应加上604 800。

(3)观测值文件的标准化

由于不同的接收机提供的数据记录格式不同，如观测时刻这个记录，可能采用接收机参考历元，也可能是经过改正归算至GPS标准时间。因此，在进行平差（基线向量的解算）之前，观测值文件必须规格化、标准化。具体项目包括：

①记录格式标准化。

各种接收机输出的数据文件应在记录类型、记录长度和存取方式方面采用同一记录格式。

②记录项目标准化。

每一种记录应包含相同的数据项。如果某些数据项缺项，则应以特定数据如"0"或空格填上。

③采样密度标准化。

各接收机的数据记录采样间隔可能不同，如有的接收机每15 s记录一次，有的则每20 s记录一次。标准化后，应将数据采样间隔统一成一个标准时间长度。标准时间长度应大于或等于外业采样间隔的最大值。采样密度标准化后，数据量将成倍地减少，故这种标准化过程也称数据压缩。数据压缩应在周跳修复后进行。数据压缩常用多项式拟合法，压缩后的数据应等价于被压缩区间的全部数据，且保持各压缩数据的误差独立。

④数据单位的标准化。

数据文件中，同一数据项的量纲和单位应统一。例如，载波相位观测值以周为单位。

2)基线向量的解算

基线向量解算是一个复杂的平差计算过程，解算时要顾及观测时段中信号间断引起的数据剔除、观测数据粗差的发现及剔除、星座变化引起的整周未知数的变化等问题。基线处理完成后，应对其结果做以下分析和检核：

(1)观测值残差分析

假定在平差处理时观测值仅存在偶然误差。理论上，载波相位观测精度应为1%周，即对

L1 波段信号的观测误差只有 2 mm。因此,当偶然误差达 1 cm 时,应认为观测值质量存在系统误差或粗差。当残差分布图中出现突然的跳变时,则表明周跳未处理成功。

(2)基线长度的精度

处理后基线长度中误差应在标称精度内。多数双频接收机的基线长度标称精度为 5 mm±$1\times10^{-6}\times D$ mm,单频接收机的基线长度标称精度为 10 mm±$2\times10^{-6}\times D$ mm。对 20 km 以内的短基线,单频数据通过差分处理也可有效地消除电离层影响,确保相对的精度。当基线长度增长时,双频接收机消除电离层的影响将明显优于单频接收机数据的处理结果。

(3)基线向量环闭合差的计算及检核

由同时段的若干基线向量组成的同步环和不同时段的若干基线向量组成的异步环,其闭合差应能满足相应等级的精度要求。其闭合差值应小于相应等级的限差值。基线向量检核合格后,便可进行基线向量网的平差计算(以解算的基线向量作为观测值进行无约束平差),平差后求得各 GPS 点之间的相对坐标差值,加上基准点的坐标值,便可求得各 GPS 点的坐标。

实际应用中,若要求得各 GPS 点在国家坐标系中的坐标值,则应进行坐标转换,从而将 GPS 点的坐标值转换为国家坐标系坐标值。也可将 GPS 网与地面网进行联合平差,包括固定地面网点已知坐标、边长、方位角及高程等的约束平差,或将 GPS 基线网与地面网的观测数据一并联合平差。

子任务 2.4.2 GPS 基线向量的解算

知识点 1:载波相位观测值解算

在 GPS 定位原理中,论述了利用载波相位观测值进行单点定位以及在观测值间求差,并利用求差后的差分观测值进行相对定位的原理和方法。在相对定位中,通常采用双差观测值求解基线向量。本节将讨论如何利用载波相位观测值的双差观测值求解基线向量的方法。

1)双差基线模型

根据 CPS 卫星定位基本原理,设在 GPS 标准时刻 t_i,测站 1,2 同时对卫星 k,j 进行了载波相位测量,则可得到双差观测模型

$$DD_{12}^{kj}(t_i)=\varphi_2^j(t_i)-\varphi_1^j(t_i)-\varphi_2^k(t_i)+\varphi_1^k(t_i)$$
$$=-\frac{f^j}{c(\rho_2^j-\rho_1^j-\delta\rho_2^j+\delta\rho_1^j)}+\frac{f^k}{c(\rho_2^k-\rho_1^k-\delta\rho_2^k+\delta\rho_1^k)}+N_{12}^{kj}$$

式中

$$N_{12}^{kj}=N_2^j-N_1^j-N_2^k+N_1^k$$

令 $\Delta\rho_{12}^{j}=\rho_{2}^{j}-\rho_{1}^{j}$，$\Delta\rho_{12}^{k}=\rho_{2}^{k}-\rho_{1}^{k}$，则上式变为

$$DD_{12}^{kj}(t_i)=\frac{-f^j}{c(\Delta\rho_{12}^{j}-\delta\rho_{2}^{j}+\delta\rho_{1}^{j})}+\frac{f^k}{c(\Delta\rho_{12}^{k}-\delta\rho_{2}^{k}+\delta\rho_{1}^{k})}+N_{12}^{kj} \tag{2.48}$$

若采用向量解算方法，由双差观测值模型解算基线向量，由基线向量 $\boldsymbol{b}$ 与站星之间距离 ρ 之间的关系（见图2.14）可知，对卫星 S^k，设 $\boldsymbol{\rho}_1^{k0}$，$\boldsymbol{\rho}_2^{k0}$ 分别为 ρ_1^k，ρ_2^k 的单位向量，则

$$b_1^k=(\boldsymbol{\rho}_2^{k0}-\boldsymbol{\rho}_1^{k0})\rho_2^k \tag{2.49}$$

$$b+b_1^k=\Delta\rho_{12}^k=\Delta\rho_{12}^j\boldsymbol{\rho}_1^{k0} \tag{2.50}$$

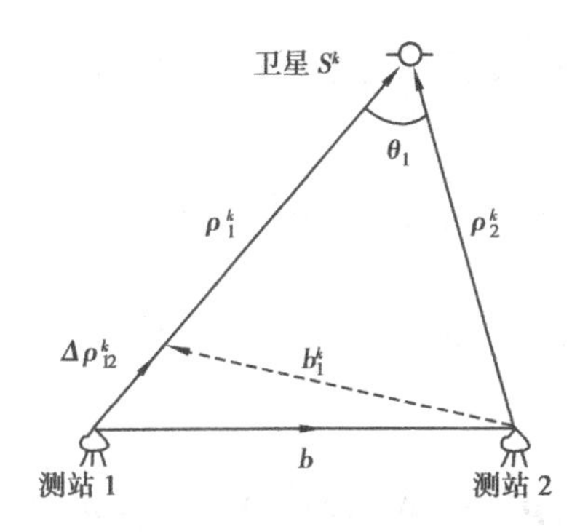

图2.14　基线向量与站星距离的关系

将式(2.49)代入式(2.50)，则

$$b+\rho_2^k\boldsymbol{\rho}_2^{k0}-\rho_2^k\boldsymbol{\rho}_1^{k0}=\Delta\rho_{12}^k\boldsymbol{\rho}_1^{k0} \tag{2.51}$$

在式(2.51)两边点乘以 $\boldsymbol{\rho}_1^{k0}$，则

$$\boldsymbol{\rho}_1^{k0}\cdot b+\rho_2^k\boldsymbol{\rho}_2^{k0}\cdot\boldsymbol{\rho}_1^{k0}-\rho_2^k\boldsymbol{\rho}_1^{k0}\cdot\boldsymbol{\rho}_1^{k0}=\Delta\rho_{12}^k\boldsymbol{\rho}_1^{k0}\cdot\boldsymbol{\rho}_1^{k0}$$

考虑 $\boldsymbol{\rho}_1^{k0}\cdot\boldsymbol{\rho}_1^{k0}=1$，$\boldsymbol{\rho}_1^{k0}\cdot\boldsymbol{\rho}_2^{k0}=\cos\theta_1$，则上式可变为

$$\boldsymbol{\rho}_1^{k0}\cdot b-\rho_2^k(1-\cos\theta_1)=\Delta\rho_{12}^k \tag{2.52}$$

在式(2.51)两边点乘 $\boldsymbol{\rho}_2^{k0}$，可得

$$\boldsymbol{\rho}_2^{k0}\cdot b+\boldsymbol{\rho}_2^{k0}(1-\cos\theta_1)=\Delta\rho_{12}^k\boldsymbol{\rho}_2^{k0}\cdot\boldsymbol{\rho}_1^{k0}=\Delta\rho_{12}^k\cos\theta_1 \tag{2.53}$$

将式(2.52)与式(2.53)相加，得

$$(\boldsymbol{\rho}_1^{k0}+\boldsymbol{\rho}_2^{k0})\cdot b=\Delta\rho_{12}^k(1+\cos\theta_1)=\Delta\rho_{12}^k 2\cos^2\frac{\theta_1}{2}$$

整理后得

$$\Delta\rho_{12}^k=\frac{1}{2}\sec^2\frac{\theta_1}{2}\cdot(\boldsymbol{\rho}_1^{k0}+\boldsymbol{\rho}_2^{k0})\cdot b \tag{2.54}$$

同样，对卫星 S^j，有

$$\Delta\rho_{12}^j=\frac{1}{2}\sec^2\frac{\theta_2}{2}\cdot(\boldsymbol{\rho}_1^{j0}+\boldsymbol{\rho}_2^{j0})\cdot b \tag{2.55}$$

将式(2.54)、式(2.55)代入式(2.48),得站星双差相位观测方程为

$$DD_{12}^{kj}(t_i)=\begin{Bmatrix}-\dfrac{f^j}{c}\left[\dfrac{1}{2}\sec^2\dfrac{\theta_2}{2}(\boldsymbol{\rho}_1^{j0}+\boldsymbol{\rho}_2^{j0})\cdot b\right]+\\ \dfrac{f^k}{c}\left[\dfrac{1}{2}\sec^2\dfrac{\theta_2}{2}(\boldsymbol{\rho}_1^{j0}+\boldsymbol{\rho}_2^{j0})\cdot b\right]\end{Bmatrix}-$$

$$\frac{f^j}{c}(\delta\rho_1^j-\delta\rho_2^j)+\frac{f^k}{c}(\delta\rho_1^k-\delta\rho_2^k)+N_{12}^{kj}$$

写为误差方程形式

$$V_{12}^{kj}(t_i)=\begin{Bmatrix}-\dfrac{f^j}{c}\left[\dfrac{1}{2}\sec^2\dfrac{\theta_2}{2}(\boldsymbol{\rho}_1^{j0}+\boldsymbol{\rho}_2^{j0})\cdot b\right]+\\ \dfrac{f^k}{c}\left[\dfrac{1}{2}\sec^2\dfrac{\theta_2}{2}(\boldsymbol{\rho}_1^{j0}+\boldsymbol{\rho}_2^{j0})\cdot b\right]\end{Bmatrix}$$

$$-\frac{f^j}{c}(\delta\rho_1^j-\delta\rho_2^j)+\frac{f^k}{c}(\delta\rho_1^k-\delta\rho_2^k)+N_{12}^{kj}-DD_{12}^{kj}(t_i)$$

考虑

$$\boldsymbol{b}=(\Delta x_{12},\Delta y_{12},\Delta z_{12}),\boldsymbol{\rho}_i^{k0}=(\Delta x_i^k,\Delta y_i^k,\Delta z_i^k)/\rho_i^k,\ \boldsymbol{\rho}_i^{j0}=(\Delta x_i^j,\Delta y_i^j,\Delta z_i^j)/\rho_i^j$$

则站星双差观测值误差方程为

$$V_{12}^{kj}(t_i)=a_{12}^{kj}\Delta x_{12}+b_{12}^{kj}\Delta y_{12}+c_{12}^{kj}\Delta z_{12}\Delta_{12}^{kj}+N_{12}^{kj}$$

式中

$$\Delta_{12}^{kj}=-\frac{f^j}{c}(\delta\rho_1^j-\delta\rho_2^j)+\frac{f^k}{c}(\delta\rho_1^k-\delta\rho_2^k) \tag{2.56}$$

$$\left.\begin{aligned}a_{12}^{kj}&=\frac{1}{2}\frac{f^k}{c}\sec^2\left(\frac{\theta_1}{2}\right)\left(\frac{\Delta x_1^k}{\rho_1^k}+\frac{\Delta x_2^k}{\rho_2^k}\right)-\frac{1}{2}\frac{f^j}{c}\sec^2\left(\frac{\theta_2}{2}\right)\left(\frac{\Delta x_1^j}{\rho_1^j}+\frac{\Delta x_2^j}{\rho_2^j}\right)\\ b_{12}^{kj}&=\frac{1}{2}\frac{f^k}{c}\sec^2\left(\frac{\theta_1}{2}\right)\left(\frac{\Delta y_1^k}{\rho_1^k}+\frac{\Delta y_2^k}{\rho_2^k}\right)-\frac{1}{2}\frac{f^j}{c}\sec^2\left(\frac{\theta_2}{2}\right)\left(\frac{\Delta y_1^j}{\rho_1^j}+\frac{\Delta y_2^j}{\rho_2^j}\right)\\ c_{12}^{kj}&=\frac{1}{2}\frac{f^k}{c}\sec^2\left(\frac{\theta_1}{2}\right)\left(\frac{\Delta z_1^k}{\rho_1^k}+\frac{\Delta z_2^k}{\rho_2^k}\right)-\frac{1}{2}\frac{f^j}{c}\sec^2\left(\frac{\theta_2}{2}\right)\left(\frac{\Delta z_1^j}{\rho_1^j}+\frac{\Delta z_2^j}{\rho_2^j}\right)\end{aligned}\right\} \tag{2.57}$$

当基线长度小于 40 km 时,$\sec^2(\theta/2)-1<1\times10^{-6}\times D$,$f^k/c$ 与 f^j/c 之差小于 $1\times10^{-6}\times D$,故 $\sec^2(\theta/2)$ 以 1 代替,f^k 和 f^j 以 f 代替,同时输入基线向量 $\boldsymbol{b}$ 的近似值$(\Delta x_{12}^0,\Delta y_{12}^0,\Delta z_{12}^0)$,初始整周模糊度 N_{12}^{kj} 的近似值为$(N_{12}^{kj})^0$,其改正数分别为$(\delta x_{12},\delta y_{12},\delta z_{12})$和 δN_{12}^{kj},则误差方程最终形式为

$$V_{12}^{kj}(t_i)=a_{12}^{kj}\delta x_{12}+b_{12}^{kj}\delta y_{12}+c_{12}^{kj}\delta z_{12}+\delta N_{12}^{kj}+W_{12}^{kj} \tag{2.58}$$

式中

$$a_{12}^{kj}=\frac{1}{2}\frac{f}{c}\left(\frac{\Delta x_1^k}{\rho_1^k}+\frac{\Delta x_2^k}{\rho_2^k}-\frac{\Delta x_1^j}{\rho_1^j}+\frac{\Delta x_2^j}{\rho_2^j}\right)$$

$$b_{12}^{kj}=\frac{1}{2}\frac{f}{c}\left(\frac{\Delta y_1^k}{\rho_1^k}+\frac{\Delta y_2^k}{\rho_2^k}-\frac{\Delta y_1^j}{\rho_1^j}+\frac{\Delta y_2^j}{\rho_2^j}\right)$$

$$c_{12}^{kj}=\frac{1}{2}\frac{f}{c}\left(\frac{\Delta z_1^k}{\rho_1^k}+\frac{\Delta z_2^k}{\rho_2^k}-\frac{\Delta z_1^j}{\rho_1^j}+\frac{\Delta z_2^j}{\rho_2^j}\right) \tag{2.59}$$

$$W_{12}^{kj}=a_{12}^{kj}\Delta x_{12}^0+b_{12}^{kj}\Delta y_{12}^0+c_{12}^{kj}\Delta z_{12}^0+(N_{12}^{kj})^0+\Delta_{12}^{kj}-DD_{12}^{kj}$$

式中，卫星 k,j 在选择 $k=1$ 的卫星为参考卫星时，$j=2,3,4,\cdots$ 对 $k=1,j=2;k=1,j=3,\cdots$ 其站星双差观测值误差方程可依照式(2.56)、式(2.57)写出，对不同观测历元(即 t_i 时刻)可分别列出类似的一组误差方程。

2)基线解算

在 t_i 历元1,2 测站上同时连续观测了 k 个卫星，则共有 $n=M(k-1)$ 个误差方程。其中，M 为观测历元个数。

将所有误差方程写成矩阵形式

$$\boldsymbol{V}=\boldsymbol{AX}+\boldsymbol{L} \tag{2.60}$$

式中

$$\boldsymbol{V}=(V_1,V_2,\cdots,V_n)^{\mathrm{T}}$$

$$\boldsymbol{X}=(\delta X,\ \delta Y,\ \delta Z,\ \delta N_1,\ \delta N_2,\ \cdots,\delta N_{k-1})^{\mathrm{T}}$$

$$\boldsymbol{L}=(W_1,W_2,\ \cdots,W_n)^{\mathrm{T}}$$

$$\boldsymbol{A}=\begin{bmatrix} a_{11} & a_{12} & a_{13} & 1 & 0 & \cdots & 0 \\ a_{21} & a_{22} & a_{23} & 1 & 0 & \cdots & 0 \\ \vdots & \vdots & \vdots & \vdots & \vdots & & \vdots \\ a_{j,1} & a_{j,2} & a_{j,3} & 1 & 0 & \cdots & 0 \\ \vdots & \vdots & \vdots & \vdots & \vdots & & \vdots \\ a_{n-j,1} & a_{n-j,2} & a_{n-j,3} & 0 & 0 & \cdots & 1 \\ \vdots & \vdots & \vdots & \vdots & \vdots & & \vdots \\ a_{n-1,1} & a_{n-1,2} & a_{n-1,3} & 0 & 0 & \cdots & 1 \\ a_{n,1} & a_{n,2} & a_{n,3} & 0 & \cdots & \cdots & 1 \end{bmatrix}$$

按各类双差观测值等权且彼此独立，即权阵 $\boldsymbol{P}$ 为单位阵，组成法方程

$$\boldsymbol{NX}+\boldsymbol{B}=\boldsymbol{0} \tag{2.61}$$

式中

$$\boldsymbol{N}=\boldsymbol{A}^{\mathrm{T}}\boldsymbol{A}\ ;\ \boldsymbol{B}=\boldsymbol{A}^{\mathrm{T}}\boldsymbol{L}$$

可解得 $\boldsymbol{X}$ 为

$$X = -N^{-1}B = A^{T}A^{-1}(A^{T}L) \tag{2.62}$$

若1点坐标已知,可求得2点坐标:

$$\left.\begin{aligned} x_2 &= x_1 + \Delta x_{12} + \delta x_{12} \\ y_2 &= y_1 + \Delta y_{12} + \delta y_{12} \\ z_2 &= z_1 + \Delta z_{12} + \delta z_{12} \end{aligned}\right\} \tag{2.63}$$

基线向量坐标平差值为

$$\left.\begin{aligned} \Delta x_{12} &= \Delta x_{12}^{0} + \delta x_{12} \\ \Delta y_{12} &= \Delta y_{12}^{0} + \delta y_{12} \\ \Delta z_{12} &= \Delta z_{12}^{0} + \delta z_{12} \end{aligned}\right\} \tag{2.64}$$

整周模糊度偏差值为

$$N_i = N_i^0 + \delta N_i \qquad (i = 1,2,\cdots,k-1) \tag{2.65}$$

3)精度评定

(1)单位权中误差估值

单位权中误差值为

$$m_0 = \sqrt{\frac{V^{T}PV}{n-k-2}} \tag{2.66}$$

(2)评差值的精度估计

未知向量 X 中任一分量的精度估值为

$$m_{xi} = m_0\sqrt{\frac{1}{P_{xi}}} \tag{2.67}$$

式中, P_{xi} 由 N^{-1} 中对角元素求得

$$P_{xi} = 1/Q_{xi}$$

基线长

$$b = \sqrt{(\Delta X_{12}^{0} + \delta X_{12})^2 + (\Delta Y_{12}^{0} + \delta Y_{12})^2 + (\Delta Z_{12}^{0} + \delta Z_{12})^2}$$

在($\Delta x_{12}^{0}, \Delta y_{12}^{0}, \Delta z_{12}^{0}$)处展开后,则

$$\delta b = f^{T}\Delta X \tag{2.68}$$

由协因数传播定律,可得

$$Q_{bb} = f^{T}Q_{\Delta x}f$$

基线长度 b 中误差估值为

$$m_b = m_0 \sqrt{Q_{bb}}$$

基线长度相对中误差估值为

$$f_b = m_b / b \times 10^6$$

知识点 2：基线向量解算结果分析

基线向量的解算是一个复杂的平差计算过程，实际处理时要顾及时段中信号间断引起的数据剔除，劣质观测数据的发现及剔除星座变化引起的整周未知数的变化，进一步消除传播延迟改正以及对接收机钟差重新评估等问题。基线处理完成后，应对其结果作以下分析：

1）观测值残差分析

平差处理时假定观测值仅存在偶然误差，当存在系统误差或粗差时，处理结果将有偏差。理论上，载波相位观测精度为 1% 周，即对 L1 波段信号观测的误差只有 2 mm。因此，当偶然误差达 1 cm 时，应认为观测值质量存在较严重问题；当系统误差达分米级时，应认为处理软件中采用的模型不适用；当残差分布中出现突然的跳跃或尖峰时，表明周跳未处理成功。

平差后单位权中误差值一般为 0.05 周以下，否则表明观测值中存在某些问题。例如，可能存在受多路径干扰、外界无线电信号干扰或接收机时钟不稳定等影响的低精度观测值；观测值改正模型不适宜；周跳未被完全修复；整周未知数解算不成功使观测值存在系统误差等。当然，单位权中误差较大也可能是因起算数据存在问题，如存在基线固定端点坐标误差或存在基准数据的卫星星历误差的影响。

2）基线长度的精度

基线处理后，其长度中误差应在标称精度值内。多数接收机的基线长度标称精度为（5 ~ 10）mm±（1 ~ 2）$\times 10^{-6} \times D$ mm。对 20 km 以内的短基线，单频数据通过差分处理可有效地消除电离层影响，从而确保相对定位的精度。当基线长度增长时，双频接收机观测数据消除电离层的影响将明显优于单频接收机观测数据的处理结果。

3）双差固定解与双差实数解

理论上整周未知数 N 是一整数，但平差解算得到的是一实数，称为双差实数解。将实数确定为整数，在进一步平差时不作为未知数求解，这样的结果称为双差固定解。在短基线情况下可精确确定整周未知数，因而其解算结果优于实数解，但两者之间的基线向量坐标应符合良好（通常要求其差小于 5 cm）。当双差固定解与实数解的向量坐标差达分米级时，则处理结果可能有误，其原因多为观测值质量不佳。基线长度较长时，通常以采用双差实数解为佳。

知识点 3：基线解算中的几个问题

判别基线解算结果需要根据二项指标即中误差和模糊度检验率指标 RATIO 差来确定。如果两项指标不符合要求，则应做分析并重新计算。下面将对几种情况进行讨论。

1) 中误差符合要求而指标差不符合要求

对这种情况，一般表明观测数据不足以确定整周模糊度，无法获得最后解，其原因可能是观测时间不够或图形强度不足。如果外业观测时高度角设置较低(如12°)，而处理时取15°则可将参数文件中卫星高度角降低至12°重新计算，这样或许能增加一些数据；如果外业设置高度角与内业数据处理时一致，一般不必重算。

2) 中误差及指标差均不符合要求

此时观测数据中可能存在干扰因素的影响，可考虑作以下处理：

①在解算时，可考虑提高观测卫星的高度角，如可取18°~26°。

②在解算时，可考虑减小数据的剔除率。

③在解算时，可考虑改变参考卫星，重新进行双差解算。对这种情况最好通过残差图进行残差分析，确定某颗卫星是否存在问题(可删除)，某时间残差较大，如开始一些历元残差较大(可重新设置起始和结束历元)，这样可更好地确定数据及卫星数据的质量，以决定采用何种方式重算。只要有足够的数据，便可重算获得正确解。

3) 指标差符合要求而中误差略大于要求

若边长较长，观测时间也较长，这种情况是正常的，也可参照前面的分析进行检查。

知识点 4：GPS 控制网的三维平差

GPS 控制网是由相对定位所求得的基线向量而构成的空间基线向量网，在 GPS 控制网的平差中，是以基线向量及协方差为基本观测量。通常采用三维无约束平差、三维约束平差和三维联合平差 3 种平差模型。

1) 三维无约束平差

所谓三维无约束平差，就是 GPS 控制网中只有一个已知点坐标情况下所进行的平差。三维无约束平差的主要目的是考察 GPS 基线向量网本身的内符合精度以及考察基线向量之间有无明显的系统误差和粗差，其平差无外部基准，或引入外部基准，但并不会由其误差使控制网产生变形和改正。由于 GPS 基线向量本身提供了尺度基准和定向基准，故在 GPS 网平差时只需提供一个位置基准。因此，网不会因为该基准误差而产生变形，故是一种无约束平差。平差中有两种引入基准的方法：一种是取网中任意一点的伪距定位坐标作为网的位置基准；另一种是引入一种合适的近似坐标系统下的秩亏自由网基准。

(1) 基线向量观测方程

设 $\boldsymbol{l}_{ij}=[\Delta X_{ij},\Delta Y_{ij},\Delta Z_{ij}]^{\mathrm{T}}$ 为 GPS 网任一基线向量，则网平差时其观测方程为

$$\begin{bmatrix} V_{\Delta X_{ij}} \\ V_{\Delta Y_{ij}} \\ V_{\Delta Z_{ij}} \end{bmatrix}=\begin{bmatrix} -1 & 0 & 0 \\ 0 & -1 & 0 \\ 0 & 0 & -1 \end{bmatrix}\begin{bmatrix} \mathrm{d}X_i \\ \mathrm{d}Y_i \\ \mathrm{d}Z_i \end{bmatrix}+\begin{bmatrix} 1 & 0 & 0 \\ 0 & 1 & 0 \\ 0 & 0 & 1 \end{bmatrix}\begin{bmatrix} \mathrm{d}X_j \\ \mathrm{d}Y_j \\ \mathrm{d}Z_j \end{bmatrix}-\begin{bmatrix} \Delta X_{ij}-X_i+X_j \\ \Delta Y_{ij}-Y_i+Y_j \\ \Delta Z_{ij}-Z_i+Z_j \end{bmatrix} \tag{2.69}$$

写成矩阵形式

$$\boldsymbol{V}_{ij}=-\boldsymbol{E}\mathrm{d}\boldsymbol{X}_i+\boldsymbol{E}\mathrm{d}X_j-\boldsymbol{L}_{ij}$$

其对应的方差协方差阵和权阵分别为

$$\boldsymbol{D}_{ij}=\begin{bmatrix}\sigma_{\Delta x}^2 & \sigma_{\Delta X\Delta Y} & \sigma_{\Delta X\Delta Z}\\ \sigma_{\Delta X\Delta Y} & \sigma_{\Delta Y}^2 & \sigma_{\Delta Y\Delta Z}\\ \sigma_{\Delta X\Delta Z} & \sigma_{\Delta Y\Delta Z} & \sigma_{\Delta Z}^2\end{bmatrix},\quad \boldsymbol{P}_{ij}=\boldsymbol{D}_{ij}^{-1} \tag{2.70}$$

(2)位置基准方程

当引入一个点的伪距定位值作为固定位置时,设第 k 点为固定点,则基准方程为

$$\begin{bmatrix}\mathrm{d}X_k\\ \mathrm{d}Y_k\\ \mathrm{d}Z_k\end{bmatrix}=\begin{bmatrix}X_k^0\\ Y_k^0\\ Z_k^0\end{bmatrix}-\begin{bmatrix}X_k\\ Y_k\\ Z_k\end{bmatrix}=0 \tag{2.71}$$

而对秩亏自由网平差位置基准,有基准方程

$$\boldsymbol{G}^{\mathrm{T}}\mathrm{d}\boldsymbol{B}=0 \tag{2.72}$$

式中

$$\boldsymbol{G}^{\mathrm{T}}=\begin{bmatrix}1 & 0 & 0 & \cdots & 1 & 0 & 0\\ 0 & 1 & 0 & \cdots & 0 & 1 & 0\\ 0 & 0 & 1 & \cdots & 0 & 0 & 1\end{bmatrix}=[E\quad E\quad \cdots\quad E] \tag{2.73}$$

$$\mathrm{d}\boldsymbol{B}=[\mathrm{d}X_1\mathrm{d}Y_1\mathrm{d}Z_1\cdots\mathrm{d}X_n\mathrm{d}Y_n\mathrm{d}Z_n]^{\mathrm{T}} \tag{2.74}$$

(3)法方程的组成及解算

由于 GPS 网各基线向量观测值之间是相互独立的，且误差方程的坐标未知数的系数均是单位阵。因此,其法方程既简单又有规律,可分别对每个基线向量观测值方程组成法方程,可得

$$\begin{bmatrix}P_{ij} & -P_{ij}\\ -P_{ij} & P_{ij}\end{bmatrix}\begin{bmatrix}\mathrm{d}X_i\\ \mathrm{d}Y_i\end{bmatrix}-\begin{bmatrix}-P_{ij} & L_{ij}\\ P_{ij} & L_{ij}\end{bmatrix}=0 \tag{2.75}$$

再将这些单个法方程的系数项和常数项加到总法方程对应的系数项和常数项上去，得

$$\begin{bmatrix}\sum P_1 & -\sum P_{12} & \cdots & -\sum P_{1n}\\ -\sum P_{21} & \sum P_2 & \cdots & -\sum P_{2n}\\ \vdots & \vdots & \vdots & \vdots\\ -\sum P_{n1} & -\sum P_{n2} & \cdots & \sum P_n\end{bmatrix}\begin{bmatrix}\mathrm{d}X_1\\ \mathrm{d}X_2\\ \vdots\\ \mathrm{d}X_n\end{bmatrix}-\begin{bmatrix}\sum P_1L_{1k}\\ \sum P_2L_{2k}\\ \vdots\\ \sum P_nL_{nk}\end{bmatrix}=0 \tag{2.76}$$

或

$$\boldsymbol{N}\mathrm{d}\boldsymbol{X}-\boldsymbol{U}=\boldsymbol{0}$$

式中

$$\mathrm{d}\boldsymbol{X} = (\mathrm{d}\boldsymbol{X}_1^{\mathrm{T}} 1 \mathrm{d}\boldsymbol{X}_2^{\mathrm{T}} \cdots \mathrm{d}\boldsymbol{X}_n^{\mathrm{T}})^{\mathrm{T}}$$

于是,可解得坐标未知数

$$\mathrm{d}\boldsymbol{X} = \boldsymbol{N}^{-1} \boldsymbol{U} \tag{2.77}$$

(4)精度评定

单位权中误差值为

$$\sigma_0^2 = \frac{\boldsymbol{V}^{\mathrm{T}} \boldsymbol{P} \boldsymbol{V}}{3m - 3n + 3} \tag{2.78}$$

式中 n——网中的基线向量数;

m——网的总点数。

坐标未知数的方差估计值为

$$\boldsymbol{D}_X = \sigma_0^2 \boldsymbol{N}^{-1} \tag{2.79}$$

由此可通过改正数检验了解网自身的内符合精度,观测网中是否可能存在粗差和系统误差。

2)三维约束平差

所谓三维约束平差,是指以国家大地坐标系或地方坐标系的某些固定点的坐标、固定边长和固定方位为网的基准,并将其作为平差中的约束条件,在平差计算中考虑 GPS 网与地面网之间的转换参数。

(1)GPS 基线向量观测方程

观测方程必须顾及 WGS-84 坐标系与国家大地坐标系间的转换参数,即应顾及 7 个转换参数。但由于观测量——基线向量是以三维坐标差的形式表示的,转换关系与平移参数无关,因此 7 个参数中只需考虑尺度参数 m 和 3 个旋转参数 $\varepsilon_x,\varepsilon_y,\varepsilon_z$,两坐标系的坐标差转换模型为

$$\begin{bmatrix} \Delta X_{ij} \\ \Delta Y_{ij} \\ \Delta Z_{ij} \end{bmatrix}_S = (1 + m) \begin{bmatrix} \Delta X_{ij} \\ \Delta Y_{ij} \\ \Delta Z_{ij} \end{bmatrix}_T + \boldsymbol{R}_{ij} \begin{bmatrix} \varepsilon_x \\ \varepsilon_y \\ \varepsilon_z \end{bmatrix} \tag{2.80}$$

式中

$$\boldsymbol{R}_{ij} = \begin{bmatrix} 0 & -\Delta Z_{ij} & \Delta Y_{ij} \\ \Delta Z_{ij} & 0 & -\Delta X_{ij} \\ -\Delta Y_{ij} & \Delta X_{ij} & 0 \end{bmatrix}$$

由式(1.36) 可得在考虑转换参数后的 GPS 基线向量观测方程

$$\begin{bmatrix} V_{\Delta X_{ij}} \\ V_{\Delta Y_{ij}} \\ V_{\Delta Z_{ij}} \end{bmatrix} = - \begin{bmatrix} \mathrm{d}X_i \\ \mathrm{d}Y_i \\ \mathrm{d}Z_i \end{bmatrix} + \begin{bmatrix} \mathrm{d}X_j \\ \mathrm{d}Y_j \\ \mathrm{d}Z_j \end{bmatrix} + \begin{bmatrix} \Delta X_{ij} \\ \Delta Y_{ij} \\ \Delta Z_{ij} \end{bmatrix} m + \boldsymbol{R}_{ij} \begin{bmatrix} \varepsilon_x \\ \varepsilon_y \\ \varepsilon_z \end{bmatrix} - \begin{bmatrix} L_{\Delta X_{ij}} \\ L_{\Delta Y_{ij}} \\ L_{\Delta Z_{ij}} \end{bmatrix} \tag{2.81}$$

式中

$$\begin{bmatrix} L_{\Delta X_{ij}} \\ L_{\Delta Y_{ij}} \\ L_{\Delta Z_{ij}} \end{bmatrix} = \begin{bmatrix} X_j^0 - X_i^0 - \Delta X_{ij} \\ Y_j^0 - Y_i^0 - \Delta Y_{ij} \\ Z_j^0 - Z_i^0 - \Delta Z_{ij} \end{bmatrix}$$

通常 GPS 基线向量以空间直角坐标表示,而地面网坐标系统的坐标是以大地坐标表示。因此,应将两坐标系的转换关系线性化,则观测值误差方程为

$$\begin{bmatrix} V_{\Delta X_{ij}} \\ V_{\Delta Y_{ij}} \\ V_{\Delta Z_{ij}} \end{bmatrix} = - \boldsymbol{A}_i \begin{bmatrix} \mathrm{d}B_i \\ \mathrm{d}L_i \\ \mathrm{d}H_i \end{bmatrix} + \boldsymbol{A}_j \begin{bmatrix} \mathrm{d}B_j \\ \mathrm{d}L_j \\ \mathrm{d}H_j \end{bmatrix} + \begin{bmatrix} \Delta X_{ij}^0 \\ \Delta Y_{ij}^0 \\ \Delta Z_{ij}^0 \end{bmatrix} m + \boldsymbol{R}_{ij} \begin{bmatrix} \varepsilon_x \\ \varepsilon_y \\ \varepsilon_z \end{bmatrix} - \begin{bmatrix} L_{\Delta X_{ij}} \\ L_{\Delta Y_{ij}} \\ L_{\Delta Z_{ij}} \end{bmatrix} \tag{2.82}$$

式中

$$\begin{bmatrix} \Delta X_{ij}^0 \\ \Delta Y_{ij}^0 \\ \Delta Z_{ij}^0 \end{bmatrix} = \begin{bmatrix} X_j^0 - X_i^0 \\ Y_j^0 - Y_i^0 \\ Z_j^0 - Z_i^0 \end{bmatrix}; \begin{bmatrix} X_i^0 \\ Y_i^0 \\ Z_i^0 \end{bmatrix} = \begin{bmatrix} (N_i + H_i)\cos B_i^0 \cos L_i^0 \\ (N_i + H_i)\cos B_i^0 \sin L_i^0 \\ [N_i(1 - e^2) + H_i]\sin B_i^0 \end{bmatrix}$$

B_i^0, L_i^0, H_i^0——地面测量系统中 GPS 网控制点的近似大地坐标,故系数权阵 $\boldsymbol{A}_i, \boldsymbol{A}_j, \boldsymbol{R}_{ij}$ 等均以近似值为依据计算。

(2)约束条件方程

对已知点的坐标,其坐标约束条件为

$$\begin{bmatrix} \mathrm{d}B_k \\ \mathrm{d}L_k \\ \mathrm{d}H_k \end{bmatrix} = \begin{bmatrix} 0 \\ 0 \\ 0 \end{bmatrix} \tag{2.83}$$

式中　k——已知地面坐标点。

在平差中,对已知的地面高精度测距值,可用来作为 GPS 网平差的尺度基准。其约束条件为

$$- \boldsymbol{C}_{ij}\boldsymbol{A}_i \begin{bmatrix} \mathrm{d}B_i \\ \mathrm{d}L_i \\ \mathrm{d}H_i \end{bmatrix} + \boldsymbol{C}_{ij}\boldsymbol{A}_j \begin{bmatrix} \mathrm{d}B_j \\ \mathrm{d}L_j \\ \mathrm{d}H_j \end{bmatrix} + \boldsymbol{W}_D = 0 \tag{2.84}$$

式中

$$C_{ij}=\left(\frac{\Delta X_{ij}^0}{D_{ij}},\frac{\Delta Y_{ij}^0}{D_{ij}},\frac{\Delta Z_{ij}^0}{D_{ij}}\right)$$

$$W_D=(\Delta X_{ij}^{02}+\Delta Y_{ij}^{02}+\Delta Z_{ij}^{02})^{\frac{1}{2}}-D_{ij}$$

式中 D_{ij}——已知的距离值。

对已知的大地方位角,可用其作为网的定向基准。其约束条件方程为

$$-F_{kj}A_k\begin{bmatrix}dB_k\\dL_k\\dH_k\end{bmatrix}+F_{kj}A_j\begin{bmatrix}dB_j\\dL_j\\dH_j\end{bmatrix}+W_\alpha=0 \tag{2.85}$$

式中

$$F_{kj}{}^{T}=\begin{bmatrix}\dfrac{\sin A_{kj}^0\sin B_k^0\cos L_k^0-\cos A_{kj}^0\sin L_k^0}{D_{kj}^0\sin Z_{kj}^0}\\[2ex]\dfrac{\sin A_{kj}^0\sin B_k^0\sin L_k^0+\cos A_{kj}^0\cos L_k^0}{D_{kj}^0\sin Z_{kj}^0}\\[2ex]-\dfrac{\sin A_{kj}^0\cos B_k^0}{D_{kj}^0\sin Z_{kj}^0}\end{bmatrix}^{T}$$

$$W_\alpha=\arctan\frac{(N_j^0+H_j^0)\cos B_j^0\sin(L_j^0-L_k^0)}{X_{kj}^0}-\alpha_{kj}$$

$$X_{kj}^0=[\cos B_k^0\cos B_j^0-\sin B_k^0\cos B_j^0\cos(L_j^0-L_k^0)](N_j^0+H_j^0)+(N_K^0\sin B_k^0-N_j^0\sin B_j^0)e^2\cos B_k^0$$

式中 D_{kj}^0——两点的近似弦长;

Z_{kj}^0——k 点至 j 点的天顶距近似值;

α_{kj}——地面网已知方位角。

(3)法方程的组成及解算

GPS 网三维约束平差即为附有条件的相关间接平差,其误差方程为基线向量的观测方程,写成矩阵式为

$$V=Bd\bar{B}-L \tag{2.86}$$

其约束条件方程为

$$Cd\bar{B}+W=0 \tag{2.87}$$

则可按最小二乘法组成方程

$$\begin{bmatrix}N & C^T\\C & 0\end{bmatrix}\begin{bmatrix}d\bar{B}\\K\end{bmatrix}+\begin{bmatrix}-U\\W\end{bmatrix}=0 \tag{2.88}$$

式中

$$\boldsymbol{N}=\boldsymbol{B}^{\mathrm{T}}\boldsymbol{P}\boldsymbol{B},\qquad \boldsymbol{U}=\boldsymbol{B}^{\mathrm{T}}\boldsymbol{P}\boldsymbol{L}$$

$$\mathrm{d}\overline{\boldsymbol{B}}=[\mathrm{d}\boldsymbol{B}_1{}^{\mathrm{T}}\ \mathrm{d}\boldsymbol{B}_2{}^{\mathrm{T}}\cdots\mathrm{d}\boldsymbol{B}_{n^{\mathrm{T}}},m,\varepsilon_x,\varepsilon_y,\varepsilon_z]^{\mathrm{T}}$$

$\boldsymbol{K}$ 为联系数。按矩阵分块求逆,可解出未知数

$$\boldsymbol{K}=[\boldsymbol{C}\boldsymbol{N}^{-1}\boldsymbol{C}^{\mathrm{T}}]^{-1}[\boldsymbol{W}+\boldsymbol{C}\boldsymbol{N}^{-1}\boldsymbol{U}]\tag{2.89}$$

$$\mathrm{d}\overline{\boldsymbol{B}}=\boldsymbol{N}^{-1}(\boldsymbol{U}-\boldsymbol{C}^{\mathrm{T}}\boldsymbol{K})\tag{2.90}$$

平差后,未知数的协因数阵为

$$\boldsymbol{Q}_{kk}=-(\boldsymbol{C}\boldsymbol{N}^{-1}\boldsymbol{C}^{\mathrm{T}})^{-1}$$

$$\boldsymbol{Q}_{\overline{B}}=\boldsymbol{N}^{-1}+\boldsymbol{N}^{-1}\boldsymbol{C}^{\mathrm{T}}\boldsymbol{Q}_{kk}\boldsymbol{C}\boldsymbol{N}^{-1}\tag{2.91}$$

单位权方差估值为

$$\sigma_0^2=\frac{\boldsymbol{V}^{\mathrm{T}}\boldsymbol{P}\boldsymbol{V}}{3m-n+r}\tag{2.92}$$

式中　m——基线数;

n——未知数个数;

r——条件方程个数。

于是,平差后未知数的方差估值为

$$D_{\hat{B}}=\sigma_0^2Q_{\hat{B}}\tag{2.93}$$

知识点5:GPS 网与地面网的三维联合

三维联合平差是除了顾及上述 GPS 基线向量的观测方程和作为基准的约束条件外,同时顾及地面中的常规观测值(如方向、距离、天顶距等)的平差。GPS 基线向量观测值误差方程以及约束条件同上,而地面网观测值的误差方程如下:

①方向观测值 β_{ij} 的误差方程

$$V_{\beta_{ij}}=-\mathrm{d}\theta_i-F_{ij}A_i\begin{bmatrix}\mathrm{d}B_i\\ \mathrm{d}L_i\\ \mathrm{d}H_i\end{bmatrix}+F_{ij}A_j\begin{bmatrix}\mathrm{d}B_j\\ \mathrm{d}L_j\\ \mathrm{d}H_j\end{bmatrix}-L_{\beta_{ij}}\tag{2.94}$$

式中

$$L_{\beta_{ij}}=\beta_{ij}+\theta_{i0}-\alpha_{ij0}$$

θ_{i0},$\mathrm{d}\theta$——测站上定向角的近似值和改正值。

②方位观测值 α_{ij} 的误差方程

$$\left.\begin{aligned}V_{\alpha_{ij}}&=-F_{ij}A_k\begin{bmatrix}\mathrm{d}B_k\\ \mathrm{d}L_k\\ \mathrm{d}H_k\end{bmatrix}+F_{kj}A_j\begin{bmatrix}\mathrm{d}B_j\\ \mathrm{d}L_j\\ \mathrm{d}H_j\end{bmatrix}-L_{\alpha_{ij}}\\ L_{\alpha_{ki}}&=\alpha_{\alpha_{ki}}-\alpha_{\alpha_{ki}}^0\end{aligned}\right\}\tag{2.95}$$

③距离观测值 D_{ij} 的误差方程

$$\left.\begin{aligned} V_{D_{ij}} &= -C_{ij}A_i\begin{bmatrix} dB_i \\ dL_i \\ dH_i \end{bmatrix} + c_{ij}A_j\begin{bmatrix} dB_j \\ dL_j \\ dH_j \end{bmatrix} - L_{D_{ij}} \\ L_{D_{ki}} &= D_{ij} - D_{kj}^0 \end{aligned}\right\} \tag{2.96}$$

④水准测量高差值 h_{ij} 的误差方程

$$\left.\begin{aligned} V_{hij} &= -dH_i + dH_j - \Delta N_{ij} - L_{hij} \\ L_{hij} &= h_{ij} - h_{ij}^0 \end{aligned}\right\} \tag{2.97}$$

式中　ΔN_{ij}——i,j 两点大地水准面差距之差。

若考虑天顶距和天文经纬度观测值,在未知数中还要加上各点的垂线偏差及折光系数改正数,平差中法方程的组成及解算方法均与三维约束平差相同,这里就不再赘述。

子任务 2.4.3　GPS 控制网三维平差的主要流程

GPS 三维平差的主要流程图如图 2.15 所示。在 GPS 网三维平差中,首先应进行三维无约束平差,平差后通过观测值改正数检验,发现基线向量中是否存在粗差,并剔除含有粗差的基线向量,再重新进行平差,直至确定网中没有粗差后,再对单位权方差因子进行了 χ^2 检验,判断平差的基线向量随机模型是否存在误差,并对随机模型进行改正,以提供较为合适的平差随机模型。然后对 GPS 网进行约束平差或联合平差,并对平差中加入的转换参数进行显著性检验,对不显著的参数应剔除,以免破坏平差方程的性态。

知识点 1:GPS 基线向量网的二维平差

由于大多数工程及生产实用坐标系均采用平面坐标和正常高程坐标系统。因此,将 GPS 基线向量投影到平面上,进行二维平面约束平差是十分必要的。由于 GPS 基线向量网二维平差应在某一参考椭球面或某一投影平面坐标系上进行。因此,平差前必须将 GPS 三维基线向量观测值及其协方差阵转换投影至二维平差计算面上,即从三维基线向量中提取二维信息,在平差计算面上构成一个二维 GPS 基线向量网。

GPS 基线向量网二维平差也可分为无约束平差、约束平差和联合平差 3 类。平差原理及方法均与三维平差相同。由二维约束平差和联合平差获得的 GPS 平面成果,就是国家坐标系下或地方坐标系下具有传统意义的控制成果。在平差中的约束条件往往是由地面网与 GPS 网重合的已知点坐标,这些作为基准的已知点的精度或它们之间的兼容性是必须保证的;否则,由于基准本身误差太大互不兼容,将会导致平差后的 GPS 网产生严重变形,精度大大降低。因此,在平差中,应通过检验发现并淘汰精度低且不兼容地面网的已知点,再重新平差。

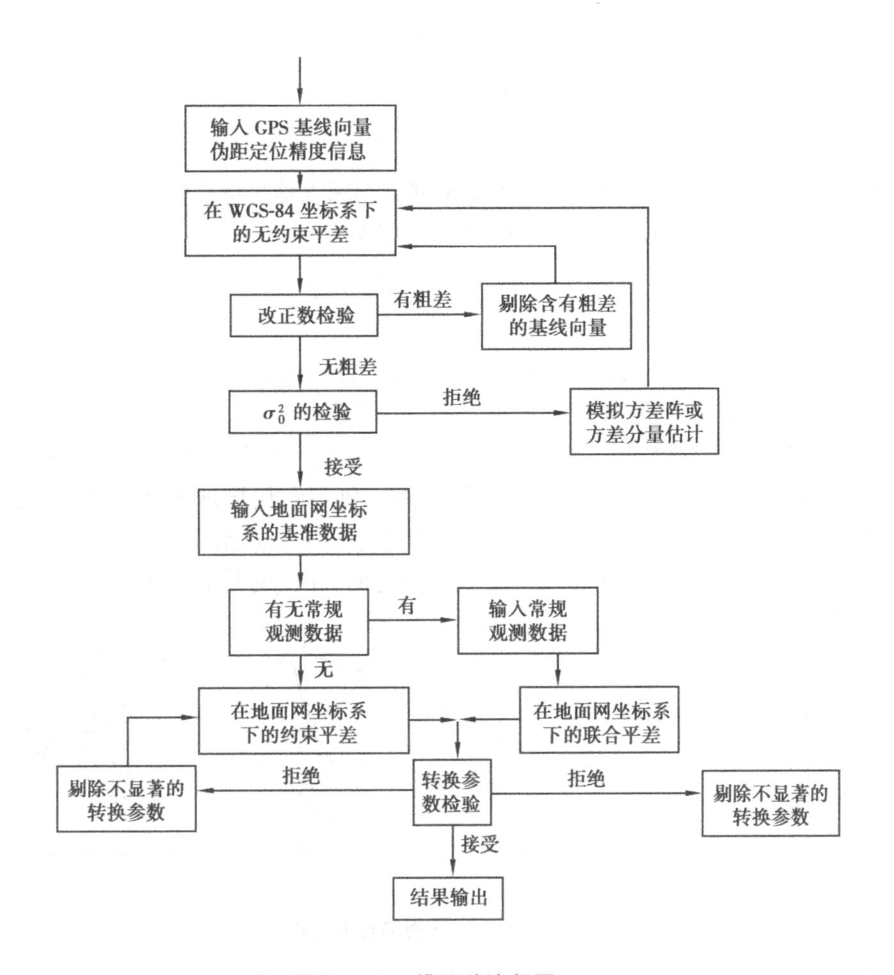

图 2.15　三维平差流程图

1)基线向量网的二维投影变换

在三维基线向量转换成二维基线向量中,应避免地面网中大地高程不准确引起的尺度误差和 GPS 网变形,以保证 GPS 网转换后整体及相对几何关系不变。因此,可采用在一点上实行位置强制约束,在一条基线的空间方向上实行方向约束的三维转换方法,也可在一点上实行位置强制约束,在一条基线的参考椭球面投影的法截弧和大地线方向上实行定向约束的准三维转换方法,使转换后的 GPS 网与地面网在一个基准点上和一条基线上的方向完全一致,而两网之间只存在尺度比差和残余定向差。

(1)基线向量网变换成地面网

设地面控制位置基准点在国家大地坐标系中的大地坐标为 $(B_T^0,\ L_T^0,\ H_T^0)$,由大地坐标与空间三维直角坐标关系式可得该点在国家空间直角坐标系下的坐标$(X_T^0,\ Y_T^0,\ Z_T^0)$。

假定网中基准点的坐标为$(B^0,\ L^0,\ H^0)$,其他点坐标为$(B_1,\ L_1,\ H_1)$,而该基准点在 GPS 网的三维直角坐标为$(X_S^0,\ Y_S^0,\ Z_S^0)$。由此可得 GPS 网平移至地面测量控制网基点的平移参数为

$$\left.\begin{aligned}\Delta X &= X_{\mathrm{T}}^{0} - X_{\mathrm{S}}^{0}\\ \Delta Y &= Y_{\mathrm{T}}^{0} - Y_{\mathrm{S}}^{0}\\ \Delta Z &= Z_{\mathrm{T}}^{0} - Z_{\mathrm{S}}^{0}\end{aligned}\right\} \tag{2.98}$$

于是，可将 GPS 网其他各点坐标经下式平移到国家大地坐标系中，即

$$\left.\begin{aligned}X_{\mathrm{T}i} &= X_{\mathrm{S}i} + \Delta X\\ Y_{\mathrm{T}i} &= Y_{\mathrm{S}i} + \Delta Y\\ Z_{\mathrm{T}i} &= Z_{\mathrm{S}i} + \Delta Z\end{aligned}\right\} \tag{2.99}$$

利用高斯投影的反算公式，即可得各点在国家大地坐标系中的大地坐标(B_i, L_i, H_i)。

(2)三维 GPS 网转换至国家大地坐标系的二维投影

虽然平移变换已将 GPS 网与地面控制网在基准点上(见图 2.16 中 1 号点为基准点)实现了重合，但为使 GPS 网与地面控制网在方位上重合，则可利用椭球大地测量学中的赫里斯托夫第一类微分公式，实现两网在同一椭球面上的符合。该公式给出了当基准数据(起始点的大地坐标 $\mathrm{d}B$ 与 $\mathrm{d}L$，以及方位 $\mathrm{d}A$、长度 $\mathrm{d}S$)发生变化时，相应的其他大地点坐标的变化值。

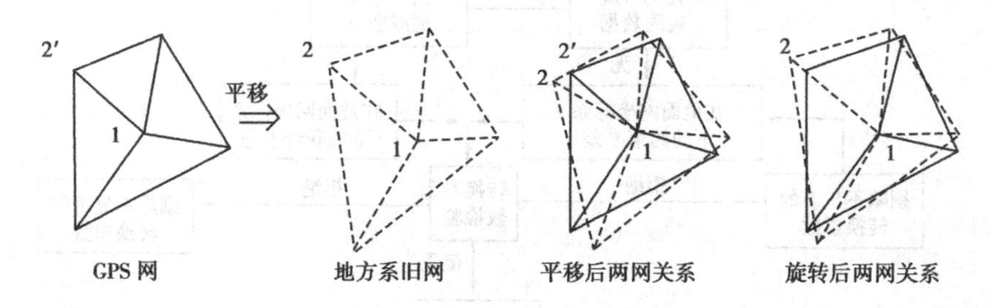

图 2.16　GPS 网的转换过程

设 $B_1 = B^0 + \Delta B$ ，$L_1 = L^0 + \Delta L$，$A_1 = A^0 + \Delta A \pm 180°$，则有全微分公式

$$\left.\begin{aligned}\mathrm{d}B_1 &= \left(1 + \frac{\partial \Delta B}{\partial B}\right)\mathrm{d}B^0 + \frac{\partial \Delta B}{\partial S}\mathrm{d}S^0 + \frac{\partial \Delta B}{\partial A}\mathrm{d}A^0\\ \mathrm{d}L_1 &= \frac{\partial \Delta L}{\partial B}\mathrm{d}B^0 + \frac{\partial \Delta B}{\partial S}\mathrm{d}S^0 + \frac{\partial \Delta L}{\partial A}\mathrm{d}A^0 + \mathrm{d}L^0\end{aligned}\right. \tag{2.100}$$

由于参考椭球是旋转椭球体，因而当 L^0 有 $\mathrm{d}L^0$ 变化时，则相当于起算子午面有了微小的变化，且这一变化对经度 $\mathrm{d}L_1$ 有一个平移 $\mathrm{d}L^0$ 的影响，对 B_1 没有影响。为了书写方便，上式可写为

$$\left.\begin{aligned}\mathrm{d}B_1 &= p_1\mathrm{d}B^0 + p_3\left(\frac{\mathrm{d}S_0}{S}\right) + p_4\mathrm{d}A^0\\ \mathrm{d}L_1 &= q_1\mathrm{d}B^0 + q_3\left(\frac{\mathrm{d}S_0}{S}\right) + q_4\mathrm{d}A^0 + \mathrm{d}L^0\end{aligned}\right\} \tag{2.101}$$

式中

$$p_1 = 1 + \frac{\partial \Delta B}{\partial B},\qquad p_3 = S\frac{\partial \Delta B}{\partial S},\qquad p_4 = \frac{\partial \Delta B}{\partial A}$$

$$q_1 = \frac{\partial \Delta L}{\partial B},\qquad q_3 = S\frac{\partial \Delta L}{\partial S},\qquad q_4 = \frac{\partial \Delta L}{\partial A}$$

该式即赫里斯托夫第一类微分公式。

对已平移变换且基准上重合的网，在该公式中，有 $dB^0=0$，$dL^0=0$。同时，因在进行三维至二维的投影变换时，往往难以准确确定两网的尺度差异，故可将此变换留待约束（联合）平差时考虑。此时，可设 $dS^0=0$，那么，此处赫里斯托夫第一类微分公式就可简化为

$$dB_1 = p_4 dA^0, \quad dL_1 = q_4 dA^0 \tag{2.102}$$

由椭球大地测量可知

$$p_4 = -\cos B^0(1+\eta_0{}^2)\Delta L + 3\cos B^0 t_0 \eta_0{}^2 \Delta B \Delta L + \frac{\cos^2 B^0(1+t_0{}^2)\Delta L^3}{6}$$

$$q_4 = \frac{(1-\eta_0{}^2+\eta_0{}^4)\Delta B}{\cos B^0} + \frac{t_0\left(1-\frac{\eta_0{}^2}{2}\right)\Delta B^2}{\cos B_0} - \frac{\cos B_0 t_0 \Delta L^2}{2} + \frac{(1+3t_0{}^2)\Delta B^2}{3\cos B^0} - \frac{\cos B^0(1+t_0{}^2)\Delta B \Delta L^2}{2}$$

式中

$$\eta_0 = e'\cos B, \quad t_0 = \tan B$$

根据两网起始坐标方位角之差 $dA = A_T^0 - A_S^0$，可得 GPS 网中各点在国家大地坐标系内与地面网起始基准点及起始方位一致的坐标，则

$$\begin{aligned} B_1 &= B_1 + dB_1 \\ L_1 &= L_1 + dL_1 \end{aligned} \tag{2.103}$$

为了平差计算及科研生产使用方便，二维平差通常是在平面上进行，可利用高斯投影正算将 GPS 各点由参心椭球坐标投影到高斯平面坐标系。

（3）三维基线向量协方差阵与二维高斯平面协方差阵变换

除了将三维网投影到二维平面上外，还应把相应的协方差阵变换到二维高斯平面。由空间直角坐标与椭球大地坐标的关系，可得任一条基线的空间直角坐标差关系为

$$\left.\begin{aligned} \Delta x &= (N_1+H_1)\cos B_1 \cos L_1 - (N_0+H_0)\cos B_0 \cos L_0 \\ \Delta y &= (N_1+H_1)\cos B_1 \sin L_1 - (N_0+H_0)\cos B_0 \sin L_0 \\ \Delta z &= [N_1(1-e^2)+H_1]\sin B_1 - [N_0(1-e^2)+H_1]\sin B_0 \end{aligned}\right\} \tag{2.104}$$

可将式（2.104）展开成三维级数式，并通过对其求偏导得到空间直角坐标差与大地坐标差之间全微分式

$$\begin{bmatrix} d\Delta x \\ d\Delta y \\ d\Delta z \end{bmatrix} = \begin{bmatrix} a_B & a_L & a_H \\ b_B & b_L & b_H \\ c_B & c_L & c_H \end{bmatrix} \begin{bmatrix} d\Delta B \\ d\Delta L \\ d\Delta H \end{bmatrix} \tag{2.105}$$

式中　a_i，b_i，$c_i(i=B,L,H)$——一阶偏导系数。

由于偏导系数矩阵是可逆的，于是可唯一地得到大地坐标差关于直角坐标差的微分关系式

$$\begin{bmatrix} d\Delta B \\ d\Delta L \\ d\Delta H \end{bmatrix} = \begin{bmatrix} a_B & a_L & a_H \\ b_B & b_L & b_H \\ c_B & c_L & c_H \end{bmatrix}^{-1} \begin{bmatrix} d\Delta x \\ d\Delta y \\ d\Delta z \end{bmatrix} \tag{2.106}$$

或

$$\mathrm{d}\Delta\overline{\boldsymbol{B}} = \boldsymbol{B}\mathrm{d}\Delta\overline{\boldsymbol{X}}$$

式中

$$\mathrm{d}\Delta\overline{\boldsymbol{B}} = [\mathrm{d}\Delta B,\ \mathrm{d}\Delta L\ ,\ \mathrm{d}\Delta H\ ]^{\mathrm{T}}$$

$$\mathrm{d}\Delta\overline{\boldsymbol{X}} = [\mathrm{d}\Delta x\ ,\mathrm{d}\Delta y\ ,\mathrm{d}\Delta z\ ]^{\mathrm{T}}$$

按协方差传播规律,可得到大地坐标差与直角坐标差之间的协方差转换公式

$$\boldsymbol{D}_{\Delta\bar{B}} = \boldsymbol{B}\ \boldsymbol{D}_{\Delta X}\ \boldsymbol{B}^{\mathrm{T}} \tag{2.107}$$

而由高斯正算公式,可得平面直角坐标差与椭球坐标的全微分式

$$\begin{bmatrix}\mathrm{d}\Delta x\\ \mathrm{d}\Delta y\end{bmatrix} = \begin{bmatrix}\alpha_B\alpha_L\\ \beta_B\beta_L\end{bmatrix}\begin{bmatrix}\mathrm{d}\Delta B\\ \mathrm{d}\Delta L\end{bmatrix} = \boldsymbol{\alpha}\mathrm{d}\Delta\overline{\boldsymbol{B}} \tag{2.108}$$

式中

$$\alpha_B = N_0(1 - \eta_0^2 + \eta_0^4 - \eta_0^6) + 3N_0t_0(\eta_0^2 - 2\eta_0^4)\Delta B$$

$$\alpha_L = N_0t_0C_0\Delta l$$

$$\beta_B = N_0t_0C_0(-1 + \eta_0^2 - \eta_0^4 + \eta_0^6)\Delta L$$

$$\beta_L = N_0C_0 + N_0t_0C_0(-1 + \eta_0^2 - \eta_0^4 + \eta_0^6)\Delta B$$

$$\mathrm{d}\Delta\overline{\boldsymbol{B}}' = (\mathrm{d}\Delta B, \mathrm{d}\Delta L)$$

由此,可得三维空间基线向量到二维高斯平面的协方差阵

$$\boldsymbol{D}_{高斯} = \boldsymbol{\alpha}\boldsymbol{D}'_{\Delta B}\boldsymbol{\alpha}^{\mathrm{T}}$$

式中 $\boldsymbol{D}'_{\Delta B}$——$\boldsymbol{D}_{\Delta\bar{B}}$ 中与 $\Delta B,\Delta L$ 有关的方差、协方差分量的子矩阵。

2)基线向量网的二维平差

通过上述转换方法,即可将基线向量与其协方差阵变换到二维平面坐标系中,然后进行二维平差。

(1)二维约束平差的观测方程与约束条件方程

设二维基线向量观测值为 $\Delta\boldsymbol{X}_{ij} = (\Delta x_{ij},\Delta y_{ij})^{\mathrm{T}}$,而待定坐标改正数 $\mathrm{d}\boldsymbol{X} = (\mathrm{d}x_i,\mathrm{d}y_i)^{\mathrm{T}}$,尺度差参数 m 以及残余定向差参数 $\mathrm{d}\alpha$ 为平差未知参数,则 GPS 基线向量的观测误差方程为

$$\begin{bmatrix}V\Delta x_{ij}\\ V\Delta y_{ij}\end{bmatrix} = \begin{bmatrix}-1 & 0\\ 0 & -1\end{bmatrix}\begin{bmatrix}\mathrm{d}x_i\\ \mathrm{d}y_i\end{bmatrix} + \begin{bmatrix}1 & 0\\ 0 & 1\end{bmatrix}\begin{bmatrix}\mathrm{d}x_i\\ \mathrm{d}y_i\end{bmatrix} + \begin{bmatrix}\Delta x_{ij}\\ \Delta y_{ij}\end{bmatrix}m + \begin{bmatrix}\dfrac{-\Delta y_{ij}}{\rho}\\ \dfrac{\Delta x_{ij}}{\rho}\end{bmatrix}\mathrm{d}\alpha - \begin{bmatrix}l_{\Delta x_{ij}}\\ l_{\Delta y_{ij}}\end{bmatrix} \tag{2.109}$$

式中

$$\begin{bmatrix}l_{\Delta x_{ij}}\\ l_{\Delta y_{ij}}\end{bmatrix} = \begin{bmatrix}\Delta x_{ij}\\ \Delta y_{ij}\end{bmatrix} - \begin{bmatrix}x_j - x_i\\ y_j - y_i\end{bmatrix} \tag{2.110}$$

$$m = (S_{\mathrm{G}} - S_{\mathrm{T}})/S_{\mathrm{T}},\quad \mathrm{d}\alpha = \alpha_{\mathrm{G}} - \alpha_{\mathrm{T}}$$

当网中有已知点的坐标约束时,则 GPS 网中与已知点重合的基线向量的坐标改正数为零,即

$$\begin{bmatrix} dx_i \\ dy_i \end{bmatrix} = 0 \tag{2.111}$$

当网中有边长约束时,则边长约束条件方程为

$$\cos\alpha_{ij}^0 dx_i - \sin\alpha_{ij}^0 dy_i + \cos\alpha_{ij}^0 dx_j + \sin\alpha_{ij}^0 dy_j + \omega_{Sij} = 0 \tag{2.112}$$

式中

$$\left.\begin{aligned} \alpha_{ij}^0 &= \arctan\left(\frac{y_j^0 - y_i^0}{x_j^0 - x_i^0}\right) \\ \omega_{Sij} &= \sqrt{(x_j^0 - x_i^0)^2 + (y_j^0 - y_i^0)^2} - S_{ij} \end{aligned}\right\} \tag{2.113}$$

这里的 S_{ij} 即GPS网的尺度基准。

当网中有已知方位角约束时,其约束条件方程为

$$\alpha_{ij} dx_i + b_{ij} dy_i - \alpha_{ij} dx_j - b_{ij} dy_j + \omega_{\alpha ij} = 0 \tag{2.114}$$

式中

$$\alpha_{ij} = \frac{\rho''\sin\alpha_{ij}^0}{S_{ij}^0},\quad b_{ij} = -\frac{\rho''\cos\alpha_{ij}^0}{S_{ij}^0},\quad \omega_{\alpha ij} = \arctan\left(\frac{y_j^0 - y_i^0}{x_j^0 - y_i^0}\right) - \alpha_{ij} \tag{2.115}$$

此处,α_{ij} 是已知方位,它是GPS网的外部定向基准。

(2)GPS基线向量网同地面网的二维联合平差

GPS基线向量网同地面网的二维联合平差是在上述GPS基线观测方程及坐标、边长、方位的约束条件方程的基础上,再加上地面网的观测方向和观测边长的观测方程。

方向观测值误差方程为

$$V_{\beta ij} = -dz_{i+}\alpha_{ij} dx_i + b_{ij} dy_i - \alpha_{ij} dx_j - b_{ij} dy_i - l_{\beta ij} \tag{2.116}$$

式中　dz_i——i 测站上的定向角未知数,其近似值为 Z_{ij}^0,则

$$L_{ij} = Z_{ij}^0 + \beta_{ij} - \alpha_{ij}^0 \tag{2.117}$$

边长观测值误差方程

$$V_{Sij} = -\cos\alpha_i^0 dx_i - \sin\alpha_{ij}^0 dy_i + \cos\alpha_{ij}^0 dx_j + \sin\alpha_{ij}^0 dy_j - l_{Sij} \tag{2.118}$$

式中

$$l_{\beta ij} = S_{ij} - S_{ij}^0 \tag{2.119}$$

GPS基线向量网的二维平差方法和平差过程均与三维网相同,这里不再赘述。

知识点2:　GPS高程与精度分析

由GPS相对定位得到的基线向量,经平差后可得到高精度的大地高程。若网中有一点或多点具有精确的WGS-84大地坐标系的大地高程,则在GPS网平差后,即可得各GPS点的WGS-84大地高程,然而在实际应用中,地面点一般采用正常高程系统。因此,应找出GPS点的大地高程同正常高程的关系,并采用一定模型进行转换。

在GPS相对定位中,高程的相对精度一般为$(2\sim3)\times10^{-6}$,在绝对精度方面,对10 km以下的基线边长,可达几个厘米,如果在观测和计算时采用一些消除误差的措施,其精度将优于1cm。本节将介绍如何将GPS高程观测结果变换为可实用的正常高程结果。

1)高程系统

为了找出GPS高程系统与其他高程系统的关系,下面将介绍几种常用的高程系统及其

关系。

(1)大地高系统

大地高系统是以参考椭球面为基准面的高程系统，地面某点的大地高程 H 定义为由地面点沿通过该点的椭球法线到椭球面的距离(见图 2.17)，地面点 P 的大地高程为 PP'。

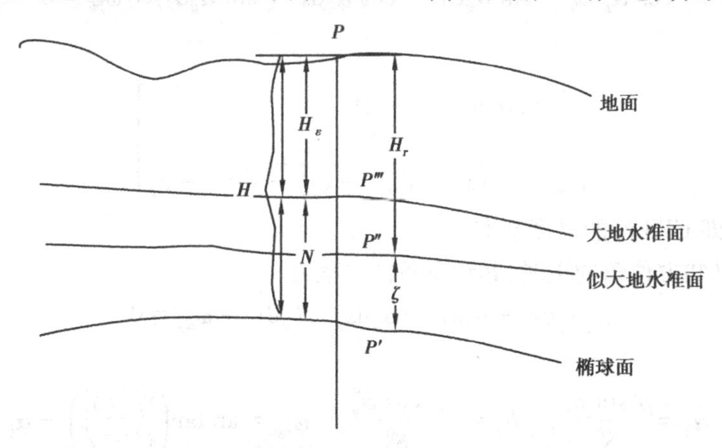

图 2.17　大地高程、正高高程、正常高程

在 GPS 定位测量中获得的是 WGS-84 椭球大地坐标系中的成果，也就是说 GPS 测量求得的是点相对于 WGS-84 椭球的大地高程 H。

由大地高程的定义可知，它是一个几何量，不具有物理意义，不难理解不同定义的椭球大地坐标系，具有不同的大地高程系统。

(2)正高系统

正高系统是以大地水准面为基准面的高程系统，地面某点的正高高程 H_g 定义为由地面点沿铅垂线至大地水准面的距离。大地水准面是一个特殊的重力等位面，由于水准面之间不平行，因此过一点并与水准面相垂直的铅垂线，实际上是一条曲线。正高的计算公式为

$$H_g = \frac{1}{g_m}\int^{H_g} g\mathrm{d}H \tag{2.120}$$

式中　g_m——地面点沿铅垂线至大地水准面的平均重力加速度。

由于 g_m 无法直接测定，因此，严格地讲，正高是不能精确测定的。因正高系统是以大地水准面为基准面的高程系统，故它具有明确的物理意义。大地水准面至椭球面的距离 $P'P''$ 为大地水准面差距 N

$$N = H - H_g \tag{2.121}$$

(3)正常高系统

由于正高实际上无法精确求定，为了使用方便，人们建立了正常高系统，其定义为

$$H_r = \frac{1}{r_m}\int^{H_r} g\mathrm{d}H \tag{2.122}$$

式中　r_m——地面点沿铅垂线至似大地水准面之间的平均正常重力值，可表示为

$$r_m = r - 0.308\,6\left(\frac{H_r}{2}\right) \tag{2.123}$$

r——椭球面上正常重力，其计算公式为

$$r = r_e(1 + \beta_1 \sin^2\phi - \beta_2 \sin^2 2\phi) \tag{2.124}$$

r_e——椭球赤道上的正常重力值；

β_1, β_2——与椭球定义有关的系数；

ϕ——地面点的天文纬度。

目前，我国采用的 r_e, β_1, β_2 值为

$$r_e = 978.030, \quad \beta_1 = 0.005\ 302, \quad \beta_2 = 0.000\ 007$$

由此可知，正常高是以似大地水准面为基准面的高程系统。它不但可精密确定，而且具有明显的物理意义，因而在各项工程技术方面有着非常广泛的应用。

任意一点的大地水准面与似大地水准面之间的差值，可由式(2.120)与式(2.122)得

$$H_r - H_g = \frac{g_m - r_m}{g_m} H_r \tag{2.125}$$

式中　$g_m - r_m$——重力异常。由于高山和海底的重力异常相差较大，其高程差值可达数米，在平原地区仅为数厘米，而在海平面上两者重合。

似大地水准面与椭球面之间的差距，称为高程异常 ζ（见图2.25中的 $P'P''$），则

$$\zeta = H - H_r \tag{2.126}$$

2）GPS 水准高程

目前，国内外 GPS 水准主要采用纯几何的曲面拟合法，即根据测区内若干公共点上的高程异常值，构造一种曲面来逼近似大地水准面。构造的曲面不同，其计算方法也各异。下面介绍几种常用的拟合方法。

（1）平面拟合法

在小区域且较为平坦的测区，可考虑用平面逼近局部似大地水准面。设某公共点的高程异常 ζ 与该点的平面坐标的关系式为

$$\zeta_i = a_1 + a_2 x_i + a_3 y_i \tag{2.127}$$

式中　a_1, a_2, a_3——模型参数。

如果公共点的数目大于3个，则可列出相应的误差方程为

$$v_i = a_1 + a_2 x_i + a_3 y_i - \xi_i \qquad i = 1,2,3,\cdots,n \tag{2.128}$$

写成矩阵形式，则为

$$\boldsymbol{V} = \boldsymbol{AX} - \boldsymbol{\zeta} \tag{2.129}$$

式中

$$\boldsymbol{V} = \begin{bmatrix} V_1 \\ V_2 \\ \vdots \\ V_n \end{bmatrix}, \quad \boldsymbol{A} = \begin{bmatrix} a_1 \\ a_2 \\ a_3 \end{bmatrix}, \quad \boldsymbol{X} = \begin{bmatrix} 1 & x_1 & y_1 \\ 1 & x_2 & y_2 \\ \vdots & \vdots & \vdots \\ 1 & x_n & y_n \end{bmatrix}, \quad \boldsymbol{\xi} = \begin{bmatrix} \xi_1 \\ \xi_2 \\ \vdots \\ \xi_n \end{bmatrix}$$

根据最小二乘原理，可求得

$$\boldsymbol{A} = (\boldsymbol{X}^{\mathrm{T}}\boldsymbol{X})^{-1}\boldsymbol{X}^{\mathrm{T}}\zeta \tag{2.130}$$

根据文献记载，该方法在 120 km² 的平原地区，拟合精度为 3 ~4 cm。

(2)二次曲面拟合法

似大地水准面的拟合也可采用二次曲面拟合法,即对公共点上的高程异常与平面坐标之间,有数学模型

$$\zeta_i = a_0 + a_1 x_i + a_2 y_i + a_3 x_i^2 + a_4 y_i^2 + a_5 xy \tag{2.131}$$

式中 a_0, …,a_5——模型待定参数。

因此,区域内至少需有 6 个公共点。当公共点多于 6 个时,仍可组成形如式(2.131)的误差方程,此时

$$\boldsymbol{X} = \begin{bmatrix} 1 & x_1 & y_1 & x_1^2 & y_1^2 & x_1 y_1 \\ 1 & x_2 & y_2 & x_2^2 & y_2^2 & x_2 y_2 \\ \vdots & \vdots & \vdots & \vdots & \vdots & \vdots \\ 1 & x_n & y_n & x_n^2 & y_n^2 & x_n y_n \end{bmatrix}, \quad \boldsymbol{A} = \begin{bmatrix} a_0 \\ a_1 \\ \vdots \\ a_5 \end{bmatrix}$$

仍按最小二乘原理求解式(2.130),解出参数 a_0, a_1,…,a_5。该拟合法适合于平原与丘陵地区,在小区域范围内拟合精度可优于 3 cm。

二次曲面拟合还可进一步扩展为多项式曲面拟合法。这时,数学模型为

$$\zeta_i = a_0 + a_1 x_i + a_2 y_i + a_3 x_i^2 + a_4 y_i^2 + a_5 x_i y_i + a_6 x_i^3 + a_7 y_i^3 + \cdots \tag{2.132}$$

式(2.137)的误差方程矩阵式仍为式(2.129)($\boldsymbol{V}=\boldsymbol{AX}-\boldsymbol{\zeta}$)。

(3)多面函数法

美国的 Hardy 在 1971 年提出了多面函数拟合法,并建议将此法用于拟合重力异常、大地水准面差距、垂线偏差等大地测量问题。

多面函数法的基本思想是:任何数学表面和任何不规则的圆滑表面,总可用一系列有规则的数学表面的总和以任意精度逼近。根据这一思想,高程异常函数可表示为

$$\xi = \sum_{i=1}^{k} C_i Q(x, y, x_i, y_i) \tag{2.133}$$

式中 C_i——待定系数;

$Q(x,y,x_i,y_i)$——x 和 y 的二次核函数,其中核心在(x_i,y_i)处;

ζ 可由二次式的和确定,故称多面函数。

常用的简单核函数,一般采用具有对称性的距离型,即

$$Q(x, y, x_i, y_i) = [(x - x_i)^2 + (y - y_i)^2 + \delta^2]^b \tag{2.134}$$

式中 δ——平滑因子,用来对核函数进行调整;一般可选某个非零实数,常用 $b=1/2$ 或 $b=-1/2$。

将式(2.133)写成误差方程的矩阵形式

$$\boldsymbol{V} = \boldsymbol{QC} - \boldsymbol{\zeta} \tag{2.135}$$

待定系数 $\boldsymbol{C}$ 可根据公共点上的已知高程异常值,按最小二乘法计算

$$\boldsymbol{C} = (\boldsymbol{Q}^{\mathrm{T}}\boldsymbol{Q})^{-1}\boldsymbol{Q}^{\mathrm{T}}\boldsymbol{\zeta} \tag{2.136}$$

由式(2.136)求出多面函数的待定系数后,就可按式(2.133)计算各 GPS 点上的高程异常值。多面函数法拟合高程异常,核函数 Q 和平滑因子 δ 的选择对拟合效果十分重要。对每个区域都应认真研究和选取,在核函数和光滑因子选取合适的情况下,其拟合精度与二次曲面拟合相当。

(4)样条函数法

高程异常曲面也可通过构造样条曲面拟合。

设某点的高程异常值与该点的坐标(x,y)存在关系

$$\xi = a_0 + a_1 x + a_2 y + \frac{\sum_{i=1}^{n} F_r r_i^2}{n r_i^2} \tag{2.137}$$

$$\sum_{i=1}^{n} F_i = \sum_{i=1}^{n} x_i F_i = \sum_{i=1}^{n} y_i F_i = 0 \tag{2.138}$$

$$\left.\begin{aligned} a_0 &= \sum_{i=1}^{n} [A_i + B_i(x_i^2 + y_i^2)] \\ a_1 &= 2\sum_{i=1}^{n} B_i y_i \end{aligned}\right\} \tag{2.139}$$

$$F_i = \frac{P_i}{16\pi D}$$

$$r_i^2 = (x - x_i)^2 + (y - y_i)^2$$

式中　x_i,y_i——已知高程异常值公共点的坐标,x,y为未知高程异常值的 GPS 点的坐标;

F_i,B_i——待定系数;

P_i——点的负载;

D——刚度。

对每一个公共点都可列出一个$\zeta(x,y)$方程,对n个公共点可列出n+3 个方程,求解n+3 个未知系数$a_0,a_1,a_2,F_1,F_2,\cdots,F_n$。应该指出,在求解方程组(2.139)时,至少应有 3 个公共点。

样条曲面拟合解法与多面函数法大致相同。该方法适合于地形比较复杂的地区,拟合精度也可达 3 cm。

曲面拟合法中还有非参数回归曲面拟合法、有限元拟合法和移动曲面法等,这里不再详述。

当 GPS 点布设成测线时,还可应用曲线内插法、多项式曲线拟合法和样条函数法等。

3)GPS 重力高程

(1)地球重力场模型法

地球重力场模型法是根据卫星跟踪数据、地面重力数据和卫星测高数据等重力场信息,由地球扰动位的球谐函数级数展开式来求高程异常。

由物理大地测量学可知,地面点扰动位T与该点引力位V和正常引力位U之间的关系为

$$T = V - U \tag{2.140}$$

而高程异常为

$$\zeta = \frac{T}{\gamma} \tag{2.141}$$

式中　γ——地面点P的正常重力值。

由于正常重力值γ和正常引力位U可精确计算。因此,只要给出地面点的引力位,就可

求出地面点的高程异常 ζ。

引力位可由球谐函数级数展开式计算为

$$V=\frac{GM}{\rho}1+\sum_{n=2}^{\infty}\sum_{m=0}^{n}\left(\frac{a}{\rho}\right)^{n}(C_{nm}\cos mL+S_{nm}\sin mL\cdot P_{nm}\sin B)$$

式中 ρ,B,L——地面点的矢径、纬度、经度；

C_{nm}，S_{nm}——位系数；

$P_{nm}(\sin B)$——勒让德函数；

n——阶数；

m——次。

(2)重力场模型与 GPS 水准相结合

由于我国幅员辽阔，地形地质结构复杂。因此，无论重力点的密度还是精度，都不能满足由重力场模型求出高精度重力异常的要求。通常重力场模型求出的高程异常精度往往低于由水准联测获得公共点上的高程异常的精度，因而一些学者提出了采用重力场模型和 GPS 水准相结合的方法。

该方法的基本思路是：在 GPS 水准点上，将由 GPS 大地高程和水准正常高求得的高程异常 ζ 与由重力场模型求得的高程异常 ζ_{m} 进行比较，从而求出该地面点两种高程异常的差值

$$\delta\zeta=\zeta-\zeta_{\mathrm{m}} \tag{2.142}$$

然后再采用曲面拟合方法，由公共点的平面坐标和 $\delta\zeta$ 推求其他点的 $\delta\zeta$，由此计算 GPS 网中未测水准点的正常高程

$$H_{\mathrm{r}}=H-\zeta_{\mathrm{m}}-\delta\zeta \tag{2.143}$$

实验证明，这种重力场模型与 GPS 水准相结合的方法是提高高程精度的有效途径。

(3)地形改正法

地面点的高程异常是由高程异常中的长波项(平滑项)和短波项两部分组成，即

$$\zeta=\zeta_0+\zeta_{\mathrm{T}} \tag{2.144}$$

高程异常中的长波项 ζ_0 可按前面所述的方法求出，而短波项是地形起伏对高程异常的影响，称为地形改正项。在平原地区很小，可忽略，而在山区不可忽略。

按莫洛金斯基原理，则

$$\zeta_{\mathrm{T}}=\frac{T}{\gamma} \tag{2.145}$$

式中 T——地形起伏对地面点扰动位的影响；

γ——地面正常重力值。

地形起伏对地面点扰动位的影响可表示为积分式，即

$$T=G\cdot\rho\iint_{x}\left(\frac{h-h_{\mathrm{r}}}{\gamma_0}\right)\mathrm{d}\pi-\frac{G\cdot\rho}{6}\iint_{x}\left[\frac{(h-h_{\mathrm{r}})^{3}}{\gamma_0^{3}}\right]\mathrm{d}\pi \tag{2.146}$$

式中 $\gamma_0=\sqrt{(x-x_i)^2+(y-y_i)^2}$；

G——引力常数；

ρ——地球质量密度；

H_{r}——参考面的高程(平均高程面)；

x,y——高程格网点的坐标；

x_i, y_i——待定点的坐标。

在计算时，可利用测区地形图，用1 km×1 km格网化得到测区数字地面模型（DTM），或用测区GPS点的大地高差来格网化，再用式（2.146）计算扰动位影响T。

地形改正方法求高程异常时，可采用“除去-恢复”过程进行，即首先由式（2.146）和式（2.145）求出公共点上的T和ζ_T，再代入式（2.144）求出中长波项ζ_0；然后以这些公共点上的ζ_0为数据，采用拟合方法推算出所有GPS点上的ζ_0；最后再由式（2.144）加上ζ_T求出各点的高程异常值。

4）GPS **高程精度**

影响GPS高程精度的主要因素有GPS大地高的精度，公共点几何水准的精度，GPS高程拟合的模型，以及方法、公共点的密度与分布等。

具有高精度的GPS大地高程是获得高精度GPS正常高的前提。因此，必须采取某种措施以获得高精度的大地高程，其中包括改善GPS星历的精度，提高GPS基线解算中起算点坐标的精度，减弱对流层、电离层、多路径及观测误差的影响等。

几何水准测量必须认真组织施测，以保证提供具有足以满足精度要求的相应等级的水准测量高程值。

根据不同测区，可选用合适的拟合模型，以使计算既准确又简便；由于点位的分布和密度影响着GPS高程的精度，因此应均匀合理且足够地布设公共点；对高差大于100 m的测区，应加地形改正。对大范围区域，可采用重力场模型加GPS水准的方法；拟合时对于不同趋势的区域，应采用分区平差方法。

理论分析和实验检验表明，在平原地区的局部GPS网，GPS水准可替代四等水准测量；在山区只要加地形改正，一般也可达到四等水准的精度。

子任务2.4.4　数据处理相关规范

数据处理相关规范如下：

①《全球定位系统（GPS）测量规范》（GB/T 18314—2009）。

②《卫星定位城市测量技术标准》（CJJ/T 73—2019）。

③《公路勘测规范》（JTG C10—2007）。

④《铁路工程卫星定位测量规范》（TB 10054—2010）。

⑤《测绘技术总结编写规定》（CH/T 1001—2005）。

⑥《城市测量规范》（CJJ/T 8—2011）。

⑦《全球定位系统（GPS）测量型接收机检定规程》（CH 8016—1995）。

子任务 2.4.5　LGO 数据传输简明操作流程

Leica Geo Office 可使用于当前所有徕卡测量仪器,全站仪、水准仪、GPS 仪器的数据处理和软件上下载,是一款功能强大的软件。为方便学习和培训,这里只简单介绍 LGO 中的常用操作流程。

1)数据下载

用全站仪或 GPS 从外业采集回数据后,需要通过软件将数据传输到计算机中。因此,首先学习数据是怎么通过 LGO 传输的。

①启动 LGO 软件,LGO 的主界面,如图 2.18 所示。

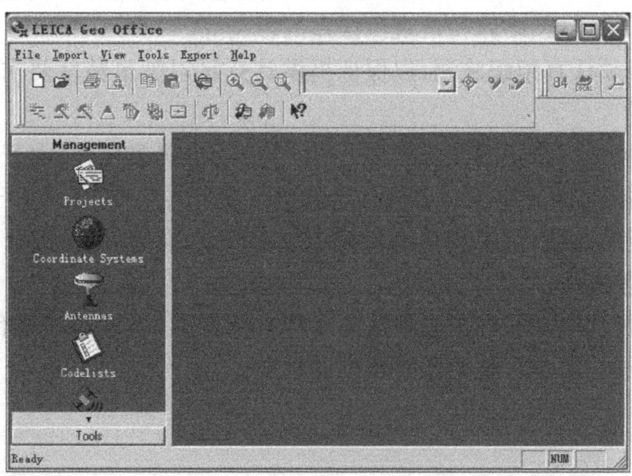

图 2.18　LGO 的主界面

②在"Tools"下选择"Data Exchange Manager"启动数据交换管理器,如图 2.19 所示。

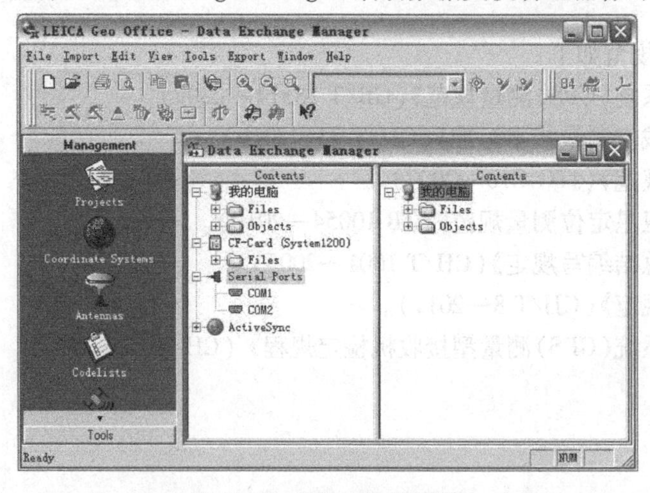

图 2.19　数据交换管理器

此窗口分为左右两边，连接好后左边将显示仪器或CF卡的内容，右边是电脑的驱动器和文件夹。

③如果要传输的是GPS数据，即CF卡已插入电脑的CF卡插槽，可在CF卡下将DBX目录下的数据直接拖动到需要存放原始数据的文件夹，如图2.20所示。

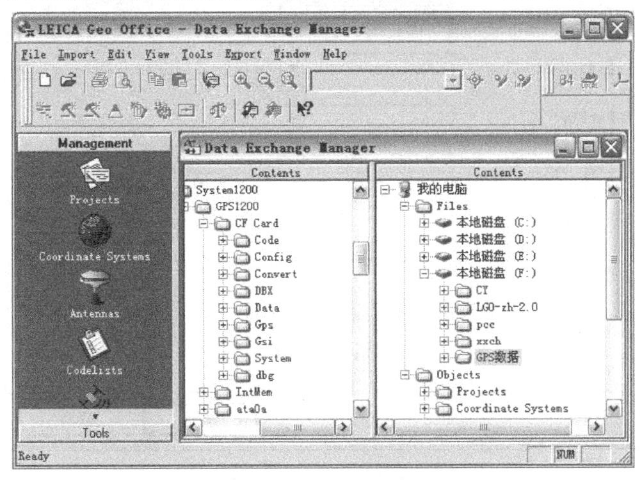

图2.20　GPS数据传输

也可直接从“我的电脑”里找到CF卡的驱动器，将里面的“DBX”文件拷贝下来，如图2.21所示。

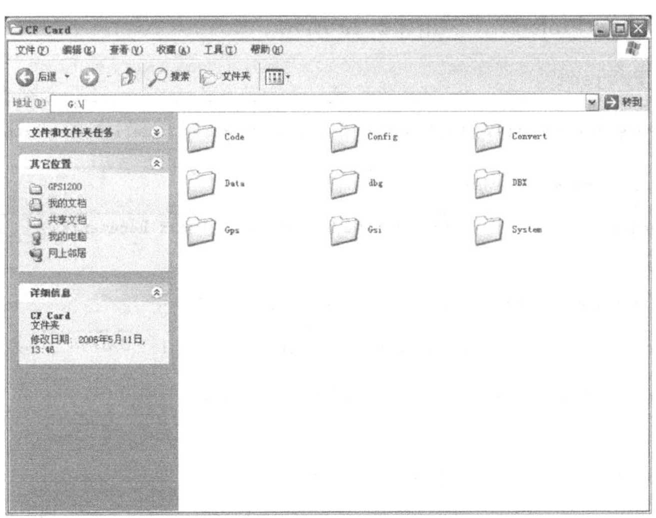

图2.21　CF卡数据传输

④如果使用的不是1200系列的仪器，而是400/800的全站仪，则需要通过COM口将仪器和计算机连接。此时，在Data Exchage Manager窗口下的“Serial Ports”下将显示已有的COM口。鼠标在“Serial Ports”上点击右键，选择“Settings...”，将弹出设置窗口，如图2.22所示。

在“COM Settings”下对端口、仪器型号、波特率等进行设置，这些设置和全站仪里的通信参数要设置一致。设置好后，在“Serial Ports”下选择相应的端口，在其目录下就能显示仪器的数据，同样用拖动的方式就可将数据传到电脑里。

Settings
General
COM Settings
Port:
COM1
Instrument:
TPS400
Baud rate:
19200
Parity:
None
Stop bits:
1
Data bits:
8
End mark:
CRLF
Defaults
确定
取消

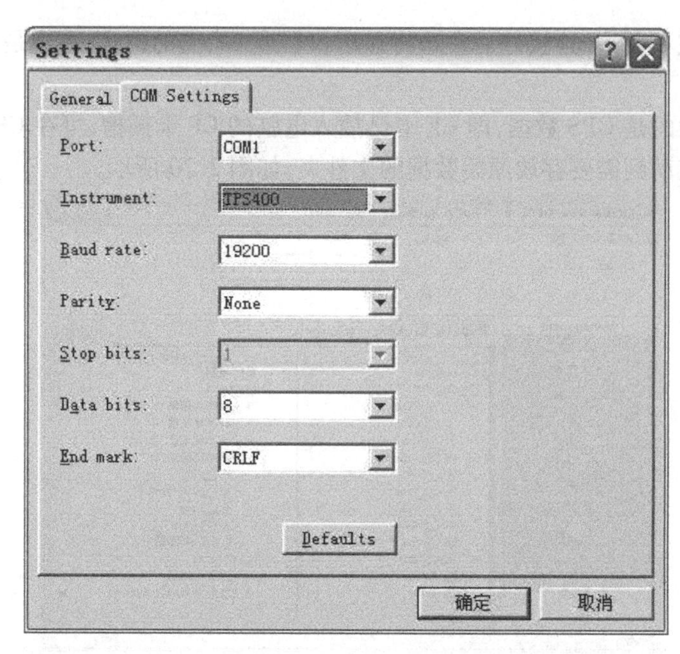

图 2.22　COM 口设置

2)GPS 静态数据处理及平差

(1)新建项目

选择"Files"→"New Project…",如图 2.23 所示。

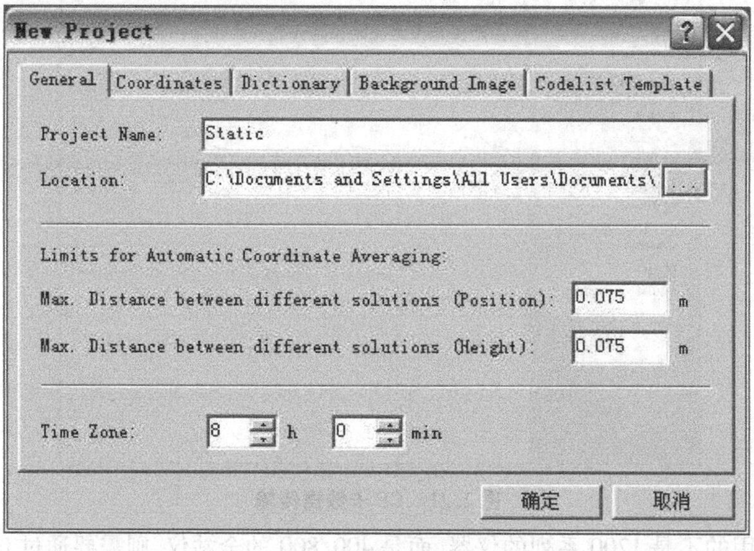

New Project
General
Coordinates
Dictionary
Background Image
Codelist Template
Project Name:
Static
Location:
C:\Documents and Settings\All Users\Documents\
Limits for Automatic Coordinate Averaging:
Max. Distance between different solutions (Position):
0.075
m
Max. Distance between different solutions (Height):
0.075
m
Time Zone:
8
h
0
min
确定
取消

图 2.23　新建项目

在"Project Name"后输入项目名,在"Location"后选择项目存放路径,单击"确定"按钮。

(2)导入原始数据

选择"Import"→"Raw Data",找到原始数据存放的文件夹,在文件类型下选择"System1200 raw data"。若在窗口中"Include subfolders"前打上钩表示包含子目录,如图 2.24 所示。

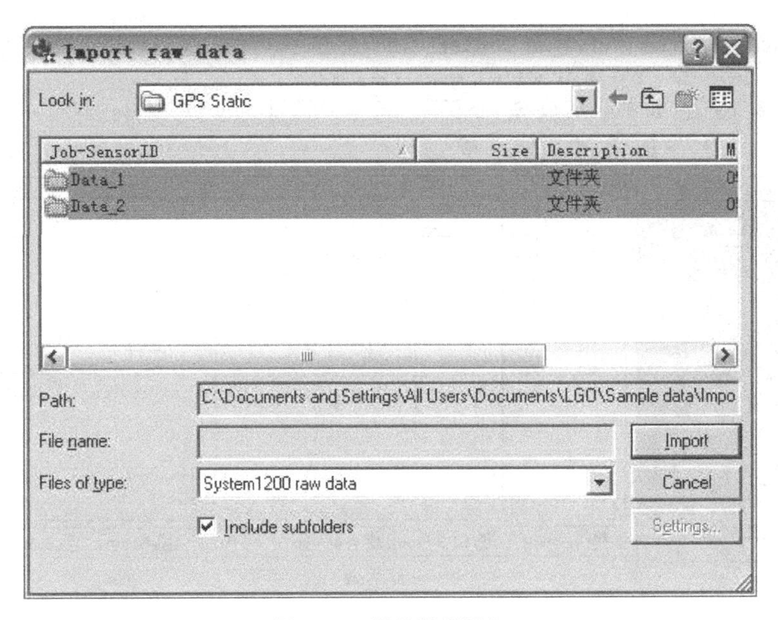

图2.24　原始数据导入

选择完毕后,单击“Import”,进入如图2.25所示的界面。

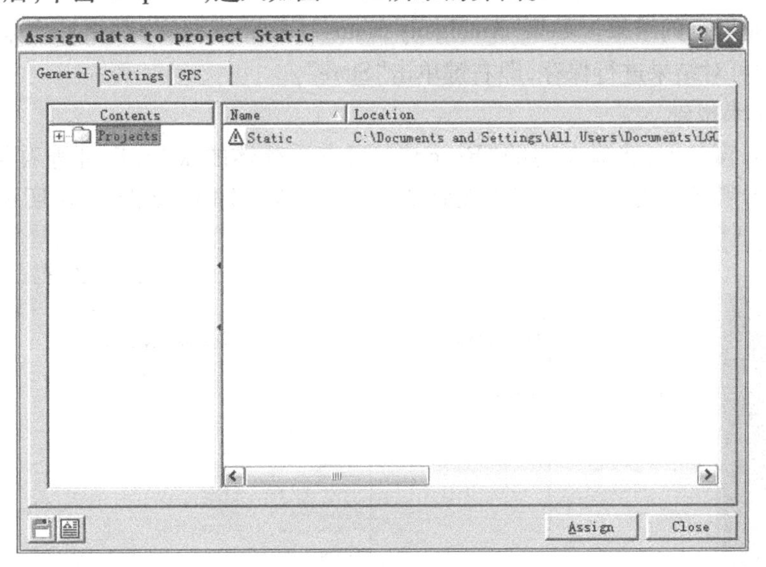

图2.25　数据输入

在此处,需要选择数据导入某个项目,也可通过“Settings”项和“GPS”项查看相应信息和检查一些点。选择相应项目后,选择“Assign”分配→“Close”关闭。

(3)基线处理

数据导入后,可通过窗口下面的标签切换窗口,如“View/Edit”“GPS-Proc”等窗口。切换到“GPS-Proc”窗口,在窗口内点右键,选择“Processing Mode”(处理模式),选择“Automatic”(自动处理)。再点右键,选择“Select All”,如图2.26所示。

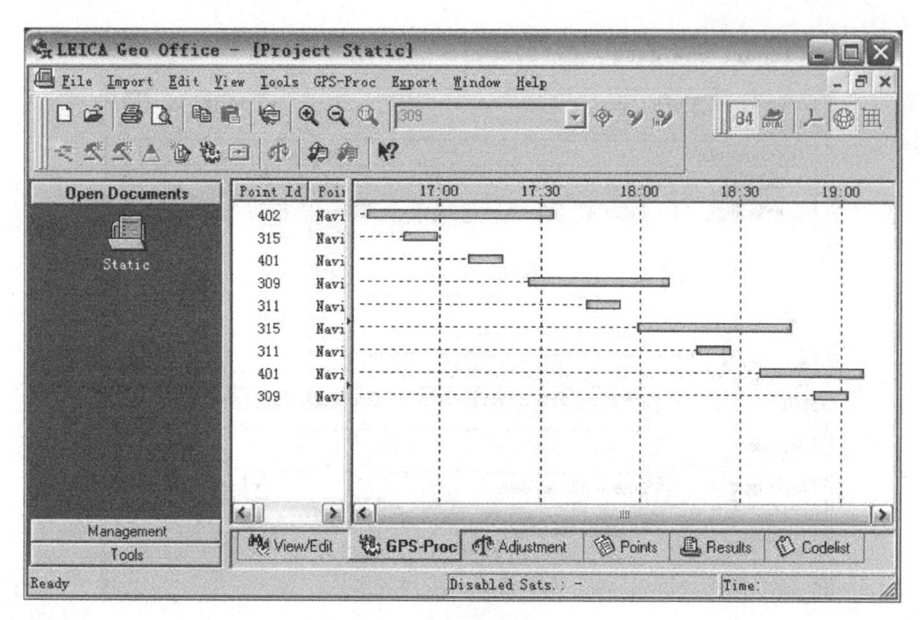

图 2.26　**基线处理**

右键选择“Process”(处理),软件将自动处理基线。处理完后,自动进入结果窗口,在窗口右边显示的就是数据的结果。如果“Ambiguity Status”(整周模糊度)都结算出来了,即此项下都为“YES”,则可对结果进行保存,即右键单击“Store”。

(4)查看结果报告

在“Results”窗口下,选择左边的“Report”, 可查看整体的报告,也可查看每条基线的报告。如需要查看哪条基线的报告,只需在此基线上单击左键即可,如图 2.27 所示。

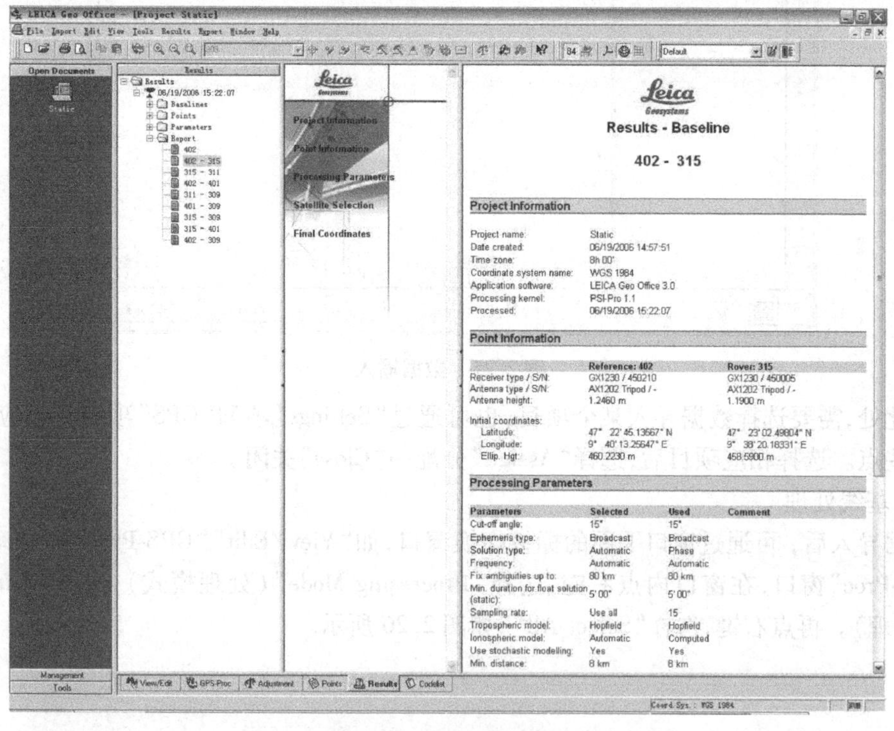

图 2.27　**查看结果报告**

也可将报告保存起来,在右边窗口右击“Save As...”即可。

(5)平差

基线处理完成后,则可进行无约束平差。进入平差窗口,即从窗口下选择“Adjustment”。右键选择“Compute Network”,软件将自动进行网平差。也可右键选择“Compute Loops”进行环平差。要查看平差结果,同样在此窗口中点右键选择“Results”,然后选择“Network”或“Loops”,即可查看网平差结果和环平差结果。

如果不需要转换坐标系,静态数据的内业处理到这时就算结束了。可切换到“points”窗口,将点的坐标数据保存(全选后右击“Save As”)。

3) Datum and Map

一般情况下,用户需要的都是地方坐标,而GPS静态测量的数据都是WGS84坐标,这就需要将WGS84坐标转换成需要的地方坐标。“Datum and Map”工具就是实现这个功能的。

“Datum and Map”功能是根据一些点在两套坐标系里的坐标来计算坐标系之间的转换参数的,故需要一些点同时具有WGS84坐标和地方坐标。WGS84坐标一般通过静态观测得到,控制点的地方坐标用户一般都应是有的。首先需要将这两套坐标分别放在两个不同的项目里,如WGS84坐标在Static项目下,地方坐标在Local项目下。

①启动“Datum and Map”功能,选择“Tools”→“Datum/Map”,其界面如图2.28所示。

此窗口分为4个部分。在右上边的窗口中选择WGS84坐标所在的项目,如单击“Static”,在左下窗口中选择地方坐标所在的项目,如“Local”。

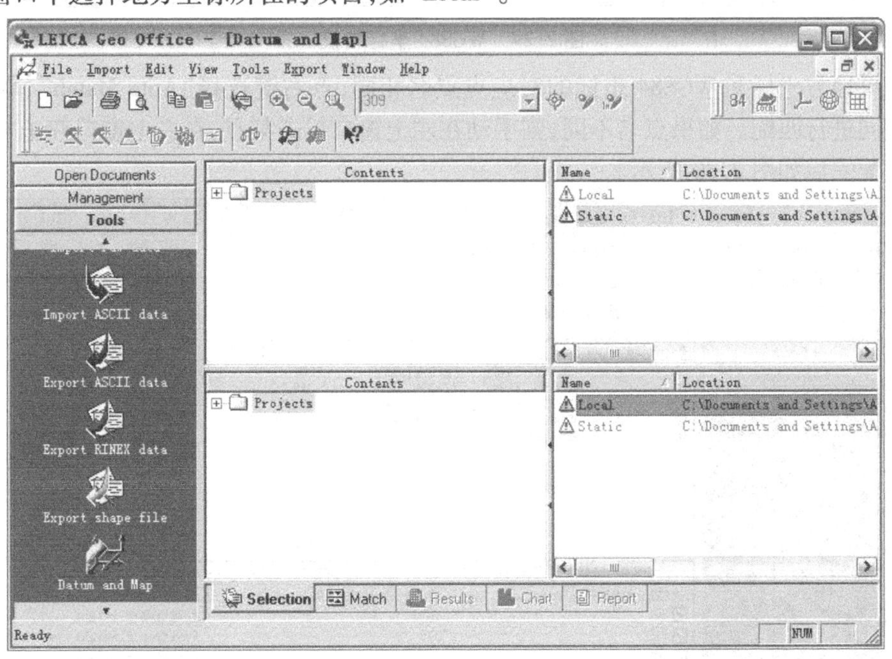

图2.28　启动“Datum and Map”功能

②选择对应项目后,下面的“Match”被激活,但“Match”切换到匹配窗口。此窗口分为3个部分,在上面任何一个窗口空白处点右键选择“Configuration”,出现“Configuration”窗口,如图2.29所示。在“Transformation type”处选择转换类型。可供选择的类型有“One Step(一步法)”“Two Step(两步法)”“Classical 3D(经典三维)”等。一步法适用于小范围内的,不知道椭

球参数和投影时;经典三维需要 3 个以上的匹配点,并且需要知道椭球参数和投影类型,适用于大的范围。选择用哪种方式依具体情况和所掌握的资料决定。设置好后,单击“确定”按钮。

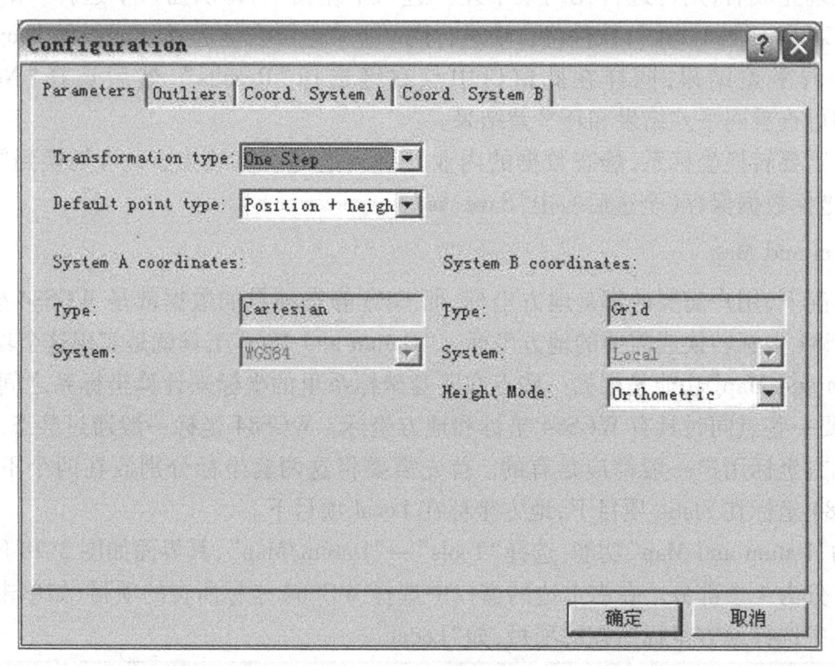

图 2.29 WGS84 坐标转换

③如果地方坐标和 WGS84 坐标的对应点点名相同,点右键选择“Auto Match”,软件自动按点名相同进行匹配。如果点名不同,则手动在左上窗口单击某点,在右上窗口双击与之对应的点。匹配完后如图 2.30 所示。

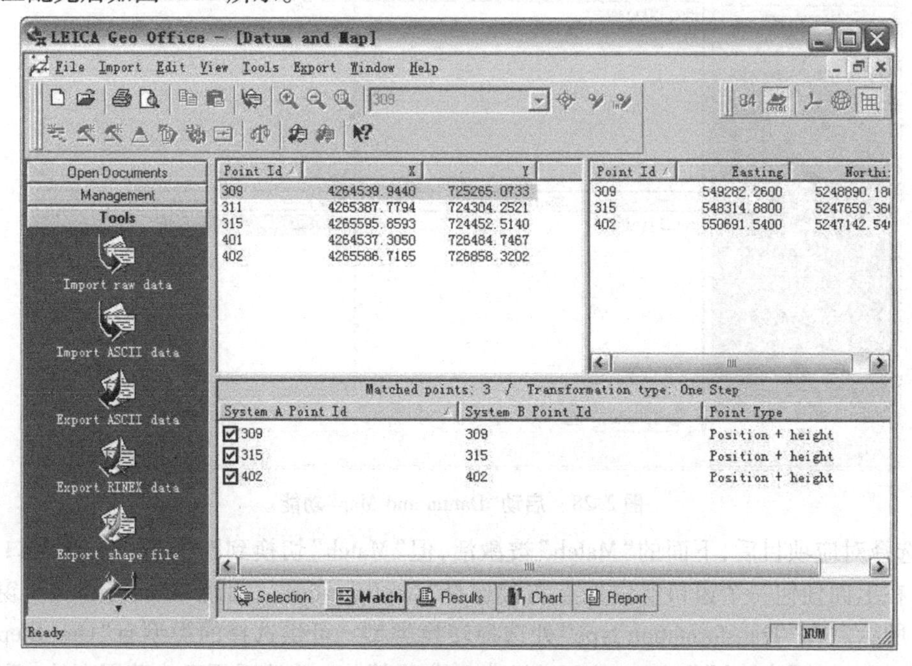

图 2.30 地方坐标和 WGS84 坐标匹配

④点击下面的“Result”，查看转换计算结果。转换结果一般都很小，应在毫米级。如果没有问题，在此点右键选择“Store…”并保存结果，如图2.31所示。

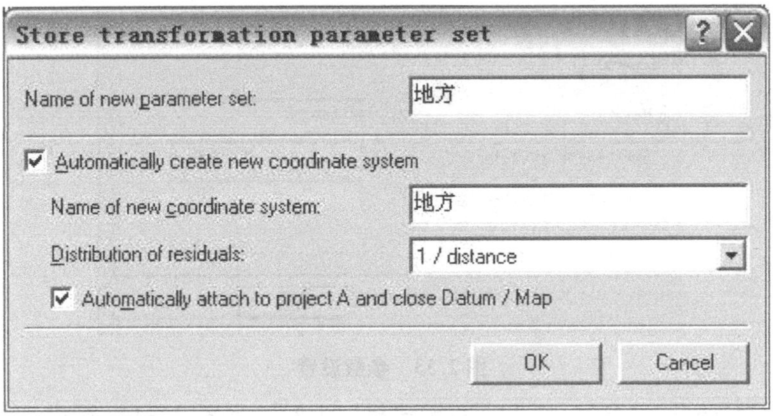

图2.31　转换结果

为新的坐标系取个名后点“OK”，此新的坐标系将自动附着于“Static”项目，在“Static”中就可得到地方坐标了。

经典三维法：当范围超过10 km后，一般需要用此方法进行坐标系统转换。此方法转换的前提是，必须要已知当地坐标系统的椭球参数和投影类型及至少3个点的已知坐标。

做此转换的基本流程是：首先在坐标系统管理器（Coordinate System）中新建一个当地椭球和当地投影，然后新建一个当地坐标系统。将此坐标系统在项目管理器中（PROJECTS）中赋给有当地坐标的项目，再在地图/投影（DATUM/MAP）中进行转换。转换时，选择经典三维即可。具体操作如下：

①打开“坐标系统管理器（Coordinate System）”在“Projections”上点右键选择“NEW”，设置当地的投影参数，完成后单击“确定”按钮，如图2.32所示。

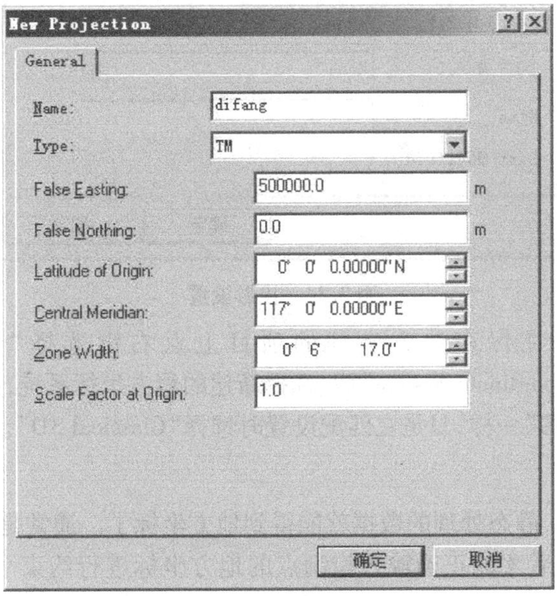

图2.32　新建工程

②在“Ellipsoids”上同样点右键，选择“NEW”，设置当地椭球的长半轴和扁率参数后，单击“确定”按钮，如图 2.33 所示。

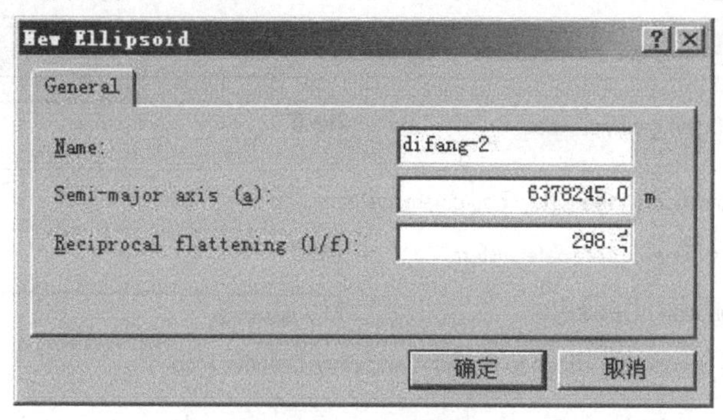

图 2.33 参数设置

③同样，在“Coordinate System”上点右键选择“NEW”（见图 2.34），新建一个无转换参数的当地坐标系统。在投影和椭球处，选择新建的投影和椭球。

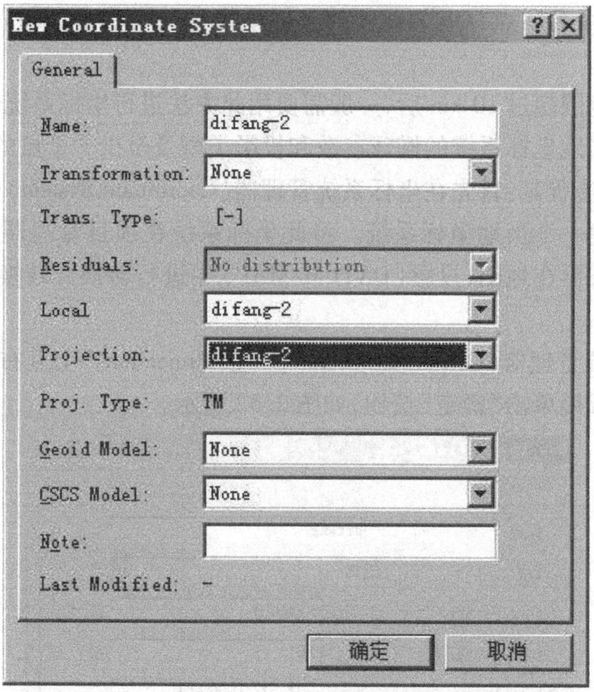

图 2.34 投影设置

④打开“Projects”在保存地方坐标的项目上点右键选择“属性（Properties）”在“Coordinates”项下的“Coordinate System”后，选择新建的地方坐标系统，如图 2.35 所示。

其他操作与“一步法”一样，只是在匹配设置时选择“Classical 3D”。

4）约束平差

转换完坐标系统后，静态处理的数据就能得到地方坐标了。通常是控制点的地方坐标，故需要在转换完坐标系统后才能正确输入控制点的地方坐标进行约束平差。其具体操作如图 2.36 所示。

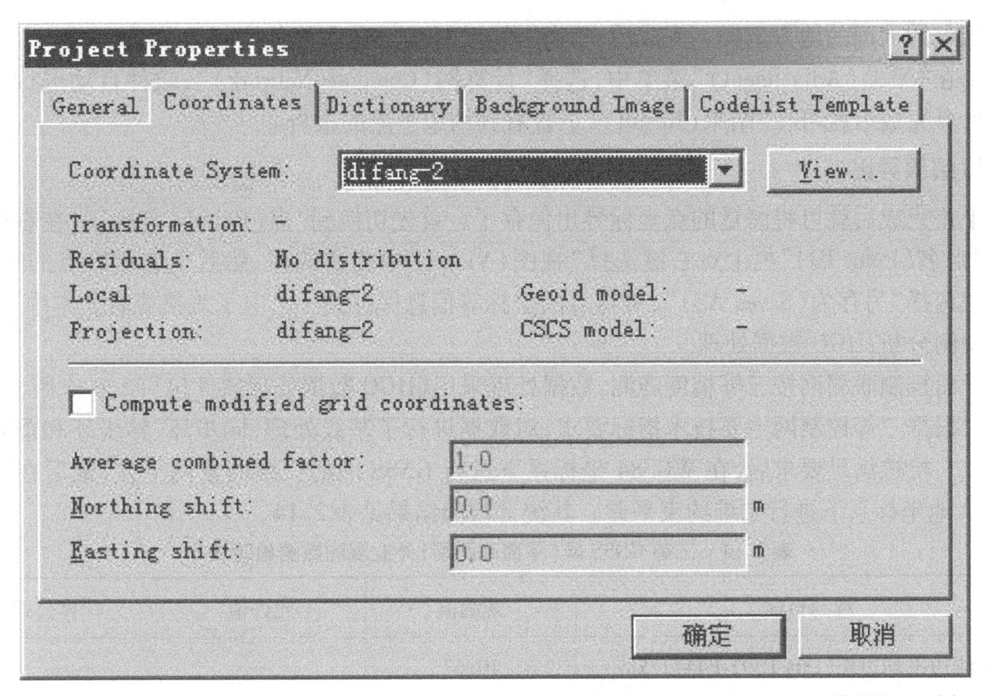

图 2.35　新建地方坐标系统

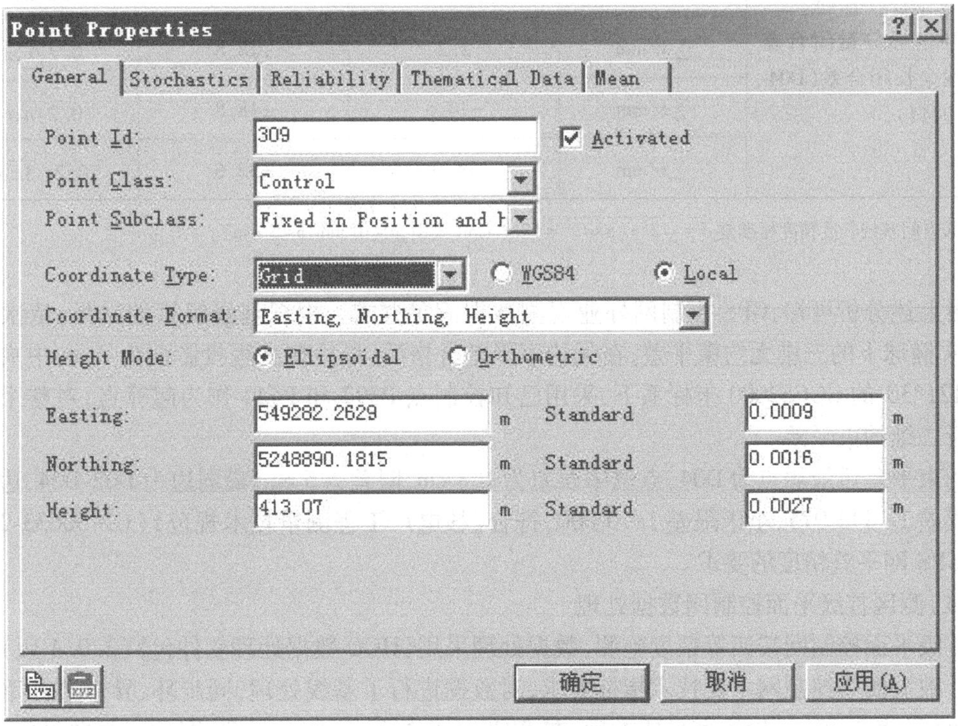

图 2.36　约束平差

①切换到平差界面(Adjustment)。在控制点上点右键选择“属性(properties)”,在弹出的属性框中,将“点类型(point class)”改成“控制点”,将“坐标类型(Coordinate Type)”改成“地方(Local)”“格网(Grid)”,将“高程模式(Height mode)”改为“正高(Orthometric)”,并输入已

知的该点的准确的地方坐标。完成后，单击“确定”按钮。依次将各控制点设置好。

②在“平差(Adjustment)”菜单中，选择“计算网(Compute Network)”，软件自动进行网平差。计算完成后就可在“结果(Result)”下查看到约束平差的报告。

5)结果导出

平差完成后就可将测量的点坐标导出保存了。首先切换到“点(Point)”界面下，在右边窗口的“点名(Point ID)”栏上点右键选择“视图(View)”中需要的项；然后全选所有点的结果，点右键选择“另存为(Saves AS)”，可将点的坐标等信息保存到一个电子表格或者文本中。

案例分析：HGO 数据处理。

平面控制联测网按三等精度施测，数据处理采用《HGO 数据处理软件包》(2.0.4 版)处理软件。根据三等控制网主要技术指标要求，对数据进行了基线处理，同步环、异步环和重复基线检核。检核满足要求后，在 WGS84 坐标系下进行 GNSS 网的三维向量网平差，最后在国家 2000 大地坐标系下进行二维约束平差。其统计检验结果见表 2.14。

表 2.14 三等 GNSS 网(平面联测网)外业观测数据检验表

观测目标		观测值	允许值	计算公式
基线边平均边长(D04-P392-P444)/km		10.67	—	—
同步环坐标分量闭合差及环线全长闭合差(D04-P392-P444)	$\sum x$/mm	2.5	±18.8	$0.2\sqrt{n}\sigma$
	$\sum y$/mm	2.2	±18.8	$0.2\sqrt{n}\sigma$
	$\sum z$/mm	−14.5	±18.8	$0.2\sqrt{n}\sigma$
	$\sum s$/mm	14.9	±32.6	$0.2\sqrt{3n}\sigma$

注：相邻点间基线长度精度标准差 $\sigma=\sqrt{a^2+(b\times d)^2}=53.3$ mm(式中，$a=10$ mm，$b=5$ mm)。

由上述分析可知，GPS 控制网外业观测数据满足要求。根据基线解算的结果，依次进行 WGS84 椭球下的三维无约束平差，在无约束平差合格后，最后在高程投影面为 0 m，中央子午线为 121°30′的 CGCS2000 坐标系下，采用已知控制点 P392 和 P444 作为起算点，对整个控制网进行二维约束平差。

约束平差后最弱点为 D04，点位中误差为 1.8 cm，限差为 5 cm；最弱边为 D02-D04，边长相对中误差 1/ 113 975，小于限差 1/70 000，符合《核电厂工程测量技术规范》(GB 50633-2010)三等 GPS 网平差精度的要求。

(1)测区首级平面控制网数据处理

首级平面控制网按四等精度施测，数据处理采用《HGO 数据处理软件包》(2.0.4 版)处理软件。根据四等控制网主要技术指标要求，对数据进行了基线处理，同步环、异步环和重复基线检核(见表 2.15)。检核满足要求后，在 WGS84 坐标系下进行 GNSS 网的三维向量网平差，最后在 2000 国家大地坐标系下进行二维约束平差。其统计检验结果见表 2.16。

表 2.15　重复基线统计表

名称	质量检查	dx /mm	dy /mm	dz /mm	长度较差 /mm	平均边长 /m	长度较差限差/mm	相对误差
D02-D04	合格	8.4	-1.9	1.5	8.8	2 041.143	64.3	1 : 231 000
D03-D04	合格	1.5	-6.6	5.9	9	963.752	39.3	1 : 107 000

表 2.16　四等 GNSS 网(首级控制网)外业观测数据检验表

观测目标		观测值	允许值	计算公式
复测基线长度较差最大值 ds/mm (D03-D04)		9.0	39.3	$2\sqrt{2}\sigma$
基线边平均边长/km	(D02-D04-D07)	2.1	—	—
同步环坐标分量闭合差及环线全长闭合差(D02-D04-D07)	$\sum x$/mm	3.4	±8.1	$0.2\sqrt{n}\sigma$
	$\sum y$/mm	-2.3	±8.1	$0.2\sqrt{n}\sigma$
	$\sum z$/mm	-1.4	±8.1	$0.2\sqrt{n}\sigma$
	$\sum s$/mm	4.3	±14	$0.2\sqrt{3n}\sigma$
相邻点间基线长度精度标准差 $\sigma = \sqrt{a^2 + (b \times d)^2} = 23.2$ mm(式中,a=10 mm,b=10 mm)。				
基线边平均边长/km	(D03-D04-D06)	1.04	—	—
异步环坐标分量闭合差及环线全长闭合差(D03-D04-D06)	$\sum x$/mm	-2.5	±75.3	$2\sqrt{n}\sigma$
	$\sum y$/mm	7.7	±75.3	$2\sqrt{n}\sigma$
	$\sum z$/mm	7	±75.3	$2\sqrt{n}\sigma$
	$\sum s$/mm	10.7	±130.3	$2\sqrt{3n}\sigma$

注:相邻点间基线长度精度标准差 $\sigma = \sqrt{a^2+(b\times d)^2} = 14.5$ mm(式中,a=10 mm,b=10 mm)。

由上述分析可知,GPS 控制网外业观测数据满足要求。根据基线解算的结果,依次进行 WGS84 椭球下的三维无约束平差,在无约束平差合格后,在 CGCS2000 坐标系下,采用联测网解算成果控制点 D04 和 D02 作为起算点,对整个控制网进行二维约束平差。

约束平差后最弱点为 D01,点位中误差为 1.91 cm,限差为 5 cm;最弱边为 D03-D06,边长相对中误差 1/47 000,小于限差 1/40 000。符合《核电厂工程测量技术规范》(GB 50633—2010)四等 GPS 网平差精度的要求。

(2)高程控制测量

由于 6 个平面点分布在不同的高程面和山头,水准联测非常困难。因此,现场对平面点与水准点单独布设。按照工作大纲,高程控制网参照《核电厂工程测量技术规范》(GB 50633—2010)单独布设了 6 个水准点构建的三等水准网。

起算点验证无误后(见 2.2 节),高程控制网联测采用三等水准的方法进行,首先将已知水准点 CJ214 的高程通过三等水准测量传递到测区 BM1 上,高程联测对已知点和联测点进行了往返观测。

由于已知点距离测区较远，为保证水准测量的进度和精度，沿水准联测路线布设了 8 个临时点（见图 2.37）。

图 2.37　水准联测示意图

经计算联测段的往返高差见表 2.17。

表 2.17　联测段高差统计表

起点-终点	水准路线/km	高差/m	高差较差/m	往返较差限差/mm
CJ214-BM1	9.362	86.237	-0.008	±36.7
BM1-CJ214		-86.245		

注：往返较差、附合或环线闭合差 $\leqslant 12\sqrt{L}$，L 为水准点间路线长度（km）。

由表 2.18 可知，高程联测满足《核电厂工程测量技术规范》（GB 50633—2010）三等水准测量的技术要求。

(3) 高程控制网布设

根据测区地形及交通条件，为方便保存、联测及后续各项作业，沿测区中间道路，在道路两侧易于保存的地方，布设了 BM1—BM5，BM6（D4）共 6 个点组成的三等水准网。其中，D4 水准点与平面控制网点共桩同点(见图2.38),用于确定永久性控制点的1985国家高程基准。

图2.38　测区高程控制点点位示意图

(4)高程控制外业测量

从现场共布设三等水准点5个(BM1—BM5)和平面控制点高程共桩1个D04,现场选点和埋石情况如下:

①选点基本要求:

a.水准路线选择沿坡度较小、土质坚实、施测方便的道路布设。

b.水准点充分利用基岩和在坚固的永久性的建筑物上凿埋标志。

c.点位便于保存、寻找和到达。

②埋石。

水准点的标石均采用混凝土灌制。按照规范要求埋设普通混凝土标石,标石中心采用不锈钢标志。埋设效果如图2.39所示。

(5)仪器类型、精度及检验

三等水准测量采用徕卡DNA03水准仪,仪器标称精度为每千米往返测高差中误差为±0.3 mm。

水准测量开始前,对水准仪及配套水准标尺进行了检查,检查内容包括水准仪和水准标尺的外观检查及附件检查、水准仪上圆水准器的检查、标尺上圆水准器的检查、水准仪i角的检验。通过检查,确定了水准仪及配套标尺设备状况和各项精度指标均符合规范的要求。

(a)点位 BM1

(b)点位 D04&BM6

图 2.39 水准点埋设效果图

(6)水准路线

测区水准路线 BM1—BM6—BM1 进行闭合水准路线观测,进行往返观测一次。水准路线如图 2.40 所示。

图 2.40 水准路线示意图

(7)外业观测主要技术要求的执行

三等水准测量外业观测的主要技术要求的执行情况见表 2.18。

表2.18 三等水准观测的主要技术要求

等级	仪器精度	项目	视线长度/m	前后视距较差/m	前后视累积距离较差/m	视线离地面最低高度/m
三等	DS1	规范要求	≤85	≤3	≤6	0.3
		实际执行	≤75	≤2	≤1.2	0.35

(8)三等水准观测

水准观测(见图2.41)遵循《核电厂工程测量技术规范》(GB 50633—2010)。

①观测前严格置平水准器。

②除路线拐弯外,每一测站仪器和前后视标尺的位置均接近于直线。

③同一测站观测时,无两次调焦。转动仪器倾斜和测微螺旋时,其最后旋转方向均为旋进。

④每一测段的测站数均为偶数。

⑤水准观测时,均保持条形码光照均匀、成像清晰。

⑥测段闭合差超限时进行了重测。

图2.41 水准观测现场照片

(9)水准测量内业数据处理

三等水准测量外业观测结束且外业数据检查合格后,即把数据传入计算机,进行平差计算,计算得到了三等水准测量的每千米高差偶然中误差。平差计算采用《现代测量控制网测量数据处理通用软件包》(V6.0)。水准测量高程成果取值精确至1 mm。水准测量的精度统计见表2.19。

表2.19 水准测量的精度统计

等级	项目	路线长度允许值/km	往返较差、水准路线闭合差/mm	每千米高差偶然中误差/mm	测站数 n	备注
三等	规范	50	±50.6	6	—	闭合差为$4\sqrt{n}$（n为测站数）
	平差	6.3	-7.6	3.0	160	

由表2.24可知，三等水准测量精度满足规范要求。

为提供场区内平面控制点的较高等级精度的高程值，使用SDCORS对每个平面控制点进行了两次独立观测，每次观测时长5～10 min。观测结果两次较差符合规范规定后，取其两次平均值提供给某省国土测绘院，其高程采用某省测绘基准体系优化升级似大地水准面精化建设项目成果（有效区域为：东经：114°39′—122°41′；北纬：34°22′—38°24′）进行转换，最后转化后高程值作为最终控制点成果资料提交，高程精度等级为图根高程精度。

项目3

GNSS-RTK数字化地形图测绘

任务3.1 动态相对定位和差分定位原理

学习目标

1. 通过三维动画、微课视频掌握GPS定位的相对定位原理、差分定位原理、整周未知数及周跳等基本概念。
2. 学会采用相应的测量方法来减弱各种误差影响以提高测量精度。
3. 通过接收并观测RTK数据，理解动态定位和差分定位原理。

任务描述

1. 通过三维动画、微课等数字化资源，学习GNSS相对定位原理、差分定位原理。
2. 通过操作仪器理解GNSS-RTK差分定位原理，进而采用相应的测量方法来减弱各种误差的影响，以提高测量精度。

实施步骤

1. 教师引导学生观看GNSS相对定位原理的三维动画以及微课视频，学生对相对定位原理基本理解，教师针对学生疑难问题深入讲解，使学生最终掌握GNSS相对定位原理。
2. 学生掌握相对定位原理后，回忆绝对定位原理，对比性加深记忆，并完成相对定位和绝对定位对比分析表。
3. 教师利用RTK进行单点定位和连接基准站进行差分定位，借助三维动画，让学生直观地理解差分定位原理。
4. 通过调整基准站和移动站参数，学生学会采用相应的测量方法来减弱各种误差影响，以提高测量精度。
5. 完成该工作任务单。

评价单

学生自评表

班级:	姓名:		学号:
任　务	GNSS 静态数据解算		
评价项目	评价标准	分值	得分
GNSS 相对定位原理理解	1. 完成;2. 未完成	20	
GNSS 差分定位原理理解	1. 完成;2. 未完成	20	
分析参数调整与精度关系	1. 准确;2. 不准确	20	
工作态度	态度端正,无缺勤、迟到、早退现象	10	
工作质量	能按计划完成工作任务	10	
协调能力	与小组成员、同学之间能合作交流,协调工作	10	
职业素质	能做到细心、严谨	5	
创新意识	主动阅读标准、规范,数据处理准确无误	5	
合　计		100	

学生互评表

任　务	GNSS 静态数据解算														
评价项目	分值	等　级								评价对象(组别)					
										1	2	3	4	5	6
计划合理	10	优	10	良	9	中	7	差	6						
团队合作	10	优	10	良	9	中	7	差	6						
组织有序	10	优	10	良	9	中	7	差	6						
工作质量	20	优	20	良	18	中	14	差	12						
工作效率	10	优	10	良	9	中	7	差	6						
工作完整	10	优	10	良	9	中	7	差	6						
工作规范	10	优	10	良	9	中	7	差	6						
成果展示	20	优	20	良	18	中	14	差	12						
合　计	100														

教师评价表

<table>
<tr><td colspan="2">班级：</td><td colspan="2">姓名：</td><td colspan="3">学号：</td></tr>
<tr><td colspan="2">任　务</td><td colspan="5">GNSS 静态数据解算</td></tr>
<tr><td colspan="2">评价项目</td><td colspan="3">评价标准</td><td>分值</td><td>得分</td></tr>
<tr><td colspan="2">考勤（10%）</td><td colspan="3">无迟到、早退、旷课现象</td><td>10</td><td></td></tr>
<tr><td rowspan="6">工作过程（60%）</td><td>GNSS 相对定位原理理解</td><td colspan="3">1. 完成；2. 未完成</td><td>20</td><td></td></tr>
<tr><td>GNSS 差分定位原理理解</td><td colspan="3">1. 完成；2. 未完成</td><td>15</td><td></td></tr>
<tr><td>分析参数调整与精度关系</td><td colspan="3">1. 准确；2. 不准确</td><td>10</td><td></td></tr>
<tr><td>工作态度</td><td colspan="3">态度端正，工作认真、主动</td><td>5</td><td></td></tr>
<tr><td>协调能力</td><td colspan="3">能按计划完成工作任务</td><td>5</td><td></td></tr>
<tr><td>职业素质</td><td colspan="3">与小组成员、同学之间能合作交流，协调工作</td><td>5</td><td></td></tr>
<tr><td rowspan="4">项目成果（30%）</td><td>工作完整</td><td colspan="3">能按时完成任务</td><td>5</td><td></td></tr>
<tr><td>操作规范</td><td colspan="3">能按规范要求操作接收机</td><td>5</td><td></td></tr>
<tr><td>数据精度分析结果</td><td colspan="3">能正确处理数据，结果准确</td><td>15</td><td></td></tr>
<tr><td>成果展示</td><td colspan="3">能准确表达、汇报工作成果</td><td>5</td><td></td></tr>
<tr><td colspan="5">合　计</td><td>100</td><td></td></tr>
<tr><td colspan="2" rowspan="2">综合评价</td><td>学生自评（20%）</td><td>小组互评（30%）</td><td>教师评价（50%）</td><td colspan="2">综合得分</td></tr>
<tr><td></td><td></td><td></td><td colspan="2"></td></tr>
</table>

子任务 3.1.1 相对定位概念

使用两台 GPS 接收机，分别安置在基线的两端，同步观测相同的 GPS 卫星，通过两测站同步采集 GPS 数据，经过数据处理以确定基线两端点的相对位置或基线向量（见图 3.1）。因此，相对定位有时也称基线测量。这种方法可推广到多台 GPS 接收机安置在若干条基线的端点，通过同步观测相同的 GPS 卫星，以确定多条基线向量。相对定位中，需要以多个测站中至少一个测站的坐标值作为基准，利用观测出的基线向量，去求解出其他各站点的坐标值。

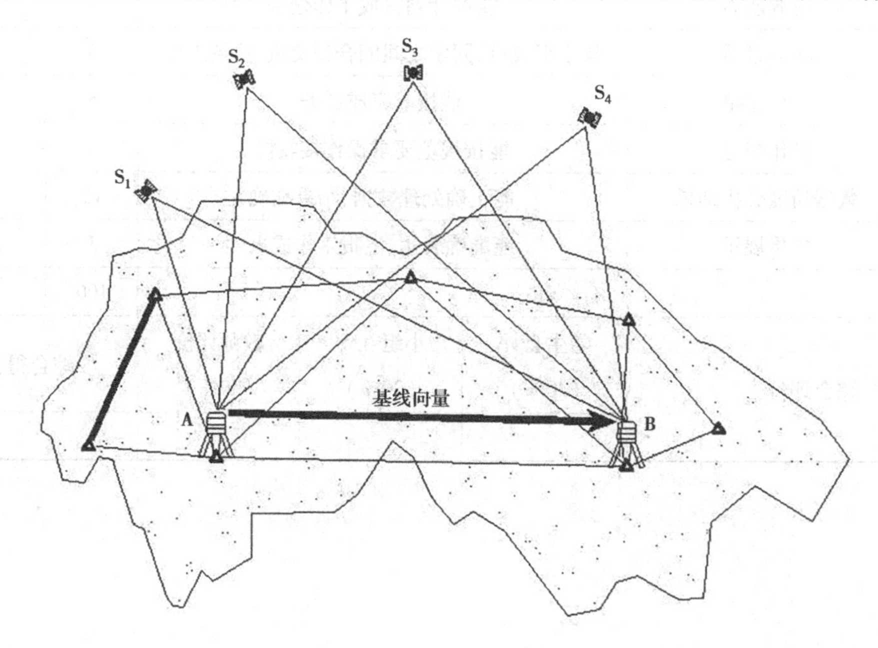

图 3.1　GPS 相对定位

在相对定位中，由于用同步观测资料进行相对定位的两个或多个观测站所收到的卫星的轨道误差、卫星钟差、接收机钟差以及电离层延迟误差与对流层延迟误差的影响是相同的或相关的，利用这些观测量的不同组合，按照测站、卫星和历元 3 种要素来求差，从而可大大削弱甚至消除有关误差的影响，提高相对定位精度。因此，使这种方法成为精密定位中的主要作业方式。

根据定位过程中接收机所处的状态不同，相对定位可分为静态相对定位和动态相对定位。

GPS 相对定位技术是在一个测站上对两颗观测卫星进行观测，将观测值求差；或在两个测站上对同一颗卫星进行观测，并将观测值求差；或在一个测站上对一颗卫星进行两次观测求差。各种求差方法，其目的是消除公共误差，提高定位精度。这种定位技术早已广泛应用于测绘领域。

精密定位方法是差分 GPS 定位技术，是将一台 GPS 接收机安置在基准站上进行观测。根据基准站已知精确坐标和观测数据，计算出修正数据，并通过基准站的数据链发送修正数据，用户站接收该修正数据，对星站距离进行测算或对测站坐标进行改正处理，以获得精确的定位结果。由于用户接收基准站的修正数据，对用户站观测量进行改正。因此，这种数据处理本质上是求差处理（差分），以消除或减少相关误差的影响，提高定位精度。

差分 GPS 技术发展十分迅速，从初期仅能提供坐标改正数或距离改正数发展为目前能将各种误差分离开来，向用户提供卫星星历改正、卫星钟差改正、各种大气延迟模型等改正信息。数据通信也从利用一般的无线电台发展为利用广播电视部门信号中的空闲部分来发送改正信息，从而大幅度增加了信号的覆盖面。

差分 GPS 由于其有效地消除了美国政府 SA 政策所造成的危害，大幅提高了定位精度，近年来已成为 GPS 定位技术中新的研究热点，并取得了重大进展。目前，市场上出售的 GPS 接收机大多已具备实时差分的功能，不少接收机的生产销售厂商已将差分 GPS 的数据通信设备作为接收机的附件或选购件一并出售，商业性的差分 GPS 服务系统也纷纷建立。这都标志着差分 GPS 已经进入实用阶段。

子任务 3.1.2　动态相对定位

动态相对定位是将一台接收机安置在一个固定的观测站（或称基准站）上，而另一台接收机安置在运动的载体上，并保持在运动中与基准站的接收机同步观测相同卫星，以确定运动载体相对基准站的瞬时位置。

按照所采取的观测量性质的不同，动态相对定位可分为测码伪距动态相对定位和测相伪距动态相对定位。目前，测码伪距动态相对定位的实时定位精度可达米级。测相伪距动态相对定位是以预先初始化或动态解算载波相位整周未知数为基础的一种高精度动态相对定位法，目前在较小范围内（如 20 km）的定位精度可达 1 ~2 cm。

按照数据处理的方式不同，动态相对定位通常可分为实时处理和测后处理。实时处理就是在观测过程中实时地获得定位结果，无须存储观测数据。但是，流动站和基准站之间必须实时地传输观测数据。这种处理方式主要用于需要实时获取定位数据的导航、监测等工作。测后处理则是在观测工作结束后，通过数据处理而获得定位的结果。这种处理方法可对观测数据进行详细分析，易于发现粗差，也不需要实时地传输数据，但需要存储观测数据。这种处理方式主要用于基线较长、不需实时获得定位结果的测量工作。

下面分别对测码伪距动态相对定位和测相伪距动态相对定位作简单介绍。

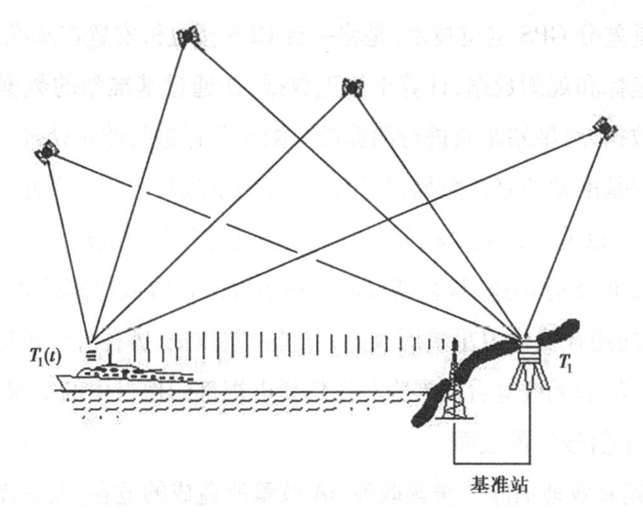

图 3.2　动态相对定位示意图

1)测码伪距动态相对定位

如图 3.2 所示,假设地面观测站 T_1 为基准站,安置其上的接收机固定不动,而另一台接收机安置在运动载体上,其位置 $T_i(t)$ 是时间的函数,这是动态相对定位与静态相对定位的根本区别。因此,动态相对定位与静态相对定位一样,也可通过求差有效地消除或减弱卫星轨道误差、钟差、大气折射误差等的影响,从而明显提高定位精度。

由测码伪距观测量公式,流动站 $T_i(t)$ 的测码伪距观测方程为

$$\rho'^{j}_{i}(t)=\rho^{j}_{i}(t)+c\delta t_i(t)-c\delta t^{j}(t)+\delta\rho^{j}_{1i}(t)+\delta\rho^{j}_{2i}(t) \tag{3.1}$$

将流动站与基准站 T_1 的同步测码伪距观测量求差,可得单差模型

$$\begin{aligned}\Delta\rho'^{j}(t)=&[\rho^{j}_{i}(t)-\rho^{j}_{1}(t)]+c[\delta t_i(t)-\delta t_1(t)]+\\&[\delta\rho^{j}_{12}(t)-\delta\rho^{j}_{11}(t)]+[\delta\rho^{j}_{22}(t)-\delta\rho^{j}_{21}(t)]\end{aligned} \tag{3.2}$$

若略去大气折射残差影响,则式(3.2)可简化为

$$\Delta\rho'^{j}(t)=[\rho^{j}_{2}(t)-\rho^{j}_{1}(t)]+c\Delta t(t) \tag{3.3}$$

式中

$$\Delta t(t)=\delta t_i(t)-\delta t_1(t)$$

上述单差模型的线性化形式为

$$\Delta\rho'^{j}(t)=-\begin{bmatrix}l^{j}_{i}(t) & m^{j}_{i}(t) & n^{j}_{i}(t)\end{bmatrix}\begin{bmatrix}\delta x_i\\ \delta y_i\\ \delta z_i\end{bmatrix}+c\Delta t(t)+[\rho^{j}_{i0}(t)-\rho^{j}_{1}(t)] \tag{3.4}$$

误差方程为

$$\Delta v^j(t)=-\left[l_i^j(t)\quad m_i^j(t)\quad n_i^j(t)\right]\begin{bmatrix}\delta x_i\\ \delta y_i\\ \delta z_i\end{bmatrix}+c\Delta t(t)+\left[\rho_{i0}^j(t)-\rho_1^j(t)-\Delta\rho^j(t)\right] \quad (3.5)$$

若以 n_i 和 n^j 表示包括基准站在内的观测站总数和同步观测的卫星数,则

$$单差方程数=(n_i-1)n^j$$

$$未知参数=4(n_i-1)$$

因此,任一历元的观测数据求解条件为

$$(n_i-1)n^j\geqslant 4(n_i-1)$$

或

$$n^j\geqslant 4$$

同样,对双差观测方程进行类似的分析,其求解的必要条件仍为

$$n^j\geqslant 4$$

由上述可知,利用测码伪距观测量的不同组合(单差或双差)进行动态相对定位,与动态绝对定位一样,每个历元必须同步观测至少4颗卫星。

2)关于测相伪距动态相对定位

由于以测相伪距为观测量的动态相对定位法存在整周模糊度的解算问题,因此,在动态相对定位中,目前均采用以测码伪距为观测量的实时定位法。虽然如此,但以载波相位为观测量的高精度动态相对定位的研究与开发已得到普遍关注,并取得了重要进展。

以载波相位为观测量的动态相对定位的关键仍然是整周模糊度的解算问题。在动态观测之前,采用快速解算整周模糊度的方法,解算出载波相位观测量的整周模糊度,则误差方程的形式、误差方程的个数、未知数的个数均与上述测码伪距动态相对定位中的相同。因此,在载体运动过程中,只要保持对至少4颗卫星的连续跟踪,就可利用单差或双差模型精确地确定运动载体相对于基准站的瞬时位置。这一方法目前在较小范围内获得了普遍应用。

上述定位方法的主要缺点是在动态观测过程中,要求保持对所测卫星的连续跟踪。这在实践中往往是比较困难的,而一旦发生失锁,则要重新进行上述初始化工作。为此,近年来许多学者都致力于这一方面的研究,并提出了一些较为有效的解决办法,为测相伪距动态绝对定位法在长距离高精度动态定位中的应用展现了良好的前景。

知识点1:　差分定位原理

差分GPS定位技术,就是将一台GPS接收机安置在基准站上进行观测,其坐标是已知的,另一台接收机安置在运动的载体上,载体在运动过程中,其上的GPS接收机与基准站上的接收机同步观测GPS卫星,以实时确定载体在每个观测历元的瞬时位置。在实时定位过程中,

由基准站接收机通过数据链发送修正数据,用户站接收机接收该修正数据并对测量结果进行改正处理,以达到消除或减少相关误差的影响,获得精确的定位结果。

差分定位过程中存在着3部分误差:第一部分是对每一个用户接收机所公有的误差,包括卫星钟误差、星历误差、电离层误差、对流层误差等;第二部分为不能由用户测量或由校正模型来计算的传播延迟误差;第三部分为各用户接收机所固有的误差,包括内部噪声、通道延迟、多径效应等。利用差分技术,第一部分误差完全可以消除,第二部分误差大部分可以消除,其主要取决于基准接收机和用户接收机的距离,第三部分误差则无法消除。

按照对GPS信号的处理方式不同,可分为实时差分和事后差分(后处理差分)。实时差分GPS就是在接收机接收GPS信号的同时计算出当前接收机所处位置、速度及时间等信息;后处理差分GPS则是把卫星信号记录在一定介质(GPS接收机主机、计算机等)上,回到室内进行数据处理,获取用户接收机在每个瞬间所处的位置、速度、时间等信息。

按照提供修正数据的基准站的数量不同,差分定位可分为单基准站差分和多基准站差分。根据基准站所发送的修正数据的类型不同,单基准站差分又可分为位置差分、伪距差分(RTD)和载波相位差分(RTK);多基准站差分又包括局部区域差分、广域差分和多基准站RTK技术。

1)实时伪距差分定位(RTD)

实时伪距差分的基本原理是:利用基准站 T_1 的伪距改正数,传送给流动站用户 T_i,去修正流动站的伪距观测量,从而消除或减弱公共误差的影响,以求得比较精确的流动站位置坐标。

设基准站 T_1 的已知坐标为(X_1,Y_1,Z_1)。差分定位时,基准站的GPS接收机,根据导航电文中的星历参数,计算其观测到的全部GPS卫星在协议地球坐标系中的坐标值(X^j,Y^j,Z^j),从而由星、站的坐标值可反求出每一观测时刻,由基准站至GPS卫星的真距离 ρ_0^j 为

$$\rho_0^j=[(X^j-X_1)^2+(Y^j-Y_1)^2+(Z^j-Z_1)^2]^{\frac{1}{2}} \tag{3.6}$$

另外,基准站上的GPS接收机利用测码伪距法可测量星站之间的伪距 $\rho_1'^j$,其中包含各种误差源的影响。由观测伪距和计算的真距离,可计算出伪距改正数为

$$\Delta\rho_1^j=\rho_1^j-\rho_1'^j \tag{3.7}$$

同时,可求出伪距改正数的变化率为

$$\mathrm{d}\rho_1^j=\frac{\Delta\rho_1^j}{\Delta t} \tag{3.8}$$

通过基准站的数据链将 $\Delta\rho_1^j$ 和 $\mathrm{d}\rho_1^j$ 发送给流动站接收机,流动站接收机利用测码伪距法测量出流动站至卫星的伪距 $\rho_i'^j$,再加上数据链接收到的伪距改正数,便可求出改正后的伪距为

$$\rho_i^j(t) = \rho_i'^j(t) + \Delta\rho_1^j(t) + \mathrm{d}\rho_1^j(t - t_0) \tag{3.9}$$

并计算流动站坐标$(X_i(t), Y_i(t), Z_i(t))$

$$\rho_i^j(t) = \{[X^j(t) - X_i(t)]^2 + [Y^j(t) - Y_i(t)]^2 + [Z^j(t) - Z_i(t)]^2\}^{\frac{1}{2}} + c\delta t(t) + V_i \tag{3.10}$$

式中　$\delta t(t)$——流动站用户接收机钟相对于基准站接收机钟的钟差；

V_i——流动站用户接收机噪声。

伪距差分时，只需要基准站提供所有卫星的伪距改正数，而用户接收机观测任意4颗卫星，就可以完成定位。伪距差分能将两测站的公共误差抵消，但随着用户到基准站距离的增加，系统误差又将增大，这种误差用任何差分法都无法消除。因此，伪距差分的基线长度也不宜过长。

2）实时载波相位差分定位（RTK）

伪距差分能满足米级定位精度，已广泛用于导航、水下测量等领域。载波相位差分又称RTK技术，通过对两测站的载波相位观测值进行实时处理，可实时提供厘米级精度的三维坐标。

载波相位差分的基本原理是：由基准站通过数据链实时地将其载波相位观测量及基准站坐标信息一同发送到用户站，并与用户站的载波相位观测量进行差分处理，适时地给出用户站的精确坐标。

载波相位差分定位的方法可分为两类：一种为测相伪距修正法；另一种为载波相位求差法。

（1）测相伪距修正法

测相伪距修正法的基本思想是：基准站接收机T_1与卫星S^j之间的测相伪距改正数$\Delta\rho_1^j$在基准站解算出，并通过数据链发送给流动站用户接收机T_i，利用此伪距改正数$\Delta\rho_1^j$去修正用户接收机T_i到观测卫星S^j之间的测相伪距$\rho_i'^j$，获得比较精确的用户站至卫星的伪距，再采用它计算用户站的位置。

在基准站T_1观测卫星S^j，则由卫星坐标和基准站已知坐标反算出基准站至该卫星的真距离为

$$\rho_1^j = [(X^j - X_1)^2 + (Y^j - Y_1)^2 + (Z^j - Z_1)^2]^{\frac{1}{2}} \tag{3.11}$$

式中　X^j, Y^j, Z^j——卫星S^j的坐标，可利用导航电文中的卫星星历精确地计算出；

X_1, Y_1, Z_1——基准站T_1的精确坐标值，是已知参数。

基准站与卫星之间的测相伪距观测值为

$$\rho_1'^j = \rho_1^j + c(\delta t_1 - \delta t^j) + \delta\rho_1^j + \delta\rho_{11}^j + \delta\rho_{21}^j + \delta m_1 + v_1 \tag{3.12}$$

式中　$\delta t_1, \delta t^j$——基准站钟差和卫星 S^j 的钟差；

$\delta\rho_1^j$——卫星星历误差；

$\delta\rho_{11}^j, \delta\rho_{21}^j$——电离层和对流层延迟影响；

$\delta m_1, v_1$——多路径效应和基准站接收机噪声。

由基准站 T_1 和观测卫星 S^j 的真距离和测相伪距观测值，可求出星站之间的伪距改正数

$$\begin{aligned}\Delta\rho_1^j &= \rho_1^j - \rho_1'^j \\ &= -c(\delta t_1 - \delta t^j) - \delta\rho_1^j - \delta\rho_{11}^j - \delta\rho_{21}^j - \delta m_1 - v_1\end{aligned} \tag{3.13}$$

另外，流动站 T_i 上的用户接收机同时观测卫星 S^j 可得到测相伪距观测值为

$$\rho_i'^j = \rho_i^j + c(\delta t_i - \delta t^j) + \delta\rho_i^j + \delta\rho_{1i}^j + \delta\rho_{2i}^j + \delta m_i + v_i \tag{3.14}$$

式(3.14)中各项的含义与式(3.12)相同。

在用户接收机接收到由基准站发送过来的伪距改正数 $\Delta\rho_1^j$ 时，可用它对用户接收机的测相伪距观测值 $\rho_i'^j$ 进行实时修正，得到新的比较精确的测相伪距观测值 $\rho_i''^j$ 为

$$\begin{aligned}\rho_i''^j &= \rho_i'^j + \Delta\rho_1^j \\ &= \rho_i^j + c(\delta t_i - \delta t^j) + \delta\rho_i^j + \delta\rho_{1i}^j + \delta\rho_{2i}^j + \delta m_i + v_i - \\ &\quad c(\delta t_1 - \delta t^j) - \delta\rho_1^j - \delta\rho_{11}^j - \delta\rho_{21}^j - \delta m_1 - v_1 \\ &= \rho_i^j + c(\delta t_i - \delta t_1) + (\delta\rho_i^j - \delta\rho_1^j) + (\delta\rho_{1i}^j - \delta\rho_{11}^j) + \\ &\quad (\delta\rho_{2i}^j - \delta\rho_{21}^j) + (\delta m_i - \delta m_1) + (v_i - v_1)\end{aligned} \tag{3.15}$$

当用户站与基准站距离较小时(<100 km)，则可认为在观测方程中，两观测站对同一颗卫星的星历误差、大气层延迟误差的影响近似相等。同时，用户机与基准站的接收机为同型号机时，测量噪声基本相近。于是，消去相关误差，式(3.15)可写为

$$\begin{aligned}\rho_i''^j &= \rho_i'^j + \Delta\rho_1^j \\ &= \rho_i^j + c(\delta t_i - \delta t_1) + (\delta m_i - \delta m_1) \\ &= [(X^j - X_i)^2 + (Y^j - Y_i)^2 + (Z^j - Z_i)^2] + \Delta d\end{aligned} \tag{3.16}$$

式中　Δd——各项残差之和。

根据前述分析，历元 t_i 时刻载波相位观测量为

$$\Delta\Phi_i^j(t_i) = N_i^j(t_0) + N_i^j(t_i - t_0) + \delta\varphi_i^j(t_i) \tag{3.17}$$

两测站 T_1, T_i 同时观测卫星 S^j，对两测站的测相伪距观测值取单差，可得

$$\begin{aligned}\rho_i''^j - \rho_1''^j &= \lambda\Delta\Phi_i^j(t_i) - \lambda\Delta\Phi_1^j(t_i) \\ &= \lambda[N_i^j(t_0) - N_1^j(t_0)] + \lambda[N_i^j(t_i - t_0) - \\ &\quad N_1^j(t_i - t_0)] + \lambda[\delta\varphi_i^j(t_i) - \delta\varphi_1^j(t_i)]\end{aligned} \tag{3.18}$$

差分数据处理是在用户站进行的。式(3.18)左端的 $\rho_1''^j$ 由基准站计算出卫星到基准站的

精确几何距离 ρ_1^j 代替，并经过数据链发送给用户机；同时，流动站的新测相伪距观测量 $\rho_i''^j$，通过用户机的测相伪距观测量 $\rho_i'^j$ 和基准站发送过来的伪距修正数 $\Delta\rho_1^j$来计算。

也就是说，将式(3.16)代入式(3.18)中，同时用 ρ_1^j 代替 $\rho_1''^j$，则

$$\begin{aligned}[(X^j-X_i)^2+(Y^j-Y_i)^2+(Z^j-Z_i)^2]+\Delta d=\rho_0^j+\lambda[N_i^j(t_0)-N_1^j(t_0)]+\\ \lambda[N_i^j(t_i-t_0)-N_1^j(t_i-t_0)]+\\ \lambda[\delta\varphi_i^j(t_i)-\delta\varphi_1^j(t_i)]\end{aligned} \tag{3.19}$$

式(3.19)中假设在初始历元 t_0 已将基准站和用户站相对于卫星 S^j的整周模糊度 $N_1^j(t_0)$，$N_i^j(t_0)$计算出来了，则在随后的历元中的整周数 $N_1^j(t_i-t_0)$，$N_i^j(t_i-t_0)$，以及测相的小数部分 $\delta\varphi_1^j(t_i)$，$\delta\varphi_i^j(t_i)$都是可观测量。因此，式(3.19)中只有4个未知数：用户站坐标 X_i，Y_i，Z_i 和残差 Δd，这样只需要同时观测4颗卫星，则可建立4个观测方程，解算出用户站的三维坐标。

从上述分析可知，解算上述方程的关键问题是如何快速求解整周模糊度。近年来，许多科研人员致力于这方面的研究和开发工作，并提出了一些有效的解决方法（如 FARA 法、消去法等），使 RTK 技术在精密导航定位中展现了良好的前景。

(2)载波相位求差法

载波相位求差法的基本思想是：基准站 T_1 不再计算测相伪距修正数 $\Delta\rho_1^j$，而是将其观测的载波相位观测值由数据链实时发送给用户站接收机，然后由用户机进行载波相位求差，再解算出用户的位置。

假设在基准站 T_1 和用户站 T_i 上的 GPS 接收机同时于历元 t_1 和 t_2 观测卫星 S^j和 S^k，基准站对两颗卫星的载波相位观测量（共4个），由数据链实时发送给用户站 T_i。于是，用户站就可获得8个载波相位观测量方程

$$\begin{aligned}
\varphi_1^j(t_1)&=\frac{f}{c}\rho_1^j(t_1)+f[\delta t_1(t_1)-\delta t^j(t_1)]-N_1^j(t_0)+\frac{f}{c}[\delta\rho_{11}^j(t_1)+\delta\rho_{21}^j(t_1)]\\
\varphi_i^j(t_1)&=\frac{f}{c}\rho_i^j(t_1)+f[\delta t_i(t_1)-\delta t^j(t_1)]-N_i^j(t_0)+\frac{f}{c}[\delta\rho_{1i}^j(t_1)+\delta\rho_{2i}^j(t_1)]\\
\varphi_1^k(t_1)&=\frac{f}{c}\rho_1^k(t_1)+f[\delta t_1(t_1)-\delta t^k(t_1)]-N_1^k(t_0)+\frac{f}{c}[\delta\rho_{11}^k(t_1)+\delta\rho_{21}^k(t_1)]\\
\varphi_i^k(t_1)&=\frac{f}{c}\rho_i^k(t_1)+f[\delta t_i(t_1)-\delta t^k(t_1)]-N_i^k(t_0)+\frac{f}{c}[\delta\rho_{1i}^k(t_1)+\delta\rho_{2i}^k(t_1)] \qquad (3.20)\\
\varphi_1^j(t_2)&=\frac{f}{c}\rho_1^j(t_2)+f[\delta t_1(t_2)-\delta t^j(t_2)]-N_1^j(t_0)+\frac{f}{c}[\delta\rho_{11}^j(t_2)+\delta\rho_{21}^j(t_2)]\\
\varphi_i^j(t_2)&=\frac{f}{c}\rho_i^j(t_2)+f[\delta t_i(t_2)-\delta t^j(t_2)]-N_i^j(t_0)+\frac{f}{c}[\delta\rho_{1i}^j(t_2)+\delta\rho_{2i}^j(t_2)]
\end{aligned}$$

$$\varphi_1^k(t_2) = \frac{f}{c}\rho_1^k(t_2) + f[\delta t_1(t_2) - \delta t^k(t_2)] - N_1^k(t_0) + \frac{f}{c}[\delta\rho_{11}^k(t_2) + \delta\rho_{21}^k(t_2)]$$

$$\varphi_i^k(t_2) = \frac{f}{c}\rho_i^k(t_2) + f[\delta t_i(t_2) - \delta t^k(t_2)] - N_i^k(t_0) + \frac{f}{c}[\delta\rho_{1i}^k(t_2) + \delta\rho_{2i}^k(t_2)]$$

将两接收机 T_0，T_i 在同一历元观测同一颗卫星的载波相位观测量相减，可得到 4 个单差方程

$$\begin{aligned}
\Delta\varphi^j(t_1) &= \frac{f}{c}[\rho_i^j(t_1) - \rho_1^j(t_1)] + f[\delta t_i(t_1) - \delta t_1(t_1)] - [N_i^j(t_0) - N_1^j(t_0)] \\
\Delta\varphi^k(t_1) &= \frac{f}{c}[\rho_i^k(t_1) - \rho_1^k(t_1)] + f[\delta t_i(t_1) - \delta t_1(t_1)] - [N_i^k(t_0) - N_1^k(t_0)] \\
\Delta\varphi^j(t_2) &= \frac{f}{c}[\rho_i^j(t_2) - \rho_1^j(t_2)] + f[\delta t_i(t_2) - \delta t_1(t_2)] - [N_i^j(t_0) - N_1^j(t_0)] \\
\Delta\varphi^k(t_2) &= \frac{f}{c}[\rho_i^k(t_2) - \rho_1^k(t_2)] + f[\delta t_i(t_2) - \delta t_1(t_2)] - [N_i^k(t_0) - N_1^k(t_0)]
\end{aligned} \tag{3.21}$$

单差方程中已消去了卫星钟钟差，并且大气层延迟影响的单差是微小项，略去。

将两接收机 T_1，T_i 同时观测两颗卫星 S^j，S^k 的载波相位观测量的站际单差相减，可得到两个双差方程

$$\begin{aligned}
\nabla\Delta\varphi^k(t_1) &= \frac{f}{c}\{[\rho_i^k(t_1) - \rho_1^k(t_1)] - [\rho_i^j(t_1) - \rho_1^j(t_1)]\} + N_1^k(t_0) - N_1^j(t_0) + N_i^j(t_0) - N_i^k(t_0) \\
\nabla\Delta\varphi^k(t_2) &= \frac{f}{c}\{[\rho_i^k(t_2) - \rho_1^k(t_2)] - [\rho_i^j(t_2) - \rho_1^j(t_2)]\} + N_1^k(t_0) - N_1^j(t_0) + N_i^j(t_0) - N_i^k(t_0)
\end{aligned} \tag{3.22}$$

双差方程中消去了基准站和用户站的 GPS 接收机钟差 δt_0，δt_i。双差方程右端的初始整周模糊度 $N_0^k(t_0)$，$N_i^k(t_0)$，$N_0^j(t_0)$，$N_i^j(t_0)$，通过初始化过程进行解算。

因此，在 RTK 定位过程中，要求用户所在的实时位置。其计算程序如下：

①用户 GPS 接收机静态观测若干历元，并接收基准站发送的载波相位观测量，采用静态观测程序，求出整周模糊度，并确认此整周模糊度正确无误。这一过程称为初始化。

②将确认的整周模糊度代入双差方程(3.22)。由于基准站的位置坐标是精确测定的已知值，两颗卫星的位置坐标可由星历参数计算出来。因此，双差方程中只包含用户在协议地球系中的位置坐标 X_i，Y_i，Z_i 为未知数，此时只需要观测 3 颗卫星就可进行求解。

由上述分析可知，测相伪距修正法与伪距差分法原理相同，是准 RTK 技术；载波相位求差法，通过对观测方程进行求差来解算用户站的实时位置，才是真正的 RTK 技术。

上述所讨论的单基准站差分 GPS 系统结构和算法简单，技术上较为成熟，主要适用于小范围的差分定位工作。对较大范围的区域，则应用局部区域差分技术；对一国或几个国家范围的广大区域，则应用广域差分技术。

3)载波相位平滑伪距差分

GPS 除了能进行测码伪距测量之外,稍加改进可同时进行载波相位测量。载波相位测量的精度比码相位测量高两个数量级。因此,若能获得载波相位变化的整周数,就可获得近乎无噪声的伪距观测量。

一般情况下,载波变化的整周数无法获取,但能获得载波的多普勒计数(即整周计数),而实际上载波多普勒计数反映了载波相位的变化信息,即反映了伪距变化率。在 GPS 接收机中一般利用这一信息作为用户的速度估计。顾及载频多普勒测量能精确地反映伪距变化,若能利用这一信息辅助码伪距测量,则可获得比单独采用码伪距测量更高的精度,这一思路称为载波相位平滑伪距测量。因此,相位平滑伪距差分是将码伪距测量与载波相位测量结合起来的一种较为特殊的 GPS 差分定位方法。

根据前述内容,码伪距和相位的观测方程可表示为

$$\rho'^{j} = \rho^{j} + c\delta t + v_1 \tag{3.23}$$

$$\lambda(\varphi^{j} + N^{j}) = \rho^{j} + c\delta t + v_2 \tag{3.24}$$

式中　ρ'^{j}——经过差分改正后的站星间的伪距;

δt——钟差;

φ^{j}——载波相位的实际观测量;

N^{j}——整周模糊度;

ρ^{j}——站星间的几何距离;

v_1, v_2——接收机的测量噪声。

上式中,整周模糊度 N^{j} 的求解比较困难,无法直接将其值用于动态测量,故采用历元间的相位变化来平滑伪距。

t_1, t_2 时刻的相位观测量之差为

$$\begin{aligned}\delta\rho^{j}(t_1,t_2) &= \lambda[\varphi^{j}(t_2) - \varphi^{j}(t_1)] \\ &= \rho^{j}(t_2) - \rho^{j}(t_1) + c\delta t_2 - c\delta t_1 + v_2'\end{aligned} \tag{3.25}$$

式中,整周模糊度消除了,v_2' 为两时刻的接收机测量噪声之差。若基准站与用户站距离不太远,噪声电平为毫米量级,而对于相对伪距观测而言,可忽略其影响。

t_2 时刻的码伪距观测量为

$$\rho'^{j}(t_2) = \rho^{j}(t_2) + c\delta t_2 + v_1 \tag{3.26}$$

顾及式(3.23)、式(3.25)和式(3.26),可得

$$\rho'^{j}(t_2) = \rho^{j}(t_1) + c\delta t_1 + \delta\rho^{j}(t_1,t_2) = \rho'^{j}(t_1) + \delta\rho^{j}(t_1,t_2) \tag{3.27}$$

故

$$\rho'^{j}(t_1) = \rho'^{j}(t_2) - \delta\rho^{j}(t_1,t_2) \tag{3.28}$$

由式(3.28)可知,t_1 时刻的伪距值可以用不同时刻的相位差回推求出。假设有 k 个历元的伪距观测值 $\rho'^j(t_1),\rho'^j(t_2),\cdots,\rho'^j(t_k)$,则利用相位观测量可求出从 t_1 到 t_k 的相位差测量值 $\delta\rho^j(t_1,t_2),\delta\rho^j(t_1,t_3),\cdots,\delta\rho^j(t_1,t_k)$。于是,可求出 t_1 时刻的 k 个伪距观测量

$$\left.\begin{aligned}\rho'^j(t_1) &= \rho'^j(t_1)\\ \rho'^j(t_1) &= \rho'^j(t_2) - \delta\rho^j(t_1,t_2)\\ &\vdots\\ \rho'^j(t_1) &= \rho'^j(t_k) - \delta\rho^j(t_1,t_k)\end{aligned}\right\} \tag{3.29}$$

将上述 k 个值取平均数,得到 t_1 时刻的伪距平滑值

$$\bar{\rho}'^j(t_1) = \frac{1}{k}\sum \rho'^j(t_1)$$

显然,这一方法大大提高了伪距观测值的精度。利用式(3.29)和式(3.30),推得其他时刻的伪距平滑值

$$\bar{\rho}'^j(t_i) = \bar{\rho}'^j(t_1) + \delta\rho^j(t_1,t_i) \qquad i = (2,3,\cdots,k) \tag{3.30}$$

上述推导适用于数据后处理。当实时应用时,可采用另一种类似于滤波的平滑方式。

设 $\bar{\rho}'^j(t_1) = \rho'^j(t_1)$,则

$$\rho'^j(t_i) = \frac{1}{i}\rho'^j(t_i) + \frac{i-1}{i}\{\bar{\rho}'^j[t_{i-1} + \delta\rho^j(t_{i-1},t_i)]\} \tag{3.31}$$

若要求得用户站的坐标,可利用式(3.31)所求得的相位平滑伪距观测量,按照式(3.10)建立模型求解。

目前,这种介于伪距差分和相位差分之间的相位平滑差分方法应用并不是很广泛。

4)广域差分

广域差分 GPS 的基本思想是:首先对 GPS 观测量的误差源加以区分,并单独对每一种误差源分别加以模型化,然后将计算出的每种误差源的数值,通过数据链传输给用户,以对用户 GPS 定位的误差加以改正,达到削弱这些误差源,改善用户 GPS 定位精度的目的。

GPS 误差源主要表现在 3 个方面:星历误差、大气延迟误差和卫星钟差。广域差分 GPS 系统就是为削弱这 3 种误差源而设计的一种工程系统,简称 WADGPS。该系统的一般构成包括一个中心站,几个监测站及其相应的数据通信网络,以及覆盖范围内的若干用户。其工作原理是:在已知坐标的若干监测站上跟踪观测 GPS 卫星的伪距、相位等信息,监测站将这些信息传输到中心站;中心站在区域精密定轨计算的基础上,计算出 3 项误差改正模型,并将这些误差改正模型通过数据通信链发送给用户站;用户站利用这些误差改正模型信息改正自己观测到的伪距、相位、星历等,从而计算出高精度的 GPS 定位结果。

WADGPS将中心站、基准站与用户站间距离从100 km增加到2 000 km,且定位精度无明显下降;对大区域内的WADGPS网,需要建立的监测站很少,具有较大的经济效益;WADGPS系统的定位精度分布均匀,且定位精度较LADGPS高;其覆盖区域可扩展到远洋、沙漠等LADGPS不易作用的区域;WADGPS使用的硬件设备及通信工具昂贵,软件技术复杂,运行维持费用较LADGPS高得多,且可靠性和安全性可能不如单个的LADGPS。

5)多基准站RTK(网络RTK)

多基准站RTK技术也称网络RTK技术,是对普通RTK方法的改进。目前,应用于网络RTK数据处理的方法有虚拟参考站法、偏导数法、线性内插法及条件平差法。其中,虚拟参考站法技术(Virtual Reference Station,VRS)最为成熟。

VRS RTK的工作原理(见图3.3)是:在一个区域内建立若干个连续运行的GPS基准站,根据这些基准站的观测值,建立区域内的GPS主要误差模型(电离层、对流层、卫星轨道等误差)。系统运行时,将这些误差从基准站的观测值中减去,形成"无误差"的观测值,然后利用这些无误差的观测值和用户站的观测值,经有效地组合,在移动站附近(几米到几十米)建立起一个虚拟参考站,移动站与虚拟参考站进行载波相位差分改正,实现实时RTK。

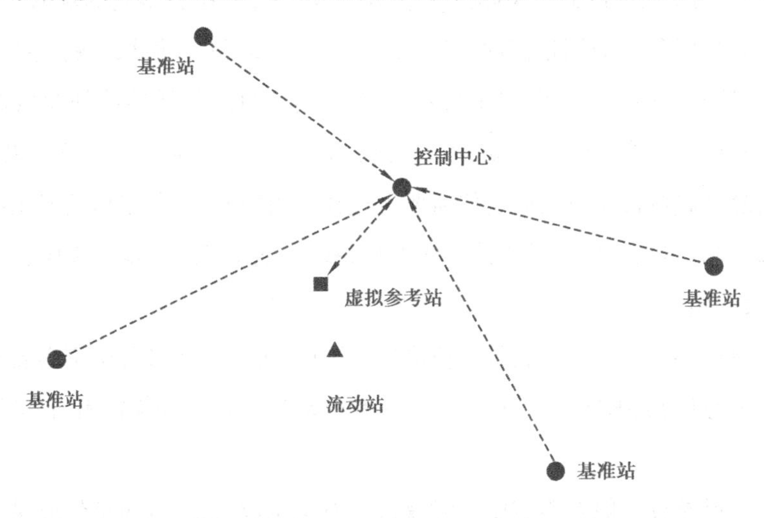

图3.3 VRS RTK工作原理

由于其差分改正是经过多个基准站观测资料有效组合求出的,可有效地消除电离层、对流层和卫星轨道等误差,哪怕用户站远离基准站,也能很快地确定自己的整周模糊度,实现厘米级的实时快速定位。

多基准站RTK系统基本构成:若干个连续运行的GPS基准站、计算中心、数据发布中心及用户站。连续运行的GPS基准站连续进行GPS观测,并实时将观测值传输至计算中心。计算中心根据这些观测值计算区域电离层、对流层、卫星轨道误差改正模型,并实时地将各基准站的观测值减去其误差改正,得到无误差观测值,再结合移动站的观测值,计算出在移动站附近的虚拟参考站的相位差分改正,并实时地传给数据发布中心。数据发布中心实时接收计算中心的相位差分改正信息,并实时发布。用户站接收到数据发布中心发布的相位差分改正信息,结合自身 GPS 观测值,组成双差相位观测值,快速确定整周模糊度参数和位置信息,完成实时定位。因此,VRS RTK 系统是集 Internet 技术、无线电通信技术、计算机网络管理及 GPS 定位技术于一身的系统。

VRS RTK 的出现将一个地区的测绘所有的工作连成了一个有机的整体,结束了以前 GPS 作业单打独斗的局面,大大扩展了 RTK 的作业范围,使 GPS 的应用更为广泛,精度和可靠性进一步提高,建设成本反而大大降低。Trimble 公司成功地掌握了这一项技术,并于 2000 年正式推出了自己的 VRS 产品。我国北京、深圳、青岛等地于 2002 年后相继建立了 VRS RTK 系统。

6)事后差分

本节前面曾叙述过,差分定位按照数据处理的方式不同,可分为实时差分和事后差分。上述介绍的几种差分方法均属于实时差分。

在某些情况下,用户站虽处于运动状态,但并不需要实时地获得它的瞬时位置、速度等信息;或测区没有差分服务或费用很高时,这时就可将基准站和流动站的观测数据存储在 GPS 接收机的相应存储介质中。待外业作业结束后,在室内通过通信线路将外业数据导入计算机中,采用专门的事后 GPS 差分软件对观测数据进行处理,得到外业动态定位成果。

事后差分在室内进行,这时根据定位需要可选择使用精密星历,根据精密星历计算的卫星瞬时位置比实时差分时采用广播星历计算的卫星瞬时位置要精确得多。因此,事后差分可大大提高定位成果的精度。

另外,由于事后差分不需实时获得定位成果。因此,定位观测过程中不需要基准站与用户站之间传输差分信息的数据链系统,这样基准站和流动站接收机的装置相当,可根据实际情况对其调换使用。

综上所述,事后差分一般在不需要实时获得动态定位成果,而且对定位成果的精度要求较高的情况下使用。目前,事后差分技术已趋于成熟,很多 GPS 生产商成功开发了事后差分处理系统,在实际应用中取得了较好的效益。

知识点 2: 整周模糊度与周跳

1)整周未知数的确定

如前所述,在以载波相位观测量为基础的 GPS 精密定位中,初始整周未知数 $N_i^j(t_0)$ 的确定是实现定位的一个关键问题,准确而快速地解算整周未知数对保障定位精度、缩短定位时间、提高 GPS 定位效率都具有极其重要的意义。

GPS 定位时，只要确定了整周未知数，则测相伪距方程就和测码伪距方程一样了。若都不考虑卫星钟差的影响，则只需要解算 4 个未知数($X,Y,Z,\delta t_i(t)$)，这时同步观测 4 颗以上卫星，利用一个历元就可以进行定位。

目前，解算整周未知数的方法很多。下面将介绍几种解算整周未知数的常用方法。

(1)经典待定系数法

在经典静态定位中，常把整周未知数当成平差计算中的待定参数，与其他参数一并求解。

①整数解(固定解)

根据整周未知数的物理意义，它理论上应为整数。但是，因各种误差的影响，整周未知数的解算结果一般为非整数。此时，可将其取为相接近的整数(四舍五入)，作为已知参数再次代入观测方程，重新平差解算其他参数。在基线较短的相对定位中，若观测误差和外界误差对观测量的影响较小时，这种整周未知数的确定方法比较有效。

②非整数解(实数解或浮动解)

在基线较长的静态相对定位中，外界误差对观测量的影响比较大，采用上述方法求解整周未知数精度较低，并将其凑成整数对提高解的精度无益。

此时，通过平差计算得到的整周未知数不是整数，不必凑整，直接以实数形式代入观测方程，重新解算其他参数。

经典待定参数法解算整周未知数，往往需要观测 1 h 甚至更长的时间，从而影响了作业效率。因此，此法一般用于经典静态相对定位模式进行高精度的 GPS 定位中。

(2)快速解算法(FARA)

1990 年弗雷(E. Frei)和比尤特尔(G. Beutler)提出了快速解算整周模糊度算法(FARA)。基于此方法的静态相对定位，所需要的观测时间可缩短到几分钟。目前，很多接收机的基线解算软件都采用了此算法。

FARA 法的基本思想是：以数理统计理论的参数估计和假设检验为基础，充分利用初始平差的解向量(站点坐标及整周模糊度的实数解)及其精度信息(方差与协方差阵和单位权中误差)，确定在某一个置信区间整周模糊度可能的整数解的组合，然后依次将整周模糊度的每一个组合作为已知值，重复地进行平差计算，其中能使估值的验后方差(或方差和)为最小的一组整周模糊度，即为所搜索的整周模糊度的最佳估值。

实践证明，在短基线情况下，根据数分钟的双频观测成果，便可精确地确定整周模糊度的最佳估值，使相对定位的精度达到厘米级。

(3)动态法

前面所述的方法主要用于静态 GPS 定位模式，尽管 GPS 接收机观测卫星的时间有长有短，但接收机均处于静止状态，故称静态法。

当前,GPS 动态定位的应用也越来越广。在高精度的动态相对定位中,若采用测相伪距观测量来实现,同样也涉及整周未知数的确定问题。一般来说,为了确定运动载体的实时位置,要求将装载于载体之上的 GPS 接收机在运动之前预先确定初始整周未知数,这个过程称为 GPS 的初始化。同时,在载体运动之后要保持对 4 颗以上卫星的连续跟踪,才能实现实时动态相对定位,一旦卫星失锁,则必须停下来,采用静态法重新确定整周未知数(或重新初始化)。这样严重影响了测相伪距法在高精度动态定位中的应用。

1993 年,莱卡公司成功地开发了一种动态确定整周未知数的方法(AROF),并研制出了相应软件,能在接收机运动过程中确定整周未知数,或实现动态初始化,为实现精密实时动态相对定位(RTK 或 RTD)开辟了一条重要途径。

AROF 的基本思想是:在载体运动过程中,载体上的 GPS 接收机与参考站上的 GPS 接收机,对共视卫星进行同步观测,利用快速解算法(如 FARA 法),对卫星的载波相位观测值进行平差处理,确定初始整周未知数。而在上述为初始化所进行的短时间观测过程中,载体已有了位移,载体的瞬时位置则是根据随后确定的整周未知数并利用逆向求解的方法来确定。

这一方法的特点是在载体运动过程中所观测的卫星一旦失锁,为重新确定整周未知数,运动载体不需要停下来重新进行初始化工作,它可在载体运动过程中实现。

在动态确定整周未知数时,为了增加解的可靠性和精确性,除了尽可能多地跟踪卫星之外,观测的历元数也应尽可能多。莱卡公司 1994 年推出的软件中,要求初始化观测时段的长度约为 200 s。目前,这一方法已在短基线(10 km 以内)实时动态相对定位中得到了成功应用,其定位精度可达厘米级。

2)周跳的探测分析与修复

周跳就是 GPS 接收机对于卫星信号的失锁而导致 GPS 接收机中载波相位观测值中的整周计数所发生的突变。

由测相伪距测量原理可知,GPS 接收机 T_i 在某历元 t_i 观测卫星 S^j 的理论相位差包含两部分:整周部分 $N_i^j(t_i)$ 和可测得不满一周的小数部分 $\delta\varphi_i^j(t_i)$。整周部分又可分为初始历元的整周数 $N_i^j(t_0)$ 和初始历元到任一观测历元的整周数 $N_i^j(t_i-t_0)$。GPS 接收机计数器能记录下 $\delta\varphi_i^j(t_i)$ 和 $N_i^j(t_i-t_0)$。因此,要获得高精度定位,除必须准确地解算整周未知数 $N_i^j(t_0)$ 之外,还必须保证计数器准确记录整周计数 $N_i^j(t_i-t_0)$ 和小数部分相位 $\delta\varphi_i^j(t_i)$,特别是整周计数应该是连续的。如果由各种原因导致计数器累计发生中断,那么恢复计数器后,其所计的整周计数与正确数之间就会存在一个偏差,这个偏差就是因周跳而丢失掉的周数。其后观测的每个相位观测值中都含有这个偏差。

产生周跳的主要原因是卫星信号失锁，如卫星信号被障碍物遮挡而暂时中断，或受到无线电信号干扰而造成失锁等，这些原因都会使计数器的整周数发生错误。由于载波相位观测量为瞬时观测值，因此不足一周的小数部分总能保持正确。

周跳有两种类型：一种是当卫星信号的接收被中断数分钟或更长的时间时，GPS在数个观测历元中不再有载波相位观测值，这类周跳容易识别；另一种是卫星信号的中断时间很短，可能发生在两相邻历元之间，在每个历元都包括整周计数小数部分相位值，然而整周数已有突变，不再衔接，所出现的周跳可能小至一周，也可大致数百周。这类周跳难以识别，因为即使没有发生周跳，相邻两历元之间的相位观测值中的整周数也是在不停变化的，其中是否有周跳发生，则需要用专门的方法加以探测。如何判断周跳并恢复正确的计数是GPS数据处理中的一项重要工作。许多软件中都已有这一功能，称为周跳探测与修复。它一般在平差之前的数据预处理阶段进行，见表3.1。

表3.1　载波相位观测量及其差值

历元	$\varphi_i^j(t)$	1次差	2次差	3次差	4次差
t_1	475 833.225 1				
		11 608.753 1			
t_2	487 441.978 4		399.814 0		
		12 008.567 1		2.507 2	
t_3	499 450.545 5		402.321 2		-0.579 5
		12 410.888 3		1.927 7	
t_4	511 861.433 8		404.248 9		0.963 9
		12 815.137 2		2.891 6	
t_5	524 676.571 0		407.140 5		-0.272 1
		13 222.277 7		2.619 5	
t_6	537 898.848 7		409.760 0		-0.421 9
		13 632.037 7		2.197 6	
t_7	551 530.886 4		411.957 6		
		14 043.995 3			
t_8	565 574.881 7				

容易理解，在不发生周跳的情况下，随着用户接收机与卫星间距离的变化，载波相位观测值也随之不断变化，其变化应该是平缓而有规律的。一般来说，在相位观测的历元序列中，对相邻历元的相位观测值取差，相邻相位观测值之差值，称为1次差；相邻一次差的差值，称为2次差；以此类推，当取4～5次差之后，距离变化时整周数的影响已可忽略，这时的差值主要是由振荡器的随机误差引起的，因而应具有随机性的特点。但是，如果在观测过程中发生了周跳现象，那么便破坏了上述相位观测量的正常变化规律，从而使其高次差的随机特性也受到破坏。利用这一性质，便可在相位观测时发现周跳现象，见表3.2。

表 3.2　含有周跳影响的载波相位观测量及其差值

历元	$\varphi_i^j(t)$	1 次差	2 次差	3 次差	4 次差
t_1	475 833.225 1				
		11 608.753 1			
t_2	487 441.978 4		399.814 0		
		12 008.567 1		2.507 2	
t_3	499 450.545 5		402.321 2		100.579 5*
		12 410.888 3		-98.072 3*	
t_4	511 861.433 8		304.248 9*		300.963 9*
		12 715.137 2*		202.891 6*	
t_5	524 576.571 0*		507.140 5*		300.272 1*
		13 222.277 7		-97.380 5*	
t_6	537 798.848 7*		409.760 0		99.578 1*
		13 632.037 7		2.197 6	
t_7	551 430.886 4*		411.957 6		
		14 043.995 3			
t_8	565 474.881 7*				

注：* 受周跳影响的数据。

表 3.1 中列出了不同历元由测站 T_i 观测卫星 S^j 的相位观测值。因没有周跳，对不同历元观测值取 4 ~5 次差之后的差值具有随机特性。而在表 3.2 中，由于观测过程中出现了周跳现象，高次差的随机特性受到破坏，且求差的次数越高差异越大。

上述方法不适用于计算机处理，为此可采用多项式拟合的方法进行。多项式拟合法是利用前面几个正确的相位观测值拟合一个 m 级多项式，用该多项式外推出下一个观测值，并与实测值进行比较，从而发现并修正周跳。由上述分析可知，经 4 ~5 次差后，就已出现了随机特性。因此，多项式阶数取 4 ~5 次即可。

周跳的探测与修复的方法有多种，除了上述高次差或多项式拟合法外，还有星际差分探测与修复法、数据处理后的残差探测与修复法等，在此不一一具体介绍。

目前生产的很多种接收机在卫星信号失锁时都能自动报警，不仅在原始观测数据中会有提示，而且可显示在屏幕上，为数据预处理中的周跳探测提供了有利条件。在各种含周跳自检的 GPS 接收机中，采用的检测周跳的软件尽管方法各不相同，但自动化程度较高，一般都不需要人工干预了。

任务 3.2　GNSS-RTK 野外数据采集与数字化成图

学习目标

1. 熟练掌握 GPS 移动站和基准站的正确连接方法，掌握移动站连接 CORS 和千寻的正确方法。
2. 掌握 GNSS 基准站和移动站参数设置。
3. 熟练运用 GPS-RTK 进行碎部测量，完成数据的传输。
4. 会用成图软件进行数字成图。

任务描述

1. 经架设基准站、启动基准站、启动流动站、点校正，流动站开始碎部测量，同时绘制草图。
2. 经测量成果检核后，将 RTK 数据传输至相应路径，将数据导入 CASS 成图软件。
3. 根据所画草图，绘制校区内地形图。

实施步骤

1. 指导学生架设基准站和移动站，并进行正确连接，包括使用 CORS 或千寻作为基准站。
2. 对基准站和移动站参数进行设置，并进行点位校正。
3. 对测区内地物和地貌进行数据采集，同时绘制草图。
4. 数据导入 CASS 成图软件，根据所画草图绘制校区内地形图。

评价单

学生自评表

班级：	姓名：	学号：	
任　务	GNSS-RTK 野外数据采集与数字化成图		
评价项目	评价标准	分值	得分
基准站和移动站连接	1. 完成;2. 未完成	20	
参数设置与校正	1. 准确;2. 不准确	10	
数据采集	1. 完成;2. 未完成	10	
数字化成图	1. 完成;2. 未完成	20	
工作态度	态度端正,无缺勤、迟到、早退现象	10	
工作质量	能按计划完成工作任务	10	
协调能力	与小组成员、同学之间能合作交流,协调工作	10	
职业素质	能做到细心、严谨	5	
创新意识	主动阅读标准、规范,数据处理准确无误	5	
合　计		100	

学生互评表

任　务	GNSS-RTK 野外数据采集与数字化成图														
评价项目	分值	等　级								评价对象(组别)					
										1	2	3	4	5	6
计划合理	10	优	10	良	9	中	7	差	6						
团队合作	10	优	10	良	9	中	7	差	6						
组织有序	10	优	10	良	9	中	7	差	6						
工作质量	20	优	20	良	18	中	14	差	12						
工作效率	10	优	10	良	9	中	7	差	6						
工作完整	10	优	10	良	9	中	7	差	6						
工作规范	10	优	10	良	9	中	7	差	6						
成果展示	20	优	20	良	18	中	14	差	12						
合　计	100														

教师评价表

<table>
<tr><td colspan="2">班级：</td><td colspan="3">姓名：</td><td colspan="2">学号：</td></tr>
<tr><td colspan="2">任　务</td><td colspan="5">GNSS-RTK野外数据采集与数字化成图</td></tr>
<tr><td colspan="2">评价项目</td><td colspan="3">评价标准</td><td>分值</td><td>得分</td></tr>
<tr><td colspan="2">考勤(10%)</td><td colspan="3">无迟到、早退、旷课现象</td><td>10</td><td></td></tr>
<tr><td rowspan="7">工作过程(60%)</td><td>基准站和移动站连接</td><td colspan="3">1. 完成;2. 不完成</td><td>10</td><td></td></tr>
<tr><td>参数设置与校正</td><td colspan="3">1. 准确;2. 不准确</td><td>10</td><td></td></tr>
<tr><td>数据采集</td><td colspan="3">1. 完成;2. 不完成</td><td>10</td><td></td></tr>
<tr><td>数字化成图</td><td colspan="3">1. 完成;2. 不完成</td><td>15</td><td></td></tr>
<tr><td>工作态度</td><td colspan="3">态度端正,工作认真、主动</td><td>5</td><td></td></tr>
<tr><td>协调能力</td><td colspan="3">能按计划完成工作任务</td><td>5</td><td></td></tr>
<tr><td>职业素质</td><td colspan="3">与小组成员、同学之间能合作交流,协调工作</td><td>5</td><td></td></tr>
<tr><td rowspan="4">项目成果(30%)</td><td>工作完整</td><td colspan="3">能按时完成任务</td><td>5</td><td></td></tr>
<tr><td>操作规范</td><td colspan="3">能按规范要求操作接收机</td><td>5</td><td></td></tr>
<tr><td>数字化地形图</td><td colspan="3">能正确完成数字化地形图,结果准确</td><td>15</td><td></td></tr>
<tr><td>成果展示</td><td colspan="3">能准确表达、汇报工作成果</td><td>5</td><td></td></tr>
<tr><td colspan="5">合　计</td><td>100</td><td></td></tr>
<tr><td colspan="2" rowspan="2">综合评价</td><td>学生自评(20%)</td><td>小组互评(30%)</td><td>教师评价(50%)</td><td colspan="2">综合得分</td></tr>
<tr><td></td><td></td><td></td><td colspan="2"></td></tr>
</table>

相关规范如下：

①《全球定位系统(GPS)测量规范》(GB/T 18314—2009)。

②《卫星定位城市测量技术标准》(CJJ/T 73—2019)。

③《公路勘测规范》(JTG C10—2007)。

④《铁路工程卫星定位测量规范》(TB 10054—2010)。

⑤《测绘技术总结编写规定》(CH/T 1001—2005)。

⑥《城市测量规范》(CJJ/T 8—2011)。

⑦《全球定位系统(GPS)测量型接收机检定规程》(CH 8016—1995)。

⑧《1∶500　1∶1 000　1∶2 000地形图数字航空摄影测量测图规范》(GB/T 15967—2024)。

子任务 3.2.1 野外数据采集步骤

1)移动站安装与设置

(1)开机

进入“初始界面”(打开 S86 电源后进入程序初始接口,初始接口有两种模式选择:设置模式和采集模式)。

操作:按①键,开机界面如图 3.4 所示。

图 3.4 开机界面

(2)设置工作模式

①选择“设置工作模式”:开机后显示“初始界面”时,按 F2 键进入设置模式主接口(不选择则进入自动采集模式),按 F1 或 F2 选择“设置工作模式”,选好后按①确定,如图 3.5 所示。

图 3.5 工作模式设置

操作:按 F2 (进入设置模式)→按 F1 或 F2 (选择“设置工作模式”)→按①确定。

②设置“基准站工作模式”:按 F1 或 F2 选择“基准站工作模式”(工作模式有静态模式、基准站工作模式、移动站工作模式),然后返回设置模式主菜单,如图 3.6 所示。

图 3.6 基准站模式设置

③基准站模式参数设置:进入基准站模式,可选择模式参数设置,如图3.7所示。

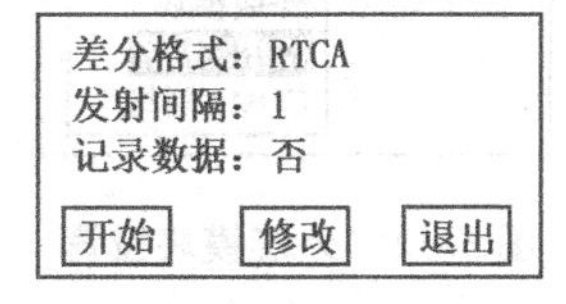

图3.7 基准站模式参数设置

a. 参数设置:选择"修改"进入参数设置接口,如图3.8所示。

图3.8 参数设置接口

按①可分别进入"差分格式"(选"CMR"或"RTCA")、"发射间隔"(选"1")、"记录数据"(选"是")的设置,如图3.9所示。

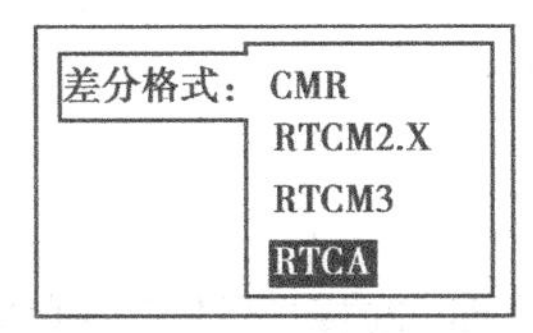

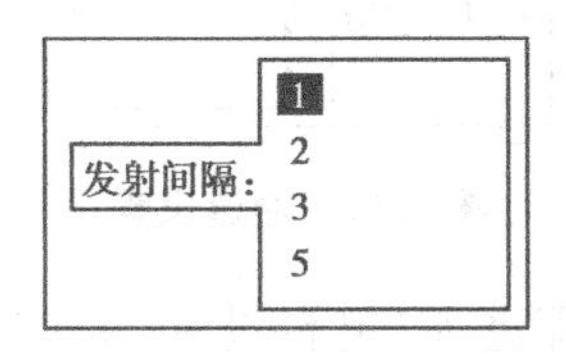

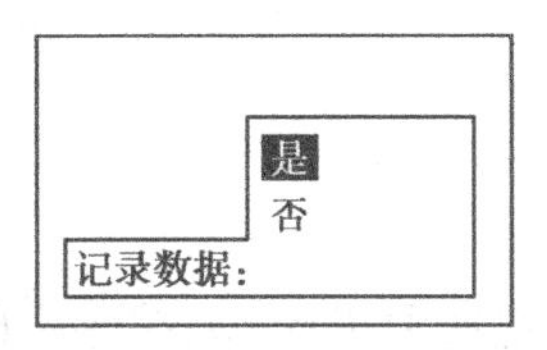

图3.9 差分格式设置

b. 模块设置:设置完参数后返回如图3.7所示的界面,选择"开始"则进入"模块设置"界面,如图3.10所示。

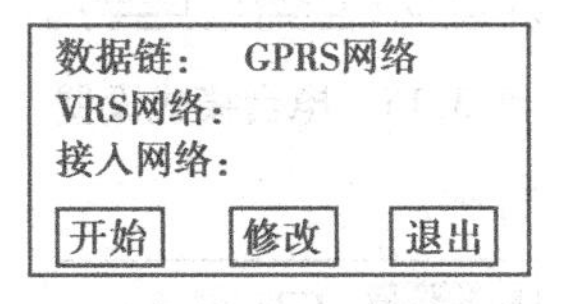

图3.10 模块设置

选择"修改",即进入"数据链"修改界面,如图3.11所示。

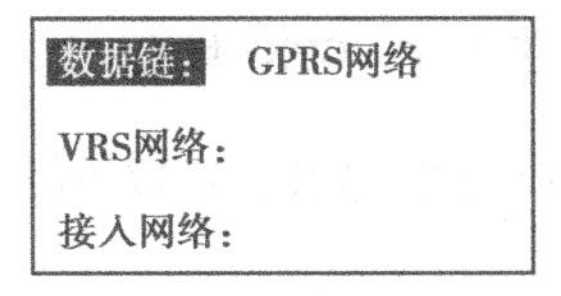

图3.11 数据链设置

按①可分别选择内置"电台""外接模块""GPRS网络""CDMA网络"模式,如图3.12所示。

图 3.12　外接模块设置

再次按 进入各种模式设置界面。

(a)“电台模式”设置，如图 3.13 所示。

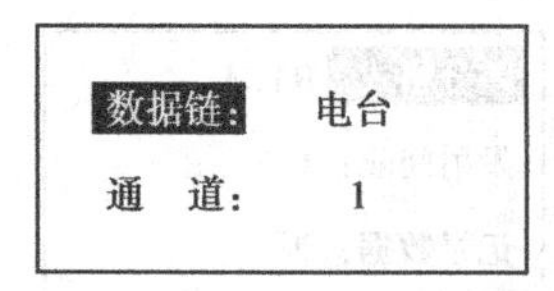

图 3.13　电台模式设置

按 F1 或 F2 选择“通道”，按 确认所选通道，如图 3.14 所示。

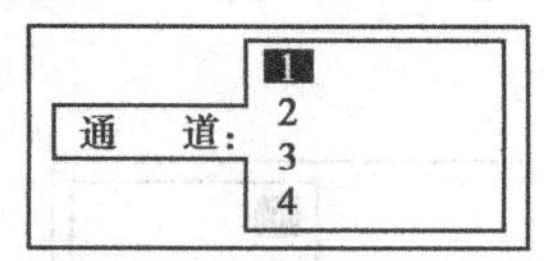

图 3.14　通道设置

确认后返回到图 3.15，按 F2 即进入“电台设置”完成界面，选择“开始”，则电台模式设置完成。

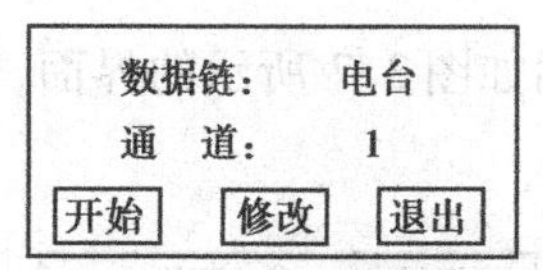

图 3.15　电台模式设置

(b)GPRS 模式设置：如图 3.16 所示。

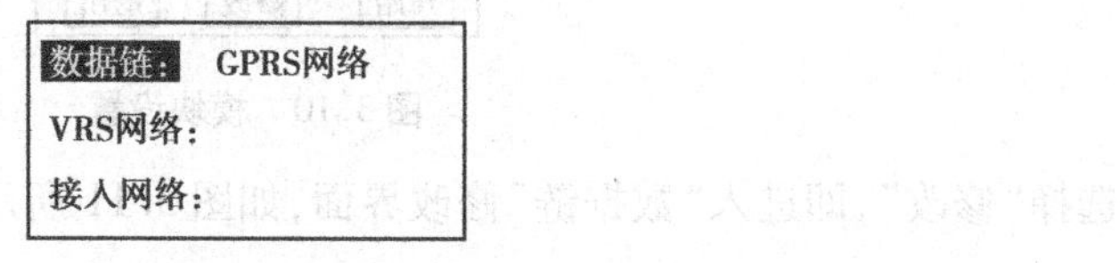

图 3.16　GPRS 模式设置

按 F2 切换至“GPRS 设置”完成界面，如图 3.17 所示。选择“开始”，按 “GPRS 模式”，则设置完成。

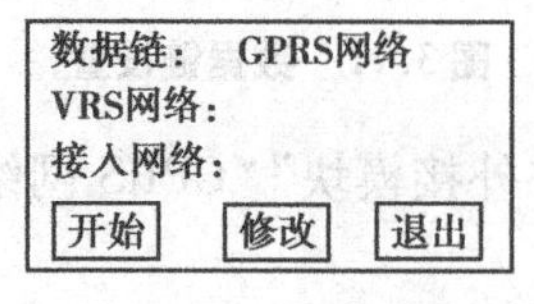

图 3.17　GPRS 网络设置

(c)CDMA 模式设置：如图 3.18 所示。

图 3.18　CDMA 模式设置

按 F2 切换至“CDMA 设置”完成界面，如图 3.19 所示。选择“开始”，按 ① “CDMA 模式”，则设置完成。

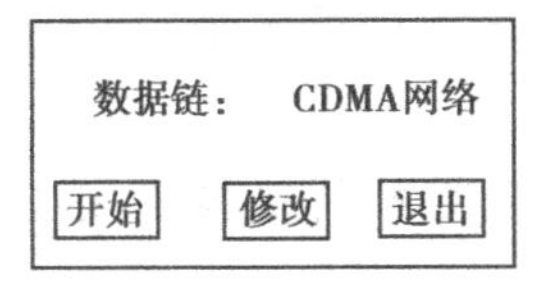

图 3.19　CDMA 模式设置

(d)外接模块设置：方法与 GPRS，CDMA 模式设置方法一样。

基准站正常工作状态要求：

- “TX”“DATA”同时按发射间隔闪烁（当卫星数大于 5 颗，PDOP 值小于 3），表明基准站开始正常工作。
- 如用外挂大电台，则电台上的 TX 灯开始每秒钟闪 1 次，表明基准站开始正常工作。

2)移动站安装与设置

(1)移动站安装

将移动站主机接在碳纤对中杆上，并将接收天线接在主机顶部，同时将手簿使用托架夹在对中杆的适合位置。

(2)移动站设置

①打开主机：轻按电源键打开主机，主机开始自动初始化和搜索卫星。

a. RX 灯按发射间隔闪烁（必须在基准站正常发射差分信号的前提下），表明已收到基准站差分信号。

b. DATA 灯在收到差分数据后按发射间隔闪烁。

c. BT（蓝牙）灯在蓝牙接通时长亮。

②移动站模式参数设置：移动站模式参数设置和基准站模式设置方法相同，且参数设置必须与基准站相应参数一致。

3)手簿设置（同一地区首次作业）

(1)打开手簿

按住“ENTER/ON”至少 1 s，即可打开。

(2)工程之星软件操作

①启动工程之星软件。用光笔双击手簿桌面上“工程之星”，即可启动。

注意：工程之星快捷方式一般在手簿的桌面上，如手簿冷启动后则桌面上的快捷方式消失。这时，必须在 Flashdisk 中启动原文件（路径：我的电脑→Flashdisk→SETUP→ERTKPro 2.0. exe）。

a. 连通蓝牙和主机:启动软件后,软件一般会自动通过蓝牙和主机连通。如果没连通,则首先需要进行蓝牙设置(设置→连接仪器→选中“输入端口:0”→单击“连接”)。

b. 电台设置:软件和主机连通后,软件首先会让移动站主机自动去匹配基准站发射时使用的通道。如果自动搜频成功,则软件主界面左上角会有差分信号在闪动,并在左上角有个数字显示,要与电台上显示一致。如果自动搜频不成功,则需要进行电台设置(设置→电台设置→在“切换通道号”后选择与基准站电台相同的通道→单击“切换”)。

c. 新建工程:在确保蓝牙连通和收到差分信号后,开始新建工程(工程→新建工程),选择向导,依次按要求填写或选取以下工程信息:工程名称、椭球系名称、投影参数设置、四参数设置(未启用可不填写)、七参数设置(未启用可不填写)及高程拟合参数设置(未启用可不填写),最后确定,工程新建完毕。

②新建工程(新建作业的方式有向导和套用两种,这里采用的是向导的方法)向导:用于首次作业;套用:用于同一地区再次作业。

a. 新建的工程:工程→新建工程,如图 3.20 所示。

在作业名称里输入所要建立工程的名称如图 3.21 所示。新建的工程将保存在默认的作业路径 “\系统存储器(或 Flash Disk)\Jobs\”里,选择新建作业的方式为“向导”,然后单击“OK”。

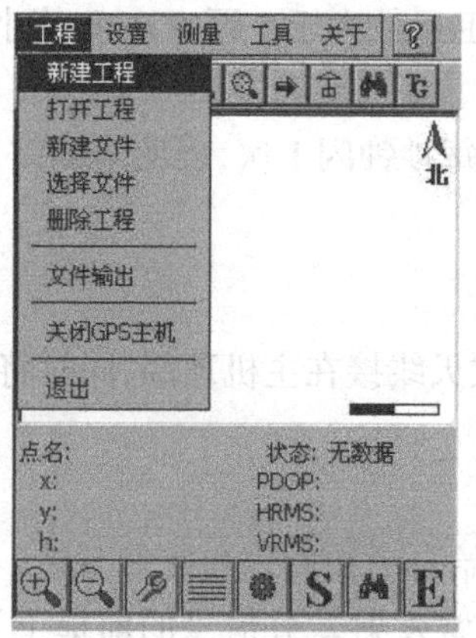

图 3.20　新建工程　　　　图 3.21　输入工程名

b. 进入“参数设置向导”,如图 3.22 所示(全部为默认)。

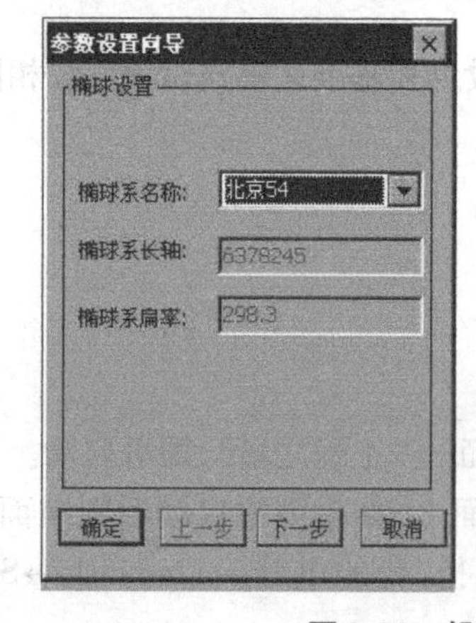

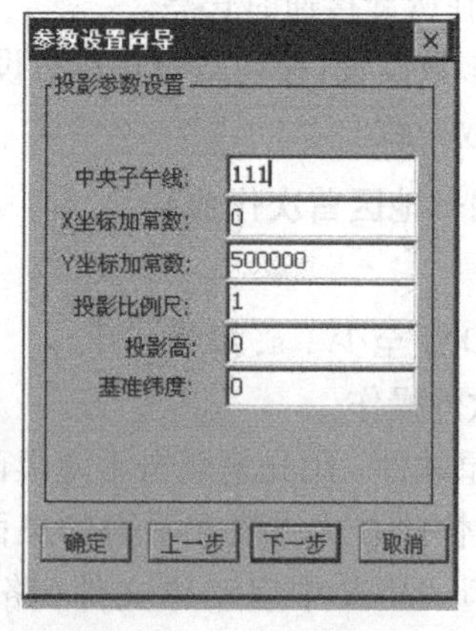

图 3.22　投影参数设置

③求解转换参数。

a. 在至少两个已知点(已知坐标 P1,P2,…)测量并储存其坐标(原始坐标 PT1,PT2,…)。

b. 设置控制点坐标库(新版本的工程之星上为“求转换参数”),进入如图 3.23 所示的界面。

图 3.23　控制点坐标库(新版本的工程之星上为“求转换参数”)

c. 选择“增加”→弹出如图 3.24 所示的界面;输入 P1 点坐标→确定(OK),则弹出如图 3.25 所示的界面。

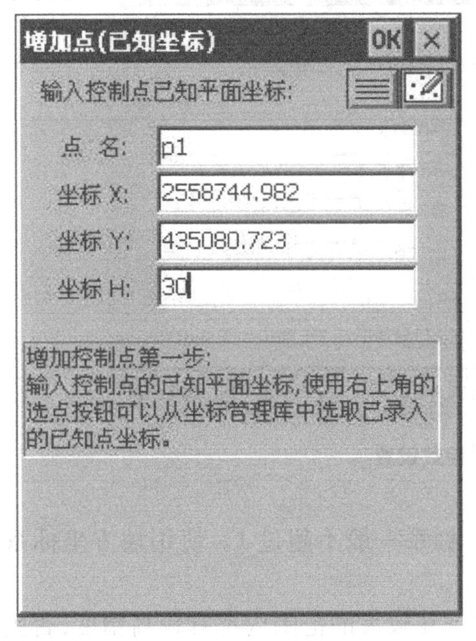

图 3.24　增加已知点(1)

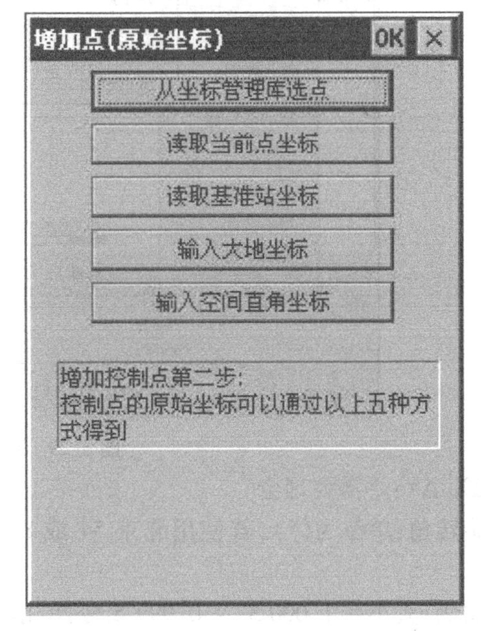

图 3.25　增加已知点(2)

d. 选择“从坐标管理库选点”→弹出如图 3.26 所示的界面；选取测量点 PT1→OK(确定)→弹出如图 3.27 所示的界面→OK→弹出如图 3.28 所示的界面(若图 3.26 中没有数据，则单击导入→选取刚才测得的数据文件(*result. RTK)→确定→是)。

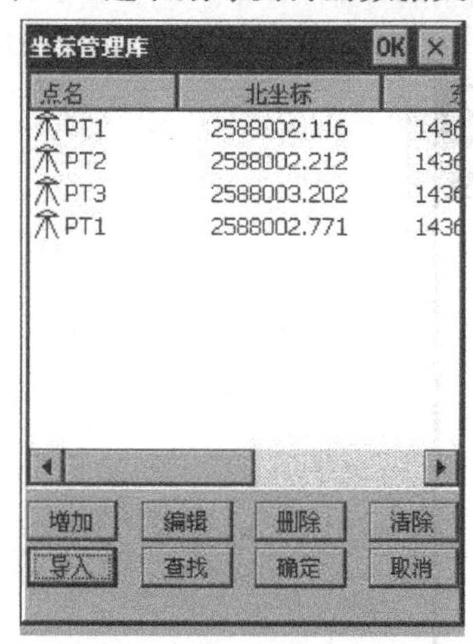

图 3.26 坐标管理库

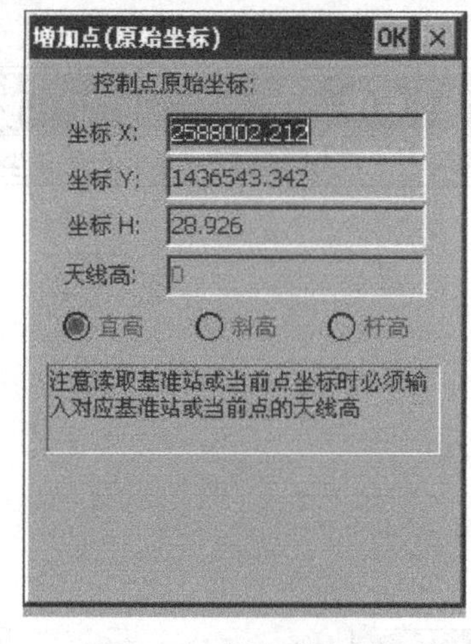

图 3.27 新增原始坐标

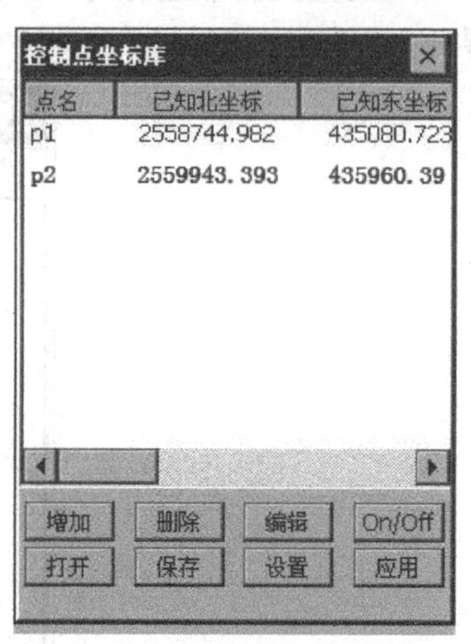

图 3.28 增加点完成

e. 重复 b,c,d 步骤，将所有控制点、已知点全部导入(最少两个)。

f. 在“设置四参数”模块中(见图 3.29)，检查所有关联数据是否正确，然后单击保存→应用。

④检查参数求取是否正确。设置→测量参数→四参数。

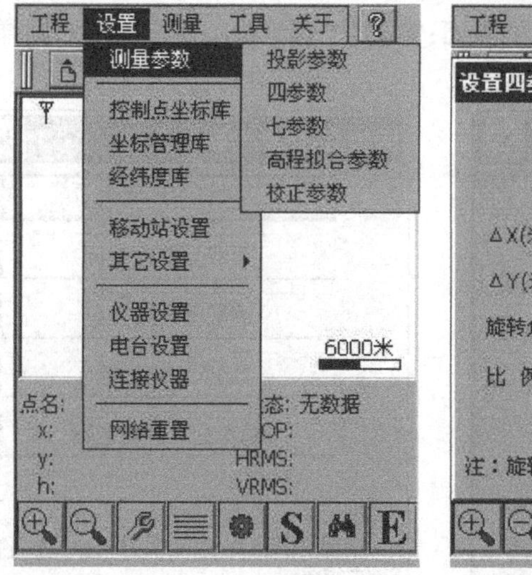

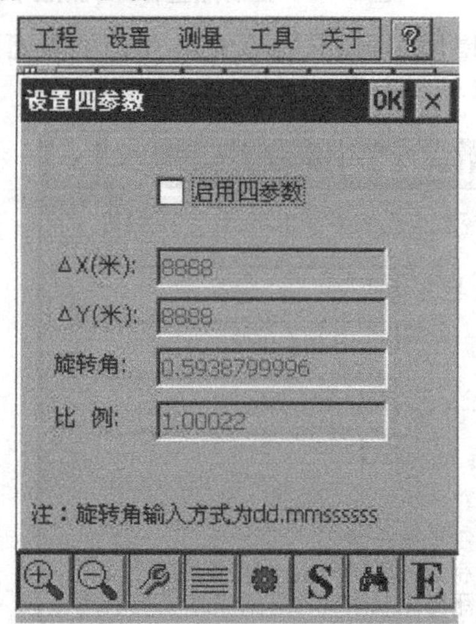

图 3.29 测量参数设置

ΔX,ΔY:不需要理会。

旋转角：单位为(°)，若使用北京 54 或 80 坐标系一般不超过 1。使用地方坐标系不作参考。

比例：大小在 1.000 5 ~ 0.999 5 较好，能保证在较大的范围内都有较高精度，否则重新求取。

⑤校正(校正有两种方法)。

方法:校正向导(工具→校正向导),这时又分为两种模式。

注意:此方法只能进行单点校正,一般是在有四参数或七参数的情况下才通过此方法进行校正。也就是说,在同一个测区,第一次测量时已求出了四参数,下次继续在这个测区测量时,必须先输入第一次求出的四参数,再做一次单点校正。此方法还可适用于自定义坐标的情况下。

A.基准站架在已知点上

工具→校正向导,选择"基准站架设在已知点",单击"下一步",输入基准站架设点的已知坐标及天线高,并且选择天线高形式,输入完后即可单击"校正"。系统会提示是否校正,并且显示相关帮助信息,检查无误后"确定"校正完毕。

说明:此处天线高为基准站主机天线高,形式一般为斜高,只能通过卷尺来测量。

B.基准站架在未知点上

工具→校正向导,选择"基准站架设在未知点",再单击"下一步"。输入当前移动站的已知坐标、天线高和天线高的量取方式,再将移动站对中立于已知点上后单击"校正",系统会提示是否校正,单击"确定"按钮即可。

说明:此处天线高为移动站主机天线高,形式一般为杆高,为一固定值2。

注意:如果软件界面上的当前状态不是"固定解"时,会弹出提示,这时应选择"否"来终止校正,等精度状态达到"固定解"时重复上述过程重新进行校正。

子任务3.2.2 手簿设置

1)新建工程(采用"套用"的方法进行)

操作:工程→新建工程,如图3.30所示。

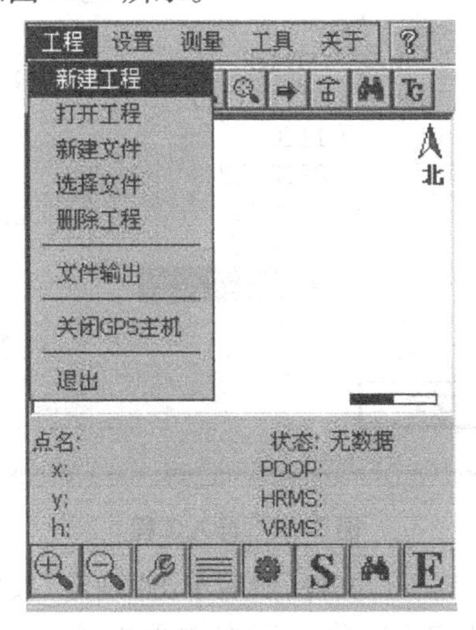

图3.30 新建工程

在弹出的对话框(见图 3.31)中的作业名称里面输入所要建立工程的名称,新建的工程将保存在默认的作业路径"\系统存储器(或 Flash Disk)\Jobs\"里,选择新建作业的方式为"套用"。

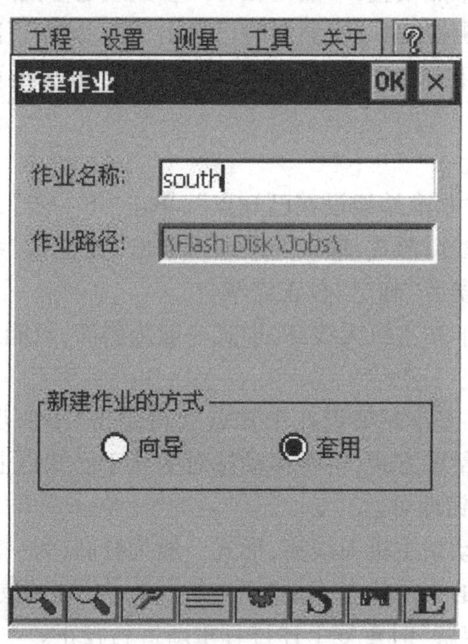

图 3.31 使用套用的方式建立工程

然后单击"OK",出现如图 3.32 所示的界面。

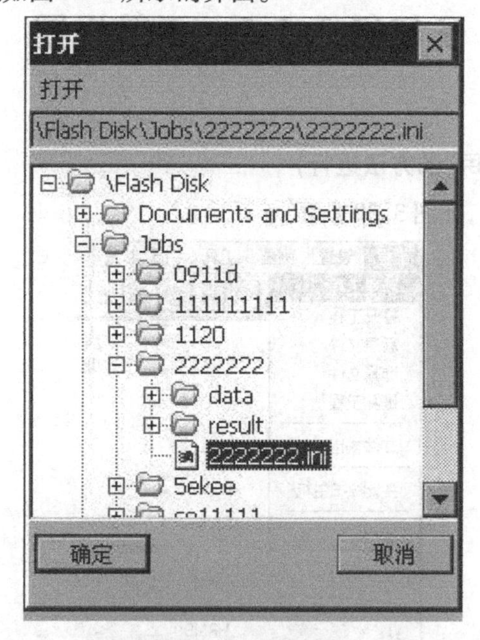

图 3.32 导入工程

选中前一天工程文件夹中"*.ini"文件,然后单击"确定"按钮,则工程已建立完毕。该新建工程的相关参数与已选的参照工程(前一天)的参数相同。

2)单点校正

①首先检查所要使用的转换参数是否正确,然后进入"校正向导"→"工具\校正向导",如图3.33所示。

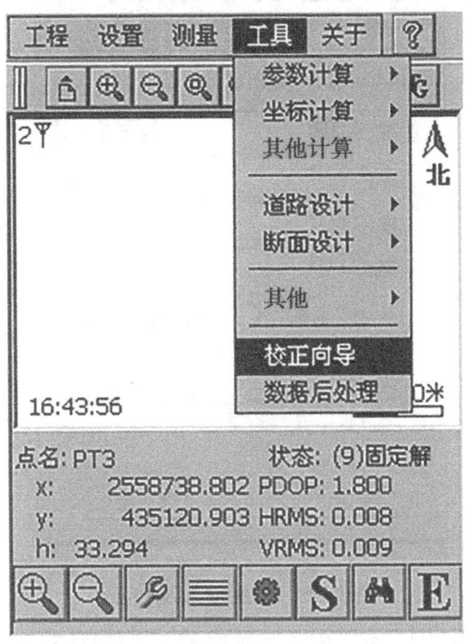

图3.33 校正向导

②在弹出的"校正模式选择"中,选择"基准站架设在未知点",再单击"下一步",如图3.34所示。

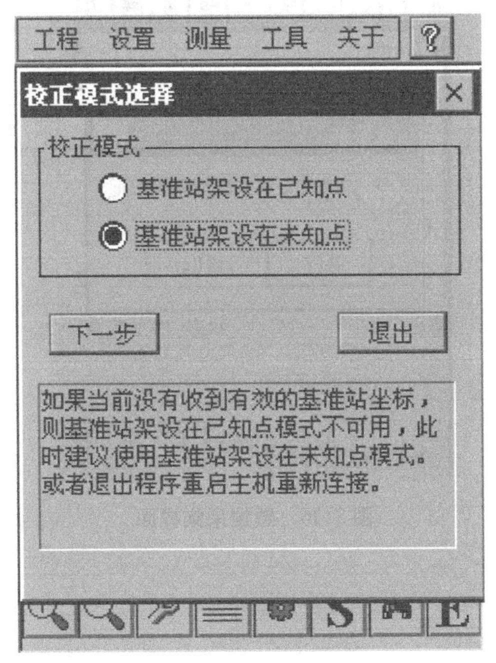

图3.34 校正模式选择

③系统提示输入当前移动站的已知坐标，再将移动站对中立于点 A 上，输入 A 点的坐标、天线高和天线高的量取方式（选取“标杆高”）后，单击“校正”，如图 3.35 所示。系统会提示是否校正，单击“确定”按钮即可。

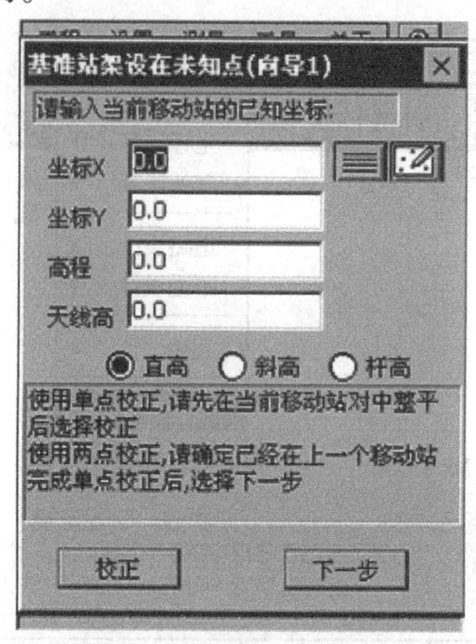

图 3.35　数据输入及校正

注意：如果当前状态不是“固定解”时，会弹出提示（见图 3.36）。这时，应选择“否”来终止校正，等精度状态达到“固定解”时，重复上述过程重新进行校正。

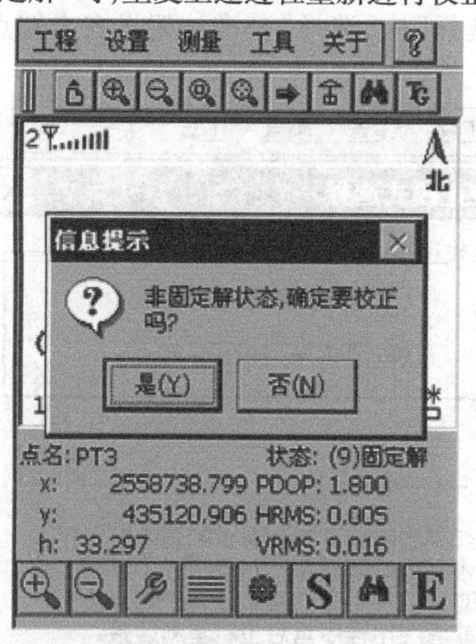

图 3.36　数据采集界面

3）进行测量或放样

进行测量或放样操作。

项目4
GNSS-RTK放样

学习目标

1. 掌握利用 RTK 完成工程放样的过程。
2. 掌握利用 RTK 进行放样的参数设置、数据导入、导出、精度分析。
3. 根据已知点以及给定放样数据，利用 RTK 完成放样。

任务描述

给定某区域放样数据，要求利用 RTK 完成点位放样，验证精度合格，并标注点号。

实施步骤

1. 根据工作需要新建任务，设置参数，并进行校正。
2. 批量导入已知数据，检验当前站 RTK 作业的正确性，必须检查一点以上的已知控制点，或已知任意地物点、地形点，当检核在设计限差要求范围内时，方可开始 RTK 测量。
3. 利用点放样和直线放样进行放样，并对每放样一个点后都应及时进行复测，所放点的坐标和设计坐标的差值不超过 2 cm。
4. 所有点放样结束后，并且在满足精度要求的情况下，填写放样表格并撰写总结报告。
5. 完成该工作任务单。

评价单

学生自评表

班级：	姓名：	学号：	
任　务	GNSS-RTK 放样		
评价项目	评价标准	分值	得分
RTK 放样流程	1. 完成;2. 未完成	20	
RTK 放样参数设置与精度分析	1. 准确;2. 不准确	20	
利用 RTK 进行放样	1. 完成;2. 未完成	20	
工作态度	态度端正,无缺勤、迟到、早退现象	10	
工作质量	能按计划完成工作任务	10	
协调能力	与小组成员、同学之间能合作交流,协调工作	10	
职业素质	能做到细心、严谨	5	
创新意识	主动阅读标准、规范,数据处理准确无误	5	
合　计		100	

学生互评表

任　务	GNSS-RTK 放样														
评价项目	分值	等　级								评价对象(组别)					
										1	2	3	4	5	6
计划合理	10	优	10	良	9	中	7	差	6						
团队合作	10	优	10	良	9	中	7	差	6						
组织有序	10	优	10	良	9	中	7	差	6						
工作质量	20	优	20	良	18	中	14	差	12						
工作效率	10	优	10	良	9	中	7	差	6						
工作完整	10	优	10	良	9	中	7	差	6						
工作规范	10	优	10	良	9	中	7	差	6						
成果展示	20	优	20	良	18	中	14	差	12						
合　计	100														

教师评价表

<table>
<tr><td colspan="2">班级：</td><td colspan="3">姓名：</td><td colspan="2">学号：</td></tr>
<tr><td colspan="2">任 务</td><td colspan="5">GNSS-RTK 放样</td></tr>
<tr><td colspan="2">评价项目</td><td colspan="3">评价标准</td><td>分值</td><td>得分</td></tr>
<tr><td colspan="2">考勤(10%)</td><td colspan="3">无迟到、早退、旷课现象</td><td>10</td><td></td></tr>
<tr><td rowspan="7">工作过程(60%)</td><td>RTK 放样流程</td><td colspan="3">1. 完成;2. 未完成</td><td>15</td><td></td></tr>
<tr><td>RTK 放样参数设置与精度分析</td><td colspan="3">1. 完成;2. 未完成</td><td>15</td><td></td></tr>
<tr><td>利用 RTK 进行放样</td><td colspan="3">1. 准确;2. 不准确</td><td>15</td><td></td></tr>
<tr><td>工作态度</td><td colspan="3">态度端正，工作认真、主动</td><td>5</td><td></td></tr>
<tr><td>协调能力</td><td colspan="3">能按计划完成工作任务</td><td>5</td><td></td></tr>
<tr><td>职业素质</td><td colspan="3">与小组成员、同学之间能合作交流，协调工作</td><td>5</td><td></td></tr>
<tr><td>工作完整</td><td colspan="3">能按时完成任务</td><td>5</td><td></td></tr>
<tr><td rowspan="3">项目成果(30%)</td><td>操作规范</td><td colspan="3">能按规范要求操作接收机</td><td>5</td><td></td></tr>
<tr><td>RTK 放样结果表格</td><td colspan="3">结果在误差允许范围内</td><td>15</td><td></td></tr>
<tr><td>成果展示</td><td colspan="3">能准确表达、汇报工作成果</td><td>5</td><td></td></tr>
<tr><td colspan="5">合 计</td><td>100</td><td></td></tr>
<tr><td colspan="2" rowspan="2">综合评价</td><td>学生自评(20%)</td><td>小组互评(30%)</td><td>教师评价(50%)</td><td colspan="2">综合得分</td></tr>
<tr><td></td><td></td><td></td><td colspan="2"></td></tr>
</table>

任务 4.1 GNSS-RTK 放样软件操作方法与放样流程

1)新建任务

架设基准站和流动站仪器，打开手簿的测绘通软件。新建任务，启动基准站和流动站，进行点校正。当进入“固定”状况，可进入碎部测量阶段。

2)已知数据输入

(1)点的键入

选择“键入”→“点”(见图 4.1)，进入键入点界面，再点名称下输入点的名称，北输入 X 坐标、东输入 Y 坐标、高程输入 H。

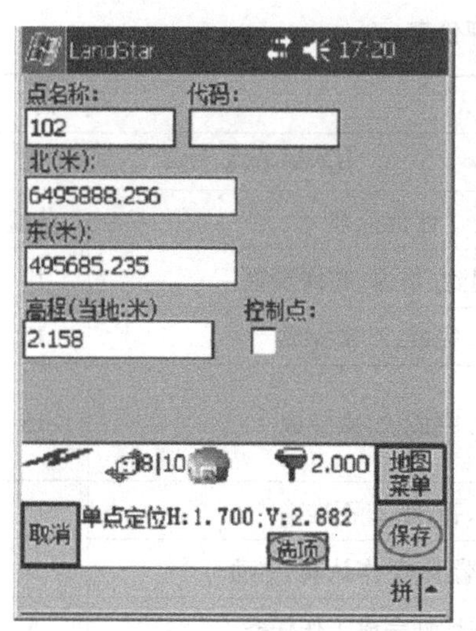

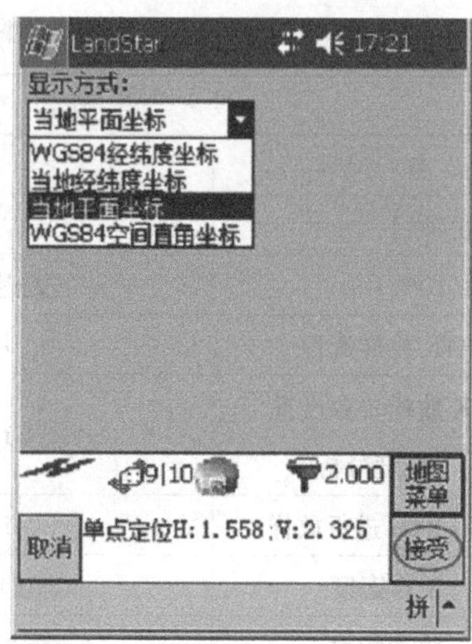

图 4.1 键入点

执行“选项”选择输入点的坐标系统与格式。输入点有两个作用:用此点进行点校正或放样此点。

①点名称:可以是数字、字母、汉字。

②代码:一般输入此点的属性、特征位置等,也可以是数字、字母、汉字。

分别在北、东、高程输入此点的 X,Y,H。

③控制点:选与不选只是图标标记不同。

当需要修改键入点时,软件增加了修改功能,执行“文件”→“元素管理器”→“点管理器”中修改,但测量点是不能进行修改的。

(2)直线的键入

选择“键入”→“直线”,如图 4.2 所示。

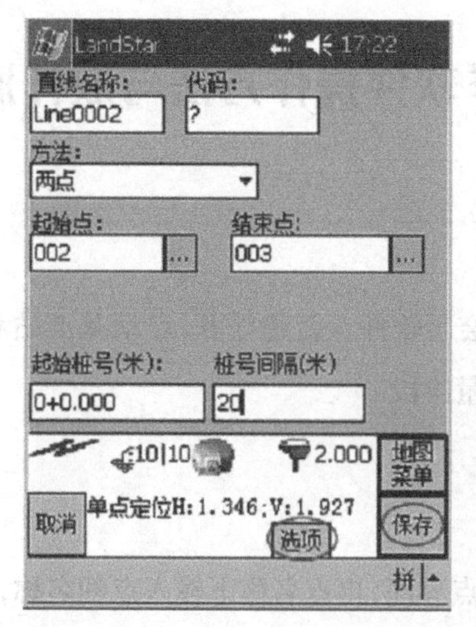

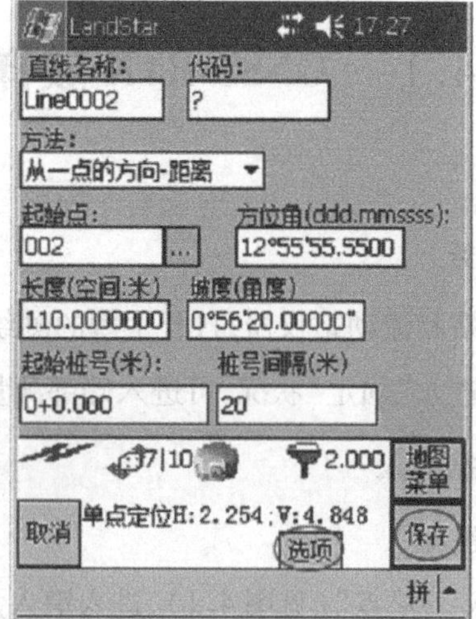

图 4.2 键入直线

键入直线有两种方法，即两点法和从一点的方向（距离法）。

①两点法

a. 直线名称：输入定义直线的名字，一个新的任务直线默认名称为 Line0001。如果在同一任务中定义第二条直线，则默认名称为 Line0002，以此类推。

b. 代码：此处的意义同键入点中一样。

c. 方法：在下拉菜单中选择要定义直线所用的方法。

d. 起始点和结束点：通过两点法定义直线的关键是先前通过键入点输入手簿里的。定义直线时，这两个点的先后顺序一定要正确。

e. 起始桩号：根据实际的里程起点的桩号输入。

f. 桩号间隔：根据放样桩之间的距离来输入，目的是方便放样。但在放样的时，可根据需要实时修改当时里程去放样。

②从一点的方向（距离法）

与两点法相类似，不同之处是只需要知道起点的坐标和此条直线的方位角，直线的长度可以任意输入。

坡度：此条直线的倾斜度，目的是放样此条直线的高程。但是，在实际的放样中，很少用 RTK 放样高程的。坡度有 4 种表示方法，分别为比率-垂直：水平、比率-水平：垂直、角度及百分比。通常用角度。"选项"中可对这 4 种方法进行选择。

（3）键入道路

选择"键入"→"道路"，进入键入道路界面，如图 4.3 所示。

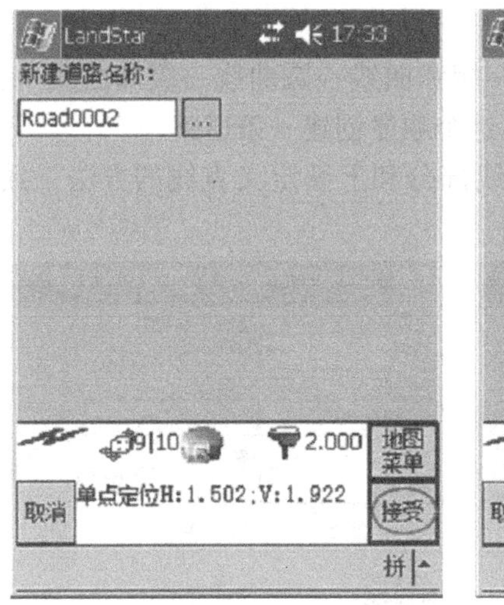

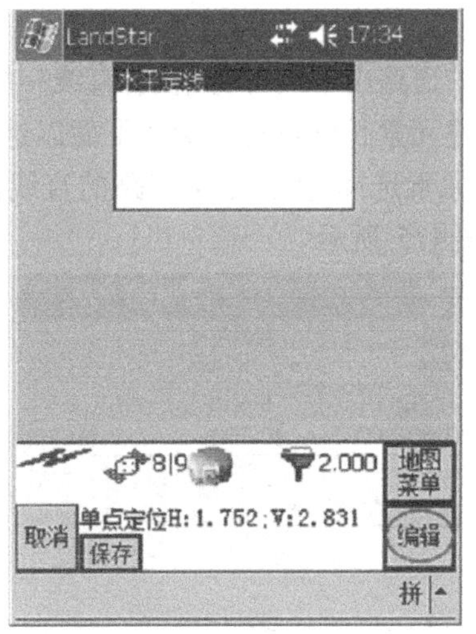

图 4.3　键入道路

用 RTK 去放样一条道路，首先根据元素法去定义一条道路是最方便的使用方法。当然，也可选择以前定义好的道路进行编辑，具体定义道路的方法如下面所述。输入新建道路名称或使用默认的 Road0001 单击"接受"，选中水平定线单击"编辑"，进入道路编辑界面，如图 4.4 所示。

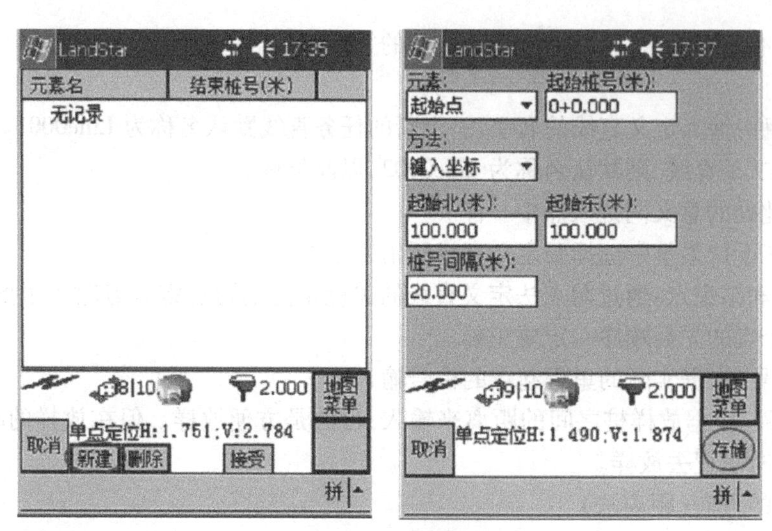

图 4.4　道路编辑

"新建"后,就可根据提示填写道路已知元素来创建道路。

①起始桩号

根据所要放样的里程输入。

②方法有键入坐标和选择点两种

键入坐标法则只需在起始北和起始东的文本框里输入坐标即可;选择点法可选择已采集或键入的点,桩号间隔则根据工程需要自行设定,设置好并检查无误后选择存储,这只是定义一条道路的起点。

一条完整的道路由下列部分组成:直线→缓和曲线→圆曲线→缓和曲线→直线。道路的桩号根据所创建元素长度自动累加。下面以这个顺序创建一条道路。

a."新建"元素选择直线,定义道路的直线部分和上面定义直线的方法一致,定义好后选择"存储",如图 4.5 所示。

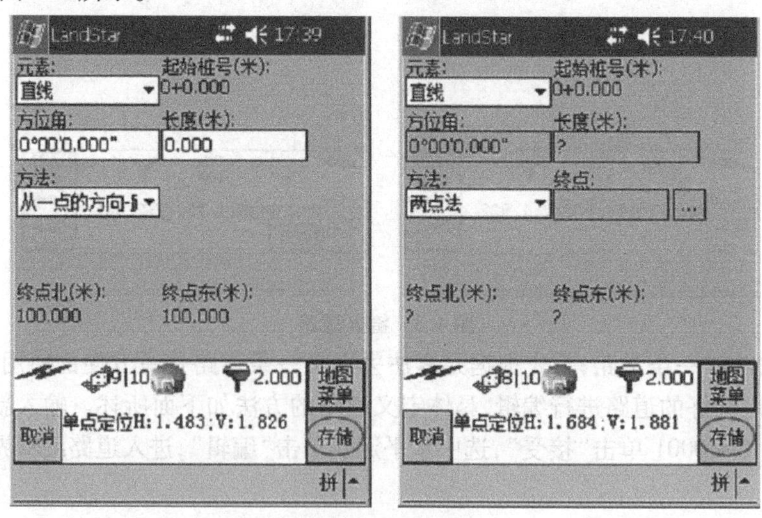

图 4.5　新建直线

b.首先"新建"创建缓和曲线,输入设计的方位角(起点切线的方位角,且默认值为上段直线的方位角,方位角是不需要输的,即直线的方位角就是缓和曲线起点切线的方位角);然后选择直缓曲线或缓直曲线(当然按顺序为直缓曲线,即由直线转为缓和曲线);最后输入缓和曲线的弧段方向和半径(半径是圆曲线的半径)、长度(这段缓和曲线弧的长度)来确定要创建的缓和曲线,单击"存储"即可,如图4.6所示。

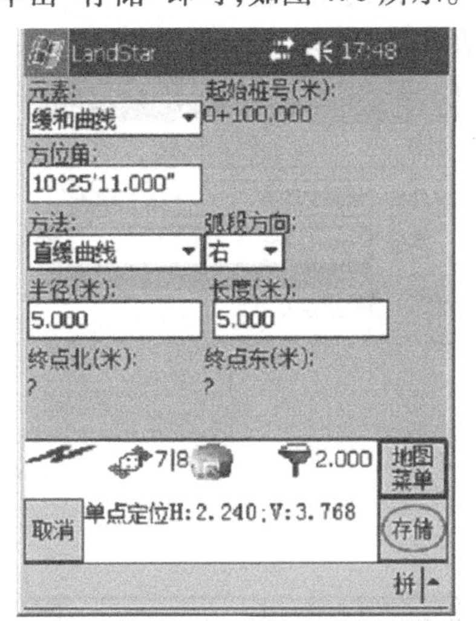

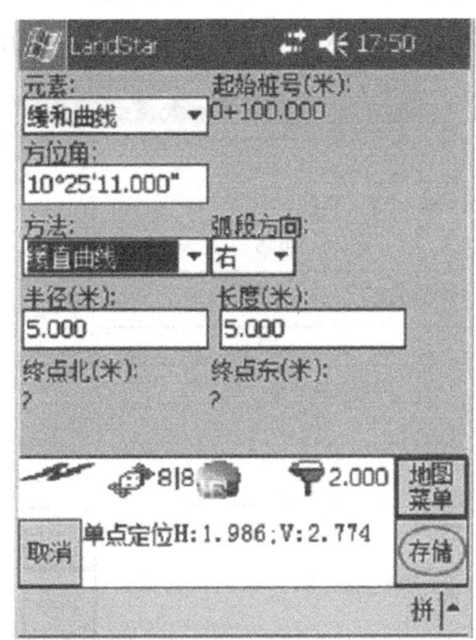

图4.6　新建缓和曲线

c."新建"创建一条弧线,则要先输入设计的方位角(与上面所说意义相同,一般为默认值),再选择创建方法。创建的方法有3种:弧长和半径、角度变化量(圆心角)和半径、偏角和长度(偏角和长度即弧长)。选择后,可根据提示在相应的位置中输入数值,再选择弧段方向,"存储"完成圆曲线的创建,如图4.7所示。

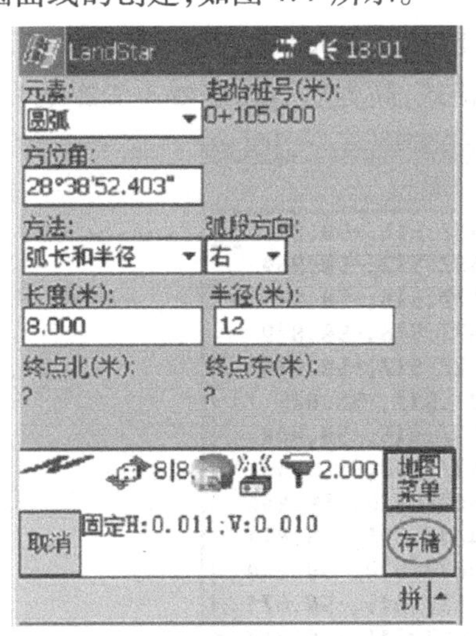

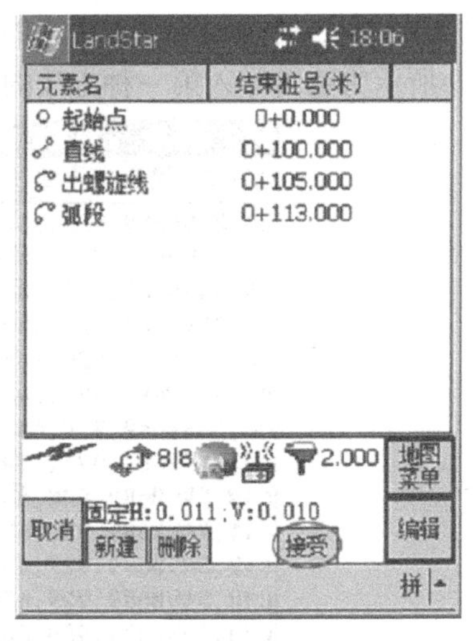

图4.7　新建弧线

用同样方法可创建整条道路,然后选择"接受"后自动退到水平定线界面,最后"保存"道路,否则新建另一条道路后,未保存的当前道路会自动删除。

可在元素管理器里面的直线管理器和道路管理器查看已有的直线和道路信息。

③导入数据文件

使用坐标进行放样时,若输入大量的已知点到手簿,既浪费时间又易出错。测地通软件支持包括点坐标导入、成果导入、导入DXF文件、清空DXF文件及电力线数据导入。

可把已知数据根据导入要求编辑成指定格式(有 3 类格式:点名,X,Y,H;点名,代码,X,Y,H; X,Y,H,点名),扩展名为*.txt 或*.pt;再把编辑好的文件复制到当前任务所在目录下(也可复制到主内存任一文件夹下,通过文件夹浏览找到此文件)。

选择"文件"→"导入"→"点坐标导入",如图 4.8 所示。

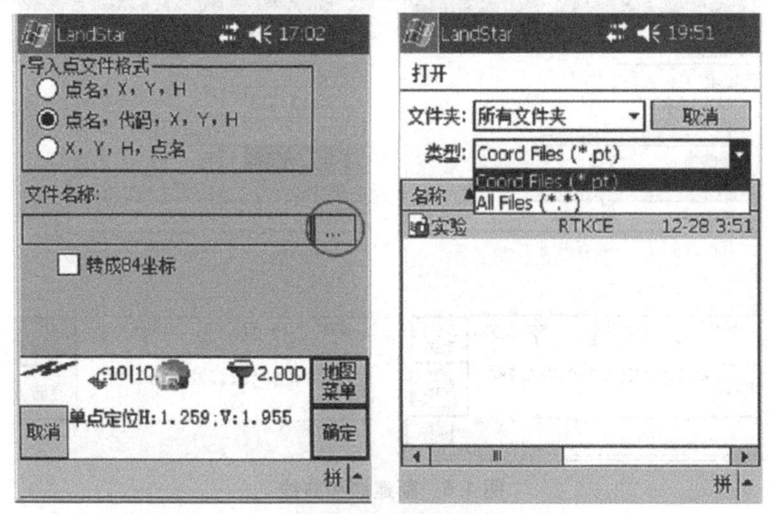

图 4.8　点坐标导入

a. 文件名称:选择导入数据的名称(已编辑并复制到手簿内存中的数据文件),如果数据文件是复制到当前任务目录下时,系统会自动显示出数据文件,或浏览文件夹及选择文件类型来找到目标数据文件。

b. 转成 84 坐标:其目的是把所导入手簿的坐标以 WGS-84 的格式保存。

c. 如图 4.9 所示为编辑导入第一种方法的格式,高程后有无逗号不受影响。

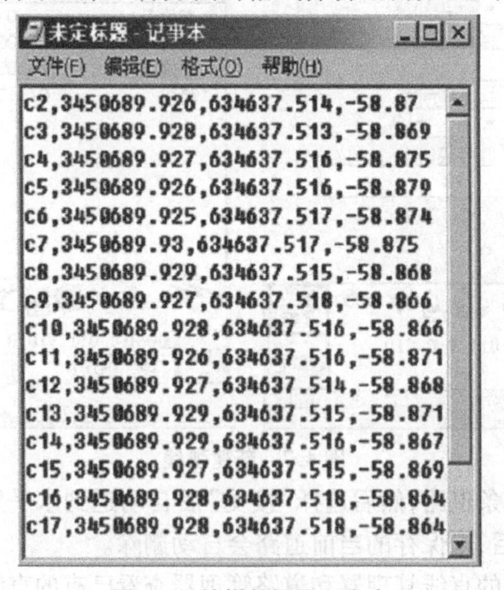

图 4.9　编辑数据导入文本

④点放样

A. 常规点放样

选择“测量”→“点放样”→“常规点放样”，再选择“增加”。增加点的方法有6种，选择不同的方法，会有相应的引导路径进行操作，如图4.10所示。

a. 输入单一点名称：直接输入需放样的点名称。

b. 从列表中选择：从点管理器中选择需放样的点。

c. 所有键入点：放样点界面上会导入全部的键入点。

d. 半径范围内的点：选择中心点及输入相应的半径，则会导入符合条件的点。

e. 所有点：将导入点管理器中所有的点。

f. 相同代码点：将导入所有具有该相同代码的点。

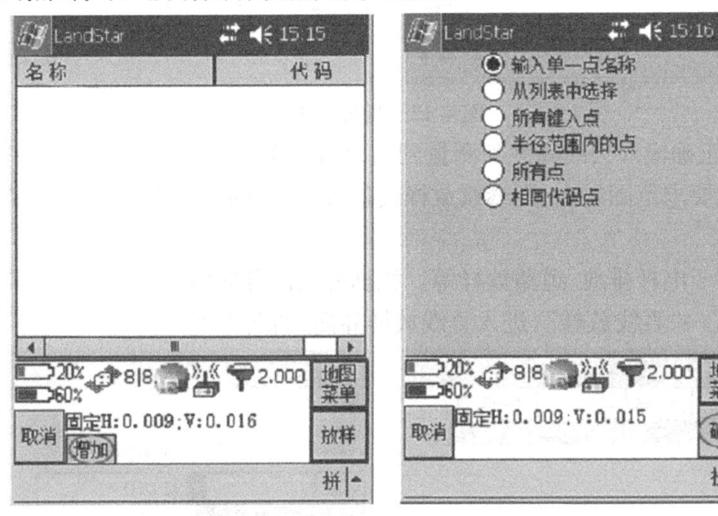

图4.10　常规点放样增加点界面

导入放样点成功后，选择需放样的点，单击“放样”按钮，输入正确的天线高度和测量到的位置，单击“开始”，进行点的放样，如图4.11所示。

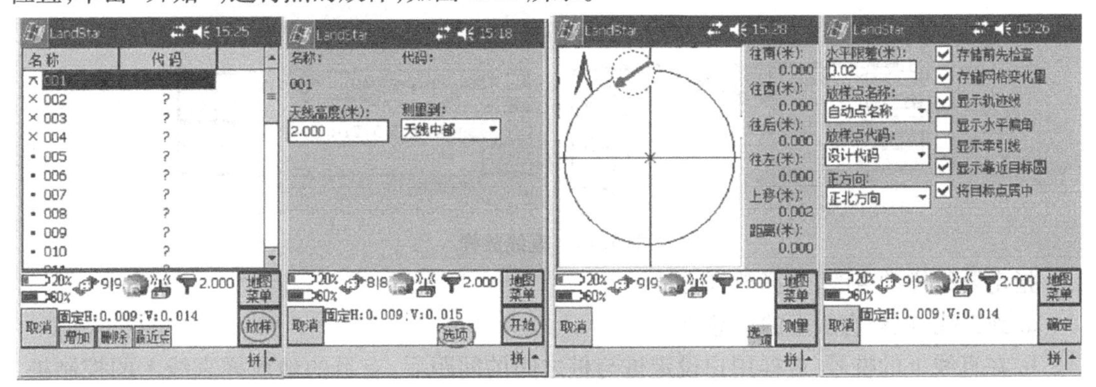

图4.11　开始放样

箭头的指示方向可在“选项”中选择，正北方向或前进方向；右上方显示向哪个方向移动，上移显示填或挖高度；⊗表示放样点的位置；⊙表示当前位置。当接收机接近放样点时箭头变为圆圈，目标点为十字丝，如图4.12所示。

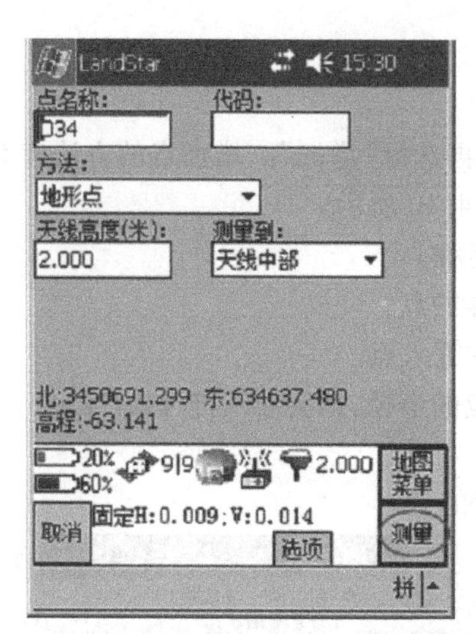

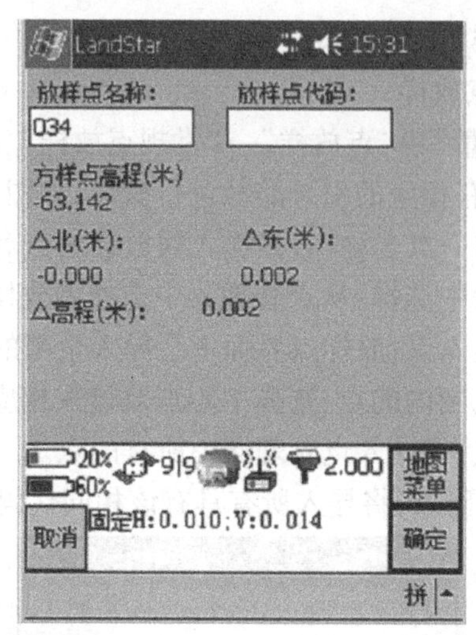

图 4.12　测量检核

执行“测量”，正确输入天线高度和测量到后，单击“测量”得出所放点的坐标和设计坐标的差值如果差值在要求范围以内，则继续放样其他各点，否则重新放样，标定该点。

B. 直线放样

直线放样常用于电杆排放、道路放样等。根据界面的导航信息可快速到达待定直线，方便快捷。选择“测量”→“直线放样”，进入直线放样界面，如图 4.13 所示。

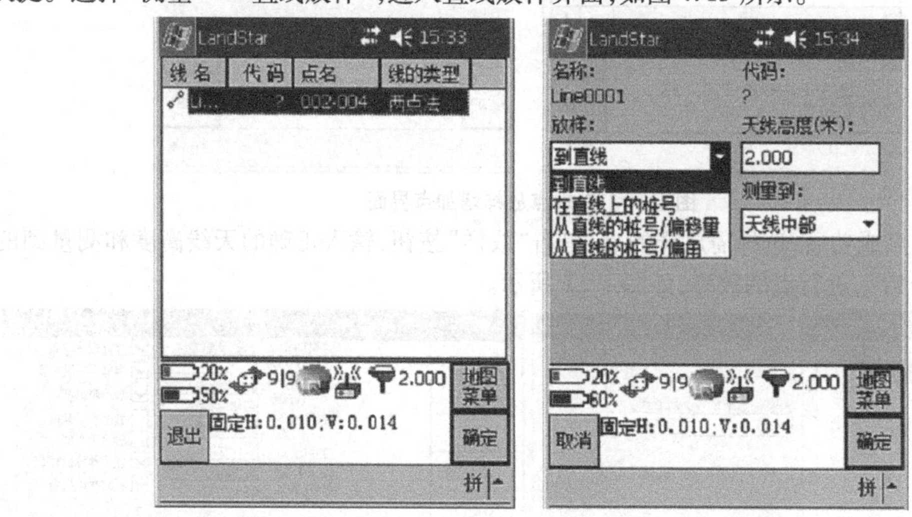

图 4.13　直线放样

指定要放样的直线，选择放样方法。

a. 到直线：放样直线上的任意点。

b. 在直线上的桩号：放样用户设定桩与桩之间的间距后，有目的地放样直线上的控制桩，用户可任意加桩。

c. 从直线的桩号/偏移量：放样偏离设定直线的任意桩号，向右偏为正，左偏为负，垂直方向类似。

d. 从直线的桩号/偏角：放样偏角设定直线的任意桩号。

选择其中的一种方法即可放样，如图 4.14 所示。

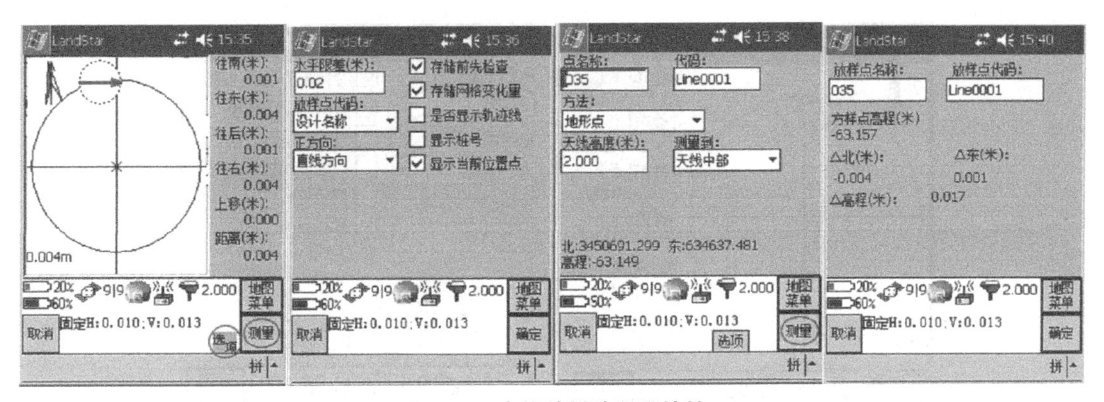

图 4.14　直线放样选项及检核

单击“选项”，选择是否显示桩号及设置其他内容。

当移动站位置在放样直线的方向时，执行测量，得出标定点与设计桩号坐标的差值，根据差值的大小确定是否需要重新放样该点。

C. 道路放样

道路放样中的元素放样，为道路中桩、边桩等放样工作可进行任意桩的放样，随意地加桩，还可非常清楚地显示图形，这些都使外业工作变得十分方便。执行“测量”→“道路放样”，进入道路放样界面，如图 4.15 所示。

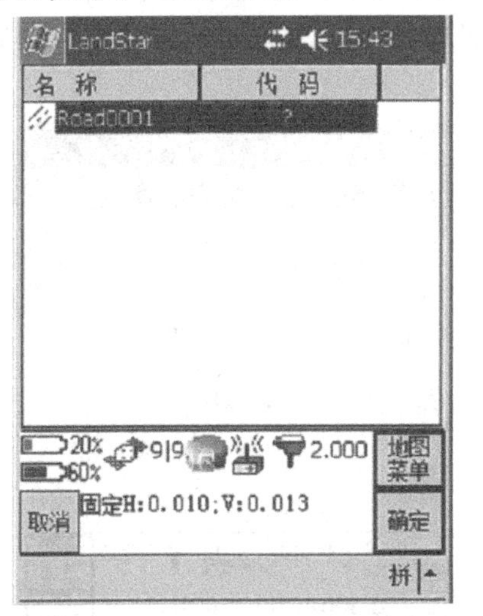

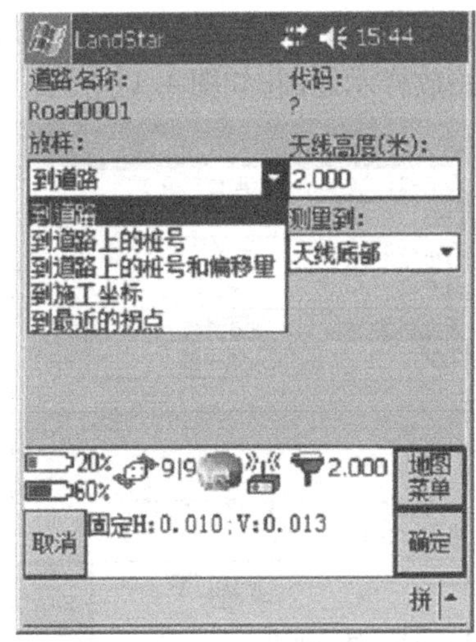

图 4.15　道路放样设置

双击已创建好的道路或选中后单击“确定”按钮，放样有以下 5 种模式：

a. 到道路：放样所有在道路上的点。

b. 到道路上的桩号：根据输入桩号放样道路上的点。

c. 到道路上的桩号和偏移量：根据桩号放样相对设计道路固定距离的点，输入的偏移量根据正负来区分左右。

d. 到施工坐标：相对于道路来放样某点。

e. 到最近的拐点：放样离当前位置最近的拐点位置。

正确输入天线高度后，要求输入桩号按“加桩号”或“减桩号”或直接输入即可，然后选择“确定”进入道路放样界面，如图 4.16 所示。

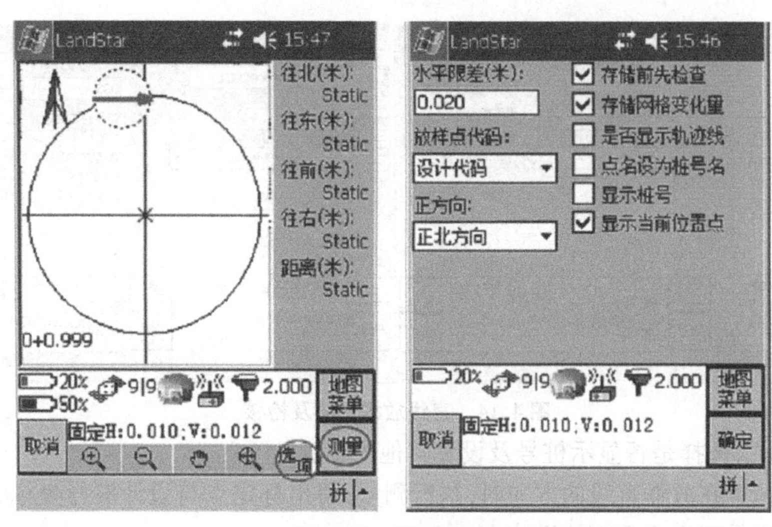

图 4.16　道路放样

左上角的双色箭头指示的方向为正北方向，黑色箭头指示的方向为道路方向，表示移动站的位置，移动时会变成尖部指向运动方向的三角形（注：以道路为参照物，以道路方向为正方向），同时左上角双色箭头的右侧会出现一个红色箭头，实时指出到待放样点的正确运动方向（注：以工作中正向运动方向为准），且右边有数字提示，可更快捷方便地找到待放样点。表示待放样点位置，当移动至待放样点 2 m 以内出现目标位置放大图，进入放大图后离开目标 3 m 以后恢复道路放样示意图，如图 4.17 所示。

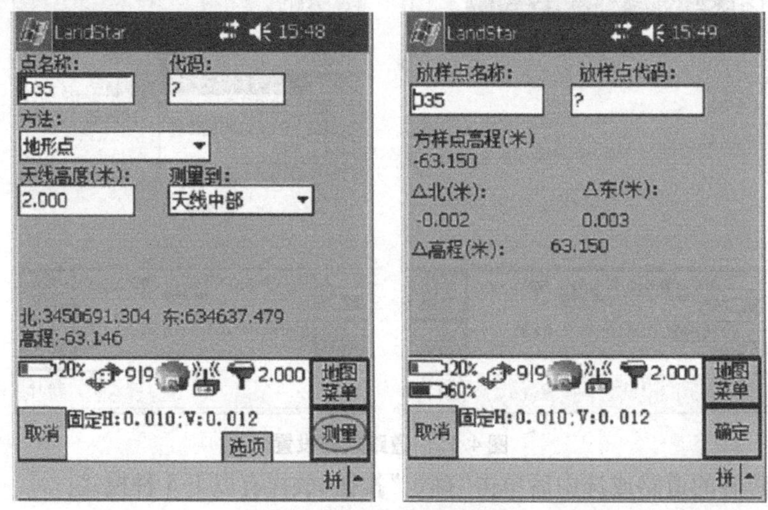

图 4.17　道路放样检核

选择“选项”，配置放样参数。

a. 存储前先检查：提示放样到点时采集的坐标和实际要放样坐标的差值。

b. 存储网格变化量：选择是否存储检查到的差值。

c. 点名设为桩号名：测定的桩号自动表示为点名。

d. 显示桩号：用来确定在放样界面中是否显示道路桩号。

e. 正方向：用来选择道路在手簿上的显示方向的。

当移动站的位置在放样道路的方向时，单击“测量”，得出标定点与设计桩号坐标的差值。

根据差值的大小,确定是否需要重新放样该桩。

(4)技术标准

①放样主要进行以下RTK工作:

a.测线设计(既可在计算机上设计,也可在手簿上设计)。

b.基准站设置和参数输入。

c.流动站设置和参数输入。

d.按设计测量和采点(线路放样时测线上按线路测量和采点)。

e.查看卫星可见状况显示,自动接受或用户自定义容差,均方根误差(RMS)显示。

f.图解式放样,通过前后、左右偏距控制,能快速完成放样工作。

g.存储点名、点属性与坐标。

②为了检验当前站RTK作业的正确性,必须检查一点以上的已知控制点,或已知任意地物点、地形点。当检核在设计限差要求范围内时,方可开始RTK测量。

③RTK作业应尽量在天气良好的状况下作业,要尽量避免雷雨天气。夜间作业精度一般优于白天。

④RTK作业前要进行严格的卫星预报,选取PDOP<6、卫星数>6的时间窗口。编制预报表时应包括可见卫星号、卫星高度角和方位角、最佳观测卫星组、最佳观测时间、点位图形几何图形强度因子等内容。

⑤开机并经检验有关指示灯与仪表显示正常后,方可进行自测试并输入测站号(测点号)、仪器高等信息。接收机启动后,观测员可使用专用功能键盘和选择菜单,查看测站信息接收卫星数、卫星号、卫星健康状况、各卫星信噪比、相位测量残差实时定位的结果与收敛值、存储介质记录及电源情况。如发现异常情况或未预料情况,应及时作出相应处理。

⑥在一个连续的观测段中,应对首尾的测量成果进行检验。其检验方法如下:

a.在已知点上进行初始化。

b.复测(两次复测之间必须重新进行初始化)。

⑦每放样一个点后都应及时进行复测,所放点的坐标和设计坐标的差值不超过2 cm。

⑧把已知数据编辑成要求的指定格式,扩展名为*.txt或*.pt,再把编辑好的文件复制到当前任务所在的目录下,在测地通软件中进入点坐标导入文件,进行选择即可。

任务4.2　利用千寻CORS完成指定坐标放样

操作流程:仪器连接→设置→新建任务/工程→点校正/点测量/点放样。

1)仪器连接

操作:“设备”→“连接设备”→“设备类型”选择对应接收机型号→“连接方式”选择蓝牙→“目标设备”选择相对应SN号即可自动连接设备,如图4.18所示。

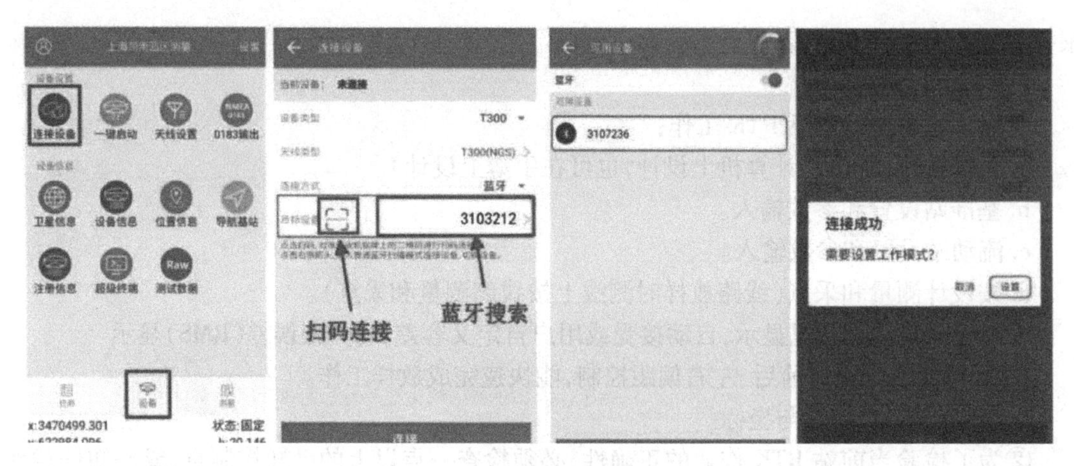

图 4.18　仪器连接

蓝牙连接成功后会弹出“连接成功”对话框,单击“设置”进入基准站或移动站设置界面,单击“取消”进行其他操作。单击“设置”,直接进入设置界面。

2)仪器设置

CORS 模式设置有两种:内置 CORS(SIM 卡在主机)和手簿 CORS(SIM 卡在手簿)。

(1)内置 CORS

在手簿连接主机后,选择“设置”→右下角“加号”→“通讯模式”(内置网络),如图 4.19 所示。

图 4.19　仪器设置

单击“通讯模式”后,会进入“通讯模式”界面,在模式设置页面输入 IP、端口、用户名及密码,单击“源列表”,选择获取到的相应源列表后单击“确认”→输入模式名称→“确认”,如图 4.20 所示。

图 4.20　“通讯设置”

选择添加好的模式单击“启用”,主界面右下角显示状态为固定,表示设置成功,如图 4.21 所示。

图 4.21　移动站设置

(2)手簿 CORS(千寻 CORS 账号)

手簿连接接收机后,选择“设置”→右下角“加号”→“通讯模式”(外置网络)。在模式设置页面输入 IP、端口,以及在 CORS 账号网购得的千寻 CORS 账号用户名和密码,单击“源列表”。选择获取到的相应源列表后,选择“确认”→输入模式名称→“启用”→固定解。还有没有千寻 CORS 账号的测量员,可到 CORS 账号网注册购置。

3)新建任务

操作:“任务”→“任务管理”→“加号”,如图 4.22 所示。

设置任务名(默认为年-月-日-时,也可根据需要修改)、坐标系统等信息,单击“确认”;检

图 4.22　新建任务

查坐标系参数,一般"中央子午线"需要根据当地参数进行修改,然后单击"确认"即可,如图 4.23 所示。

图 4.23　参数设置

★注意事项★

①坐标系统:一般是要求与"已知点坐标所在坐标系"一致。如果确实不清楚,可随意选择 xian80 或 beijing54。

②中央子午线:一般是要求与"已知点坐标所在坐标系的子午线"一致。如果不清楚可参考 CORS 账号网之前发布的其他教程文章。

4)测量

(1)点测量

进入测量大师软件,在设备项里单击天线设置,选择杆高为 1.8(可根据需要更改,与实际对中杆高度一致)单击“确认”,然后选择“测量”→“普通测量”→“选项”→“测量次数为5”→“确认”,输入点名,单击“测量”;依次测量其他已知控制点。测量时,须扶稳对中杆保证气泡居中,如图4.24所示。

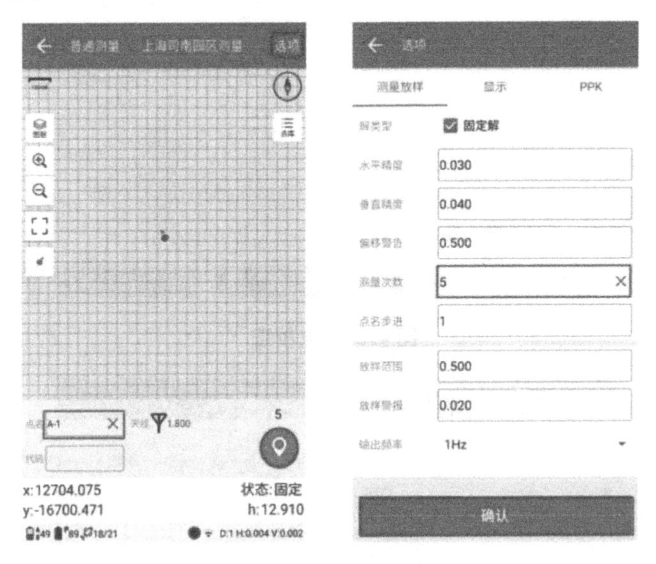

图4.24　点测量

测量后,单击自动保存在元素管理里面,即可点击查看,如图4.25所示。

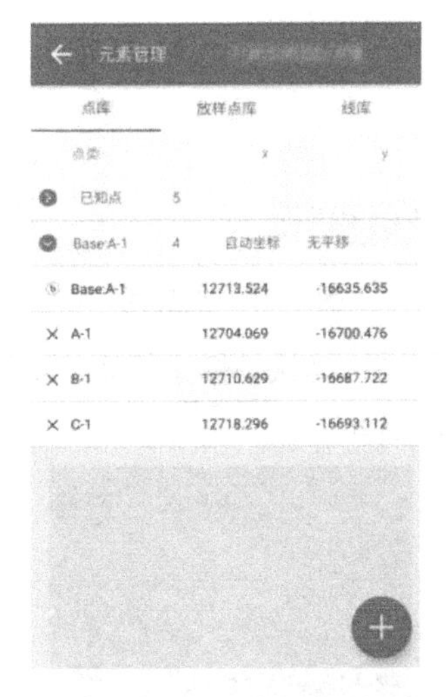

图4.25　点管理

(2)点校正

选择“任务”→“点校正”,单击“加号”进入坐标选择界面;分别单击红框位置,并选择“已知点”坐标、“GNSS点”(测量点坐标),选择“校正方法”的“水平和垂直”,单击“确定”按钮;重复操作,将所有已知点添加进去,如图4.26所示。

在校正数据添加完成后,选择“计算”→“应用”,如图4.27所示。

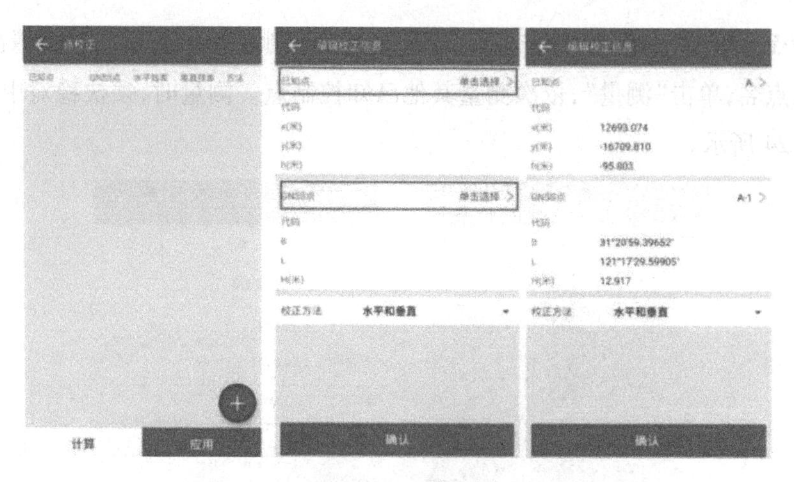

图 4.26　点校正

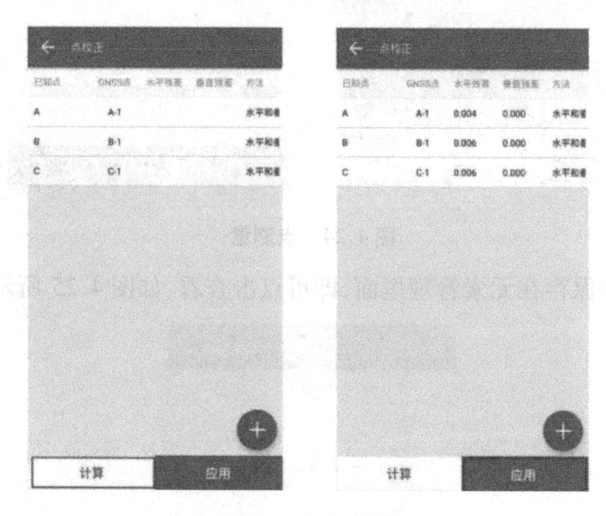

图 4.27　点应用

在水平残差与垂直残差符合限差后，确认替换坐标系（水平残差≤ 2 cm、垂直残差≤ 3 cm），单击“确认点校正信息”，如图 4.28 所示。

图 4.28　校正信息确认

完成点校正后，须检查参数，选择“投影”→“水平平差”。

旋转：数值很接近 0；比例因子：数值很接近 1，如图 4.29 所示。

图 4.29　参数设置

(3) 点放样

点放样是根据已有坐标找到准确的实地位置。放样点坐标可通过测量点、输入点或数据导入获得；进入测量大师软件，选择“测量”→“点放样”，单击“加号”输入要放样点的坐标，按此操作依次存入要放样的点；再选择“测量”→“点放样”→“库选”，如图 4.30 所示。

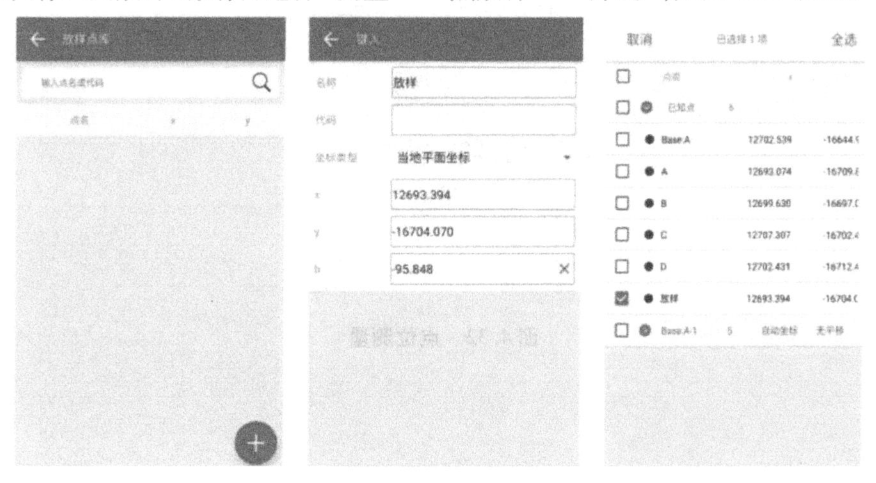

图 4.30　放样点导入

选择需要放样的点名，选择“确定”→“放样”。根据提示或按照指南针方向，向目标点位移动，如图 4.31 所示。

放样到达理想范围内后，单击“测量”，如图 4.32 所示。

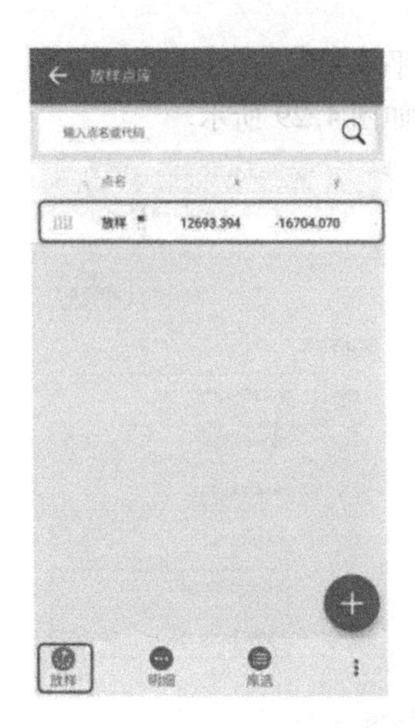

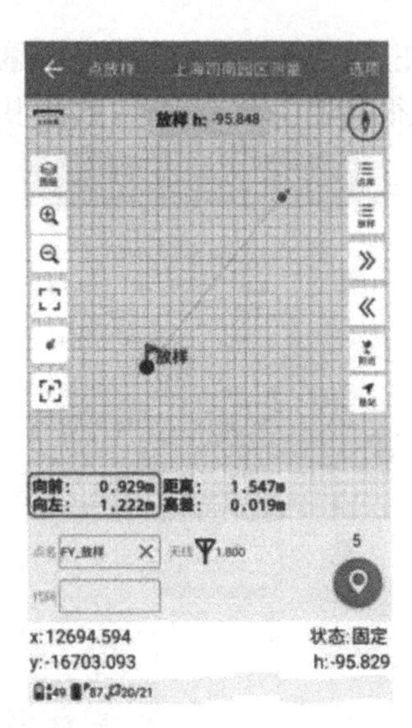

图 4.31 放样界面

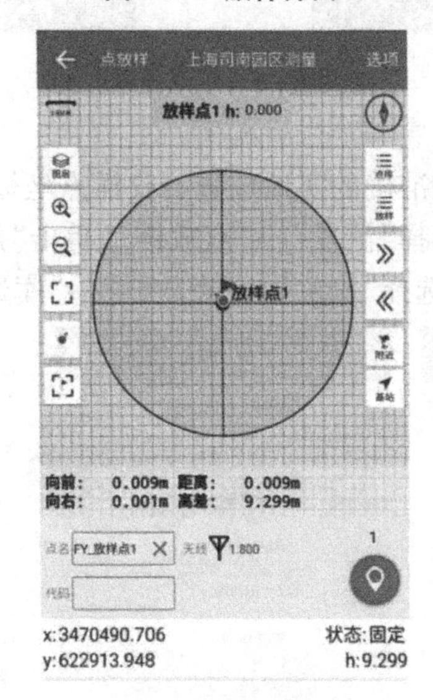

图 4.32 点位测量

参考文献

[1] 周忠谟,易杰军,周琪. GPS卫星测量原理与应用[M]. 2版. 北京:测绘出版社,2002.
[2] 王惠南. GPS导航原理与应用[M]. 北京:科学出版社,2003.
[3] 徐绍铨,张华海,杨志强,等. GPS测量原理及应用[M]. 3版. 武汉:武汉大学出版社,2008.
[4] 胡伍生,高成发. GPS测量原理及其应用[M]. 北京:人民交通出版社,2002.
[5] 周立. GPS测量技术[M]. 郑州:黄河水利出版社,2006.
[6] 刘经南,陈俊勇,张燕平. 广域差分GPS原理和方法[M]. 北京:测绘出版社,1999.
[7] 刘基余. GPS卫星导航定位原理与方法[M]. 北京:科学出版社,2003.
[8] 宁津生,陈俊勇,李德仁,等. 测绘学概论[M]. 武汉:武汉大学出版社,2008.
[9] 施闯. 大规模高精度GPS网平差与分析理论及其应用[M]. 北京:测绘出版社,2002.
[10] 高成发. GPS测量[M]. 北京:人民交通出版社,2000.
[11] 李庆海,崔春芳. 卫星大地测量原理[M]. 北京:测绘出版社,1989.
[12] 魏二虎,黄劲松. GPS测量操作与数据处理[M]. 武汉:武汉大学出版社,2004.
[13] 宁津生,刘经南,陈俊勇. 现代大地测量理论与技术[M]. 武汉:武汉大学出版社,2006.
[14] 孔祥元,等. 大地测量学基础[M]. 武汉:武汉大学出版社,2001.